多重曝光
从入门到精通

张艳 著

视频教程版

北京大学出版社
PEKING UNIVERSITY PRESS

MULTIPLE

EXPOSURES

MULTIPLE

EXPOSURES

她的创意影像

"狂野而新奇"

勇于创新，为在摄影创作内容与
形式多元化的道路上不断探索的
同仁喝彩！

中国摄影家协会顾问 王玉文
2019.9.25

第一次见到张艳是在平遥的颁奖典礼上，我为她颁发第十八届国际摄影展优秀摄影师奖。得知她也是我们辽宁人时，不禁有些喜出望外，为本土有一位出色的女摄影家而感到欣慰和自豪。回头看她的作品，惊讶之余感到震撼，这是我至今看到的在多重曝光创意领域最棒的作品，非凡的创意别出心裁，精彩绝伦的画面直击心灵，在近些年的摄影队伍中实属少见。巾帼不让须眉，她可称得上是摄影界的奇女子！

　　一幅幅与众不同创意影像，形成了她狂野而新奇的拍摄风格，不拘题材，不受束缚，色彩缤纷。在她的八个系列的作品中，艺术的创新、影像的多变，既体现了"狂野"，又充满了"柔情"——民俗拍得有声有色；风光拍得唯美自然；花卉拍得娇艳欲滴；树木拍得色彩斑斓；动物拍得活灵活现；建筑拍得恢宏大气……

　　尤其是那组食人族作品，部落原始人赤身裸体，以食人为荣。她凭借东北女人的大胆和勇气，闯入令人毛骨悚然的食人族部落，不但拍出了食人族的狂野，而且展现了部落特有的风情。

　　九寨沟的画面又是另一番唯美的景象，她将创作灵感发挥到了极致。作品中可以看到九寨的秋叶，九寨的瀑布，九寨的五彩池。她把这些融于一图，既保留了具象的九寨，又升华出了抽象的九寨，营造出了梦幻般的意境，将美丽的人间瑶池呈现在人们眼前。

　　在理论上，本书独创了一整套文字简洁、通俗易懂的拍摄法则和拍摄秘诀，比如"多重曝光构图法""减再减""增再增"法则等。在实践上，每一张作品从拍摄到完成，包括思维的创意、技巧的运用、参数的设置，数据详细，一目了然。书中几乎囊括了她几年来所有的心血和理念，具有非常高的实用价值，是一本难得的多重曝光工具书。

　　张艳有着"狂野"的性格，也造就了她"狂野"的影像，心狂、技狂，让她一步步走到了创意摄影的前列。愿《多重曝光从入门到精通（视频教程版）》一书能带领读者驰骋在光影的世界之中，用激情和梦想勇攀高峰！

王玉文

中国摄影家协会顾问　原中国摄影家协会副主席

她把多重曝光的技术

运用得出神入化

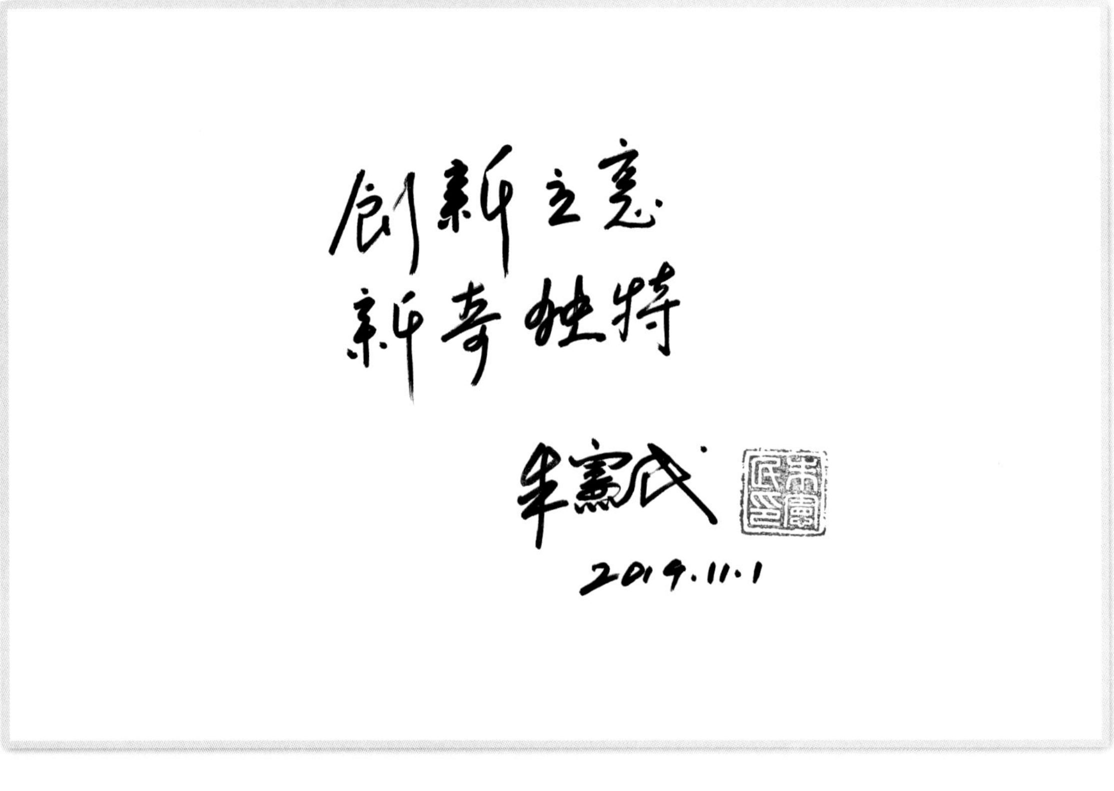

创新立意
新奇独特

牟寯武

2019.11.1

打开《多重曝光从入门到精通（视频教程版）》，细细品读，展现在我眼前的是一个丰富多彩的世界，这个世界让我怦然心动，人物、民俗、风光、建筑……题材广泛，情景各异，天马行空，合在一起形成了张艳的独特拍摄风格。

我不禁感慨，是什么力量让她的摄影技术在短短几年内突飞猛进，跻身于多重曝光摄影领域的前列？后来得知她拍摄的多重曝光作品有几十万张，她把对艺术的追求赋予了形状，将精神化为了物质。功夫不负有心人，她将多重曝光的艺术修为和摄影技巧运用得如此娴熟，甚至达到了炉火纯青的地步，可称得上是摄影界的奇女子。

她的作品标新立异，新奇独特，在艺术个性的凝练、作品内涵的发掘等方面有着独到之处。此外，她在多重曝光的技法与传统影像的结合、光与影、冷与暖、虚与实、取与舍等方面都处理得恰到好处，对于主观色彩与艺术结构的关系也运用得游刃有余。她还在摄影中运用了绘画的处理方法，采用杂糅、意象重叠等手法，使作品既体现了中国画的散点与透视，又包含了鲜明的水墨画、油画、装饰画的韵味，赋予了作品奇异的

影像和如梦如幻的艺术效果。

她的作品借景抒情，不落俗套。她可以把"龙"拍进天空，将神话传说和现实相结合；油田上随处可见的"磕头机"枯燥乏味，她赋予它浓郁的色彩后，画面顿时变得生机勃勃，产生了油画般的效果；一个非常普通的工作场面，她也可以用间接的手法含蓄地表现出一种温柔的美感，让平淡的题材变得丰富起来。

这是我目前见过的最全面的一本多重曝光工具书。书中的八大系列，千余幅照片，三万多文字的讲解，从理论到实例，作品从拍摄到完成，几乎囊括了所有的拍摄数据和方法步骤。最珍贵的是，她把经过多年实践总结出的一整套非常实用的法则、技巧、方法、模式等，毫无保留地在本书中讲述给读者，将最宝贵的经验分享给了广大摄影爱好者。

流逝的是岁月，定格的是时间，记录的是历史，珍藏的是画册，愿这本《多重曝光从入门到精通（视频教程版）》能伴你久久！

朱宪民

中国摄影家协会顾问　原中国摄影家协会副主席

用多重曝光拍出

"加法"摄影

常言说，摄影是做"减法"，但多重曝光大部分采用的是"加法"，它是将同一场景或异地场景中不同的景物进行两次或多次曝光，并重新组合在一张照片中的一种技法。它将现实与想象组合在一起，将过去与未来融合为一体，用一张照片表现多方面的内容。用这种方法拍摄的作品具有强烈的美感和艺术感染力，会产生令人意想不到的意境和魔术般的艺术效果。

在摄影领域，各种各样的摄影技术已经融入当代艺术。在全新的视觉文化的影响下，摄影创作的影像已经不只是一张图像、一种记录，更是对现实世界的一种阐释。

多重曝光的灵魂就是创意，它是改变影像空间的艺术。多重曝光是一种新的组合形式，与传统的文化元素、固有的形象都有一定的关联。用创造性的思维去整合一幅新的作品，整合的过程也是创造新形象的过程。创意是为了打破时间和空间的限制，以表现画面空间的多重性，拍出寓意深远的艺术作品。

多重曝光最重要的是要有思想，拍什么，怎么拍，必须先构思。多重曝光只是相机中的一种功能，相机后面人的头脑、人的思维和想象才是最重要的。如果创意构思得当，就能营造出许多令人意想不到的意境。

多曝不是乱曝，不是简单地将不同的画面进行堆砌和重叠。叠加的元素应该是相辅相成、相互融合的，不应互相破坏和干扰。它的效果不是多组元素之和，而是多组元素之积。根据拍摄题材的不同，每次曝光的参数都会有所改变，拍摄的难度也不一样，但其中也会产生很多精彩的瞬间，给观者带来玄妙的视觉体验。

本书经过一年的整理和归纳终于完成，其间得到了朱宪民、王玉文等摄影界前辈的指导和帮助，在此表示衷心的感谢。书中如有不妥之处，还请读者不吝指正！

本书内附赠了 20 节视频课程，每一章共两节视频课程，主要是围绕着书中的作品进行综合性的讲解，有理论基础介绍和拍摄实例，以及有代表性的一部分获奖作品。可扫描下方二维码，根据提示获取。

张 艳

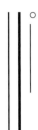

多重曝光
基础理论

2

多重曝光的
创意和拍摄技巧

人物3
系列

目·录 CONTENTS

4 人文
系列

民俗 5
系列

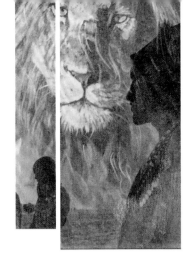

6 风光系列

建筑系列 7

8 树木
系列

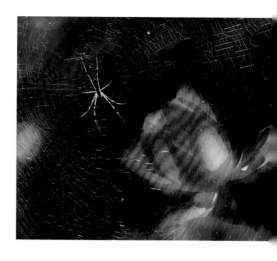

9 花卉
系列

动物
系列

第

1

章

/

多重曝光
基础理论

　　在正式介绍多重曝光的创作思路之前，本章将先带领读者初步认识一下多重曝光，让读者了解一下多重曝光的特点，然后介绍多重曝光的操作和功能。

1.1 认识多重曝光

多重曝光是一种特殊的拍摄技术，通过两次或多次独立曝光，将得到的画面重叠起来，组成一张照片。原理是在一张胶片上拍摄几个影像，使其达到一张照片难以表现的效果。由于各次曝光的参数不一样，最终的照片会产生独特的视觉效果。

多重曝光是一种独特艺术神韵的表现形式，在艺术摄影领域的使用越来越广泛。在新闻摄影的真实性被广泛认识的同时，多重曝光的作品也获得了认可，新华社等主流媒体在体育摄影中经常发布用多重曝光技术拍摄的照片。在商业摄影领域，多重曝光更是占有举足轻重的地位，尤其是在舞台等一些现场，直接拍摄合成的影像，想象的空间、梦幻般的效果可以瞬间实现，增加了摄影创作的开放性，提升了摄影者对现场光影的判断力，而且也不用后期重新进行叠加。

多重曝光属于艺术范畴，拍摄的题材包罗万象，不仅包括花卉、风光、静物，而且拍摄人文、建筑、动物等题材时同样可以达到魔幻般的效果。它的延伸技法也独树一帜，可以跨越时空，随心所欲地组合预想的画面，营造出许多朦胧新奇的影像，增加意境，让照片真正"活"起来。

多重曝光技术的使用虽然有难度，但最后呈现出的作品如梦如幻，充满生命力，而且有很高的思想深度和很强的可读性，可以激发摄影者的创作激情，所以越来越受到摄影师的喜爱。当前国内外各类摄影比赛和展览中，使用多重曝光技术拍摄的作品获奖比例逐年上升。

1.2 多重曝光的七大特色

多重曝光的特点是用一张照片表现多方面的内容，呈现出的作品具有强烈的美感和艺术感染力，可以打破时间和空间的限制，表现出画面的多重性，这是一次曝光无法完成的。归纳起来，多重曝光有七大特色。

特色一：拍摄的次数多

多重曝光的拍摄次数为 2~9 次，甚至可以进行无限次的曝光，为作品提供更广阔的拍摄空间。

特色二：拍摄的模式多

使用多重曝光技术拍摄后，合成图像时有"加法""平均""明亮""黑暗"四种模式可以选择，可以随心所欲地进行创作，摆脱对后期软件的依赖。

特色三：查看图像的方法多

开启实时显示拍摄模式，便可以通过屏幕实时取景，更加准确地查看图像叠加的位置和拍摄的结果，提高拍摄的成功率。

特色四：适用于各个领域

多重曝光强大的"连拍"功能的使用越来越广泛，满足了体育、商业等各个领域的拍摄需求，使摄影者如虎添翼。

特色五：保留曝光过程中的所有照片

在多重曝光拍摄过程中，相机可以保存单次曝光拍摄的每一张照片和最后合成的 RAW 格式的照片。

特色六：存储卡中的照片可随调随拍

两次拍摄之间不受时间和地域的限制，摄影者可以随时调出存储卡中任何时间拍摄的照片进行下一次多重曝光。

特色七："启动合成工具"功能

使用佳能 DPP 软件中的"启动合成工具"功能，可以将相机内无法合成的照片风格和 ISO 感光度不一样的图像进行合成，进一步提高多重曝光的表现力。

1.3 设置多重曝光的方法和步骤

越来越多的相机具备了多重曝光的功能，如数码单反相机中的佳能 5D3、5D4、1D X、1D X Mark II，尼康 D80、D90、D200、D300S、D2X、D3X、D4X、D5 等。拍摄时摄影者可以选择不同的多重曝光模式，然后由相机自动合成 2~9 张图像，尼康 D5 可以合成 10 张图像，并且可以对合成的模式、曝光次数、保存图像范围等进行设置。

使用佳能相机的多重曝光功能，还可以选择一张以前拍摄的图像素材进行再次曝光，同时保存每一次曝光的原始图像，最后得到 RAW 格式的多重曝光图像。通过选择 4 种不同的曝光模式，可以进行无限次的曝光叠加，还可以通过屏幕实时取景，更加准确地拍摄叠加的位置，进一步拓展了多重曝光的功能。虽然各个品牌相机的多重曝光功能的合成方式有所差别，但操作方法和拍摄技巧都是相通的。掌握相机的多重曝光功能，熟练运用拍摄方法和模式，就能创作出有自己特点的作品。本书中的大部分作品都是用佳能相机拍摄的，所讲解的多重曝光技巧也是以佳能相机为例。

1.3.1 开启多重曝光功能

▲ 步骤 1 在相机菜单中找到"多重曝光"功能，按 SET（设置）按钮。

▲ 步骤 2 选择"开：功能 / 控制"选项，按 SET（设置）按钮确定，便可使用多重曝光功能进行拍摄。"开：功能 / 控制"选项是在拍摄叠加的图像时可以查看图像合成效果的多重曝光模式。

▲ 步骤 3 选择"开：连拍"选项，可以拍摄连续运动的物体或动态的景物。选择该选项后，不能保存多重曝光过程中的每一张原始图像，只能保存合成后的结果图像。

1.3.2 设置多重曝光的模式

多重曝光有 4 种拍摄模式：加法、平均、明亮和黑暗。

加法模式：这是较为常用的一种整体图像叠加的多重曝光模式，非常容易掌握。它以叠加图像比较暗的部分与中间调为主，保留比较亮的部分。它不进行曝光控制，每一次曝光的图像叠加合成后，曝光量都会有所增加，拍摄后的照片比拍摄前的照片要亮。

▲ 在菜单中选择"多重曝光控制"，按 SET（设置）按钮，可从"加法""平均""明亮""黑暗"这 4 种模式中选择一种。这里选择的是"加法"，按 SET（设置）按钮确定。

平均模式：和加法模式相近，也是以叠加图像比较暗的部分与中间调为主，保留比较亮的部分。不同的是，平均模式每次曝光时会自动控制曝光的亮度，在进行合成时会自动进行负曝光补偿，也就是减少曝光量，最后获得合适的曝光结果，故又称为相机中的自动挡。

明亮模式：叠加背景比较暗的图像，不叠加白色部分，画面以浅色调为主，保留明亮的部分，会损失暗部细节，突出主体轮廓。使用明亮模式可以在晚上拍摄车灯拖曳的轨迹和明月等画面。

黑暗模式：叠加背景比较明亮的图像，不叠加黑暗部分，画面以黑暗色调为主，会损失亮部细节，最后将多重曝光的黑暗调保留下来。在叠加背景时与"明亮"模式正好相反，在对曝光补偿的控制上与"加法"模式相反。

"加法"和"平均"两种模式还可以通过改变焦点位置的方式，得到柔焦叠加图像的效果；"明亮"和"黑暗"两种模式在突出主体轮廓时有明显的作用。根据不同的现场、不同的影调、不同的作品需要，有时这 4 种模式可以合理地一起使用。理解了这 4 种模式的原理后，运用起来就会得心应手，再加上自己的创意，巧妙地将多个模式组合来进行更多次的曝光，就能创作出惊艳的多重曝光作品。

1.3.3 设置多重曝光的次数

◀ 选择"曝光次数"，按 SET（设置）按钮。多次曝光次数可设置为 2~9 次，通过多功能控制钮或转动速控转盘选择 2~9 次曝光，然后按 SET（设置）按钮确定。

◀ 这里两张图片分别选择了"2"次和"9"次，一般情况下选择 2 次曝光，但我基本都选择"9"次。因为拍摄时（特别是拍虚焦时），不是 2 次曝光能完成的，选择"9"次时，无论曝光到哪一次，只要感觉满意就可以进行保存，并且随时可以从存储卡中将图像调出来再进行下一次拍摄，不满意就删除。

1.3.4 设置多重曝光图像的保存方式

▲ 选择"保存源图像",按 SET(设置)按钮确定。"保存源图像"提供了两个选项:"所有图像",不仅保存合成后的图像,也保存每一次曝光的原始图像,即所有单次曝光的图像及最终合成的图像都会被保存在存储卡中;"仅限结果",只保存多重曝光拍摄后最终合成的图像。一般情况下选择保存"所有图像"。

1.3.5 设置是否连续多重曝光

▲ "连续多重曝光"提供了两个选项:"仅限 1 张"是这一次选择多重曝光的拍摄,当作品完成后,下一次就是正常曝光拍摄了,相机会自动取消多重曝光拍摄,要接着进行多重曝光,就需要重新设置;"连续"是这一次设置多重曝光,当作品完成后,后面所有的拍摄都进行多重曝光,要进行正常曝光的拍摄,就需要手动关闭多重曝光功能。

1.3.6 启用实时显示拍摄模式

◀ 按实时显示拍摄按钮,相机液晶屏进入实时显示拍摄模式,在拍摄过程中可通过屏幕实时取景,更加准确地查看图像叠加的位置和大小等,这样可以提高拍摄成功率。

1.3.7 选择用存储卡中的照片进行多重曝光

▲ 步骤 1 选择功能菜单中的"选择要多重曝光的图像",按 SET(设置)按钮,会出现存储卡中的图像,然后可根据题材需要在存储卡中选择以前拍摄的某一张照片。注意:选择的照片必须是 RAW 格式,MRAW 、SRAW 或 JPEG 格式的图像都无法选择。

▲ 步骤 2 选好照片后,在"将使用此图像作为多重曝光的第一张图像"对话界面中按"确定"按钮,进行第二次曝光。已选好的照片会占用一次曝光的次数,例如,设置了 9 次曝光,从存储卡中选择照片后,还可以再进行 8 次曝光拍摄。

1.3.8 选择删除或保存的步骤

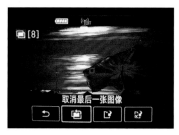  

▲ 这张照片是多重曝光时第二次曝光拍摄的，没有达到预期的效果，需要删除，按相机的删除键后，会出现4项选择，选择第2项，即"取消最后一张图像"，即可删除刚拍摄的这张照片，重新进行第二次曝光拍摄。

▲ 这张照片是第二次或更多次曝光后，达到的令人满意的效果。要保存这张照片，可按相机中的删除键，在4项选择中选择第3项，即"保存后退出"，然后确定，即可完成作品的拍摄。

▲ 这张照片是第二次多重曝光后，没有达到预期的效果，并且没有继续拍摄的必要，此时可按删除键，在4项选择中选第4项，即"不保存并退出"，然后确定，即可取消这次曝光的拍摄。

1.3.9 尼康相机多重曝光延迟间隔时间的设置和步骤（以尼康相机 D800 为例）

在尼康 D5 等相机中，也有"加法""平均""明亮""黑暗"这4种模式，有的相机显示"叠加""平均""亮化""暗化"4种模式，有的相机只有"叠加"这一种模式，这4种模式和佳能的4种模式大同小异。尼康相机最大的一个特点就是，可以在相机里选择"图像合成"功能，然后从存储卡中选择2张不同的照片进行相机内手动合成，并且可以调节曝光。但大部分尼康相机在多重曝光的时间上有一定的局限性，即第一次曝光拍摄至最后一次曝光拍摄必须在规定的时间内（默认是30秒）完成，否则多重曝光将会失效。为了解决这一问题，下面以尼康 D800 相机为例，介绍延迟时间的设置步骤。

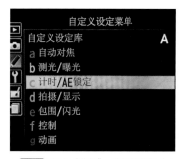 

▲ **步骤1** 打开"菜单"，选择第3项（小铅笔），在"自定义设定菜单"中选择"计时/AE 锁定"。

▲ **步骤2** 在"计时/AE 锁定"中选择"自动测光关闭延迟"。

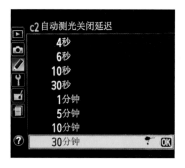 

◀ **步骤3** 在"自动测光关闭延迟"中选择延迟时间为"30分钟"或"无限"。

1.4 多重曝光的参数设置

多重曝光的拍摄方法不同于一般的拍摄，不仅模式不同、参数不同，而且最后叠加合成的作品也不同。所以在拍摄多重曝光的作品时，了解和掌握多重曝光拍摄的参数设置是十分有必要的。

1. 感光度和白平衡的设置

开启多重曝光功能并设置了第一张照片的感光度参数后，后面的拍摄是无法更改感光度和照片风格的。一般情况下应设置高一些的感光度，以防第二次曝光时因环境光线太暗，导致快门速度不够而造成画面的抖动，如拍摄第 1 张照片时，感光度设置为 ISO 400，后面的几次曝光，感光度只能是 ISO 400。

白平衡的作用是得到准确的色彩还原，要根据拍摄现场的环境光线来选择相应的场景模式，一般选择"日光"和"阴天"模式的情况较多。

2. 设置相机曝光模式

多重曝光拍摄的最佳模式是 M 手动挡，这样便可以自如地控制每次曝光的曝光量，尤其是拍摄虚焦时非常实用，也可以选择 AV 挡（光圈优先自动曝光）。

3. 做好多重曝光的前期准备

多重曝光前期的准备也很重要。首先准备一个多重曝光拍摄专用的存储卡，并传入一些素材图像备用；然后准备稳定性较好的三脚架和快门线、用于遮挡部分影像的黑纸卡、用于减少进光量的减光镜和渐变镜、用于打造干净背景的黑色与白色的背景布、用于虚化背景产生的光斑的折反镜头，以及闪光灯和闪光灯引闪器等。

1.5 多重曝光拍摄的照片和后期合成的照片的区别

区别一：本质上的区别

多重曝光的照片是在拍摄中合成的，是前期的工作，软件合成的照片是后期的产物，两者有着本质的区别。

区别二：效果上的区别

作品的效果不同，一些简单的作品经过后期合成是可以的，看起来与多重曝光拍摄的效果差不多，但是复杂的作品是无法通过后期合成的，而且一些作品的后期处理是绝对达不到多重曝光拍出的效果的。

区别三：前后期的区别

多重曝光拍摄是在现场对各种真景、真物、实体进行拍摄，有时现场的景物是瞬息万变的；而后期只能处理现有的照片。

区别四：现成和模仿的区别

多重曝光拍摄可以让想象与创意的效果瞬间实现，而且不用后期重新叠加；运用软件合成只是模仿多重曝光拍摄出的效果。

区别五：文件格式的区别

多重曝光可以拍出 RAW 格式的文件，软件合成的照片只有 JPG 格式。如果参加摄影比赛获奖了，主办方是需要调 RAW 格式的文件原图的，没有原始文件就只能遗憾地放弃奖项了。

区别六：创作理念的区别

多重曝光可以提升对现场光影的判断能力和观察力，随心所欲地拍摄预想的画面，创作的内容更加丰富多彩。软件合成缺少技术难度，更失去了多重曝光创作的现实意义。

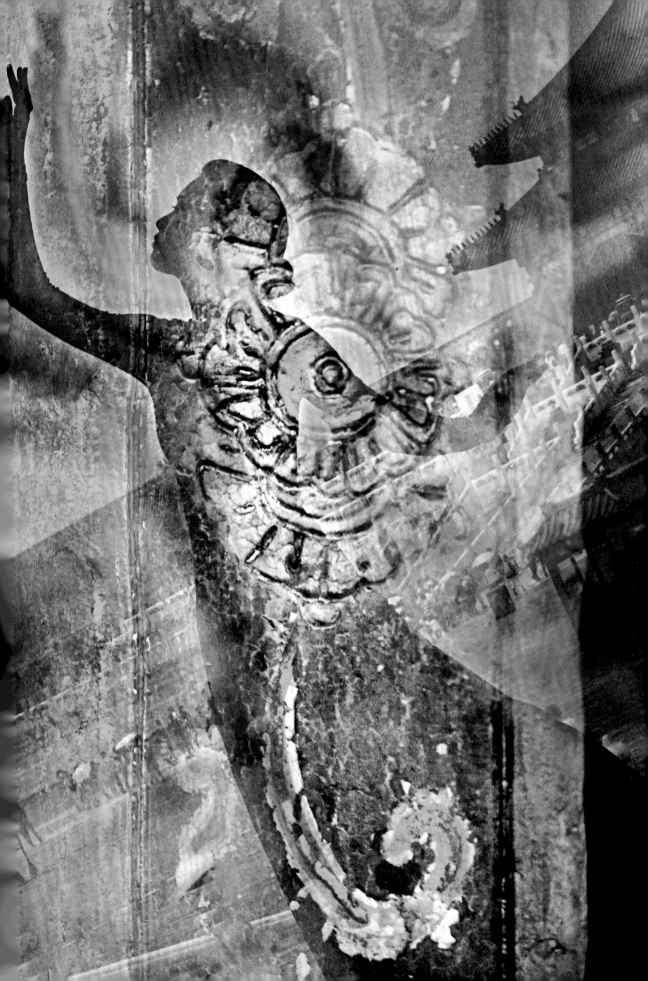

第

2

章

/

多重曝光的
创意和拍摄技巧

　　多重曝光是一种特殊的拍摄技法，强大的功能和可塑性不但丰富了摄影的表现手法，让摄影者可以更好地表达创作思想，同时也为作品增加了无穷无尽的拓展空间，可以达到神奇、梦幻的蒙太奇式画面效果。把握好与多重曝光的结合，对拍摄一张成功的作品非常重要，既可以在众多作品中脱颖而出，又可以让叠加的影像充满美轮美奂的艺术效果。

　　多重曝光的拍摄技巧很多，无论是同一场景中的叠加还是异地景物的叠加，都必须考虑被摄物体的形状、线条、明暗、色彩、对比等搭配在一起是否合理，被摄物体的叠加、遮挡、焦距变换、曝光量增减等是否正确，曝光模式是否适合，等等。

　　掌握多重曝光的拍摄法则和拍摄方法，并将它们运用得恰到好处，可以使拍摄过程事半功倍。经过几年的拍摄实践，我在多重曝光的创意思路和拍摄技巧等方面积累了一些非常实用的经验，归纳起来可分为下图所示的几项内容。

六大
拍摄法则

十大
拍摄技巧（秘诀）

十五种
叠加方法

九种
拍摄失败的原因

2.1 六大拍摄法则

2.1.1 形成最初的创意影像

创意是多重曝光的灵魂，多重曝光只是相机中的一种辅助功能，相机后面人的思维和想象才是根本。如果创意构思得当，就能营造出许多奇异的新影像。拍摄前要对整个画面有一个初步的预想和构思，拍什么，怎么拍，要调动起敏锐的观察力和丰富的想象力，在头脑中形成最初的创意影像。

▌草原猎户

创意是改变影像空间的艺术，猎户以草原为家，动物和一草一木已经成为猎户生活中不可分割的一部分。头脑中勾画出的最初的创意影像是一幅比较清晰的画面，采用草原上的雄狮作为陪衬，表现猎户勇猛、刚毅的形象，以及他对草原的情怀。

步骤1 第一次曝光

光圈：f/6.3
快门：1/200s
焦距：250mm
曝光补偿：-2挡
多重曝光模式：加法
镜头：100-400mm

步骤2 第二次曝光

光圈：f/5.6
快门：1/100s
焦距：200mm
曝光补偿：-3挡
多重曝光模式：加法
镜头：100-400mm

步骤3 第三次曝光

光圈：f/5.6
快门：1/100s
焦距：280mm
曝光补偿：-3.3挡
多重曝光模式：加法
镜头：100-400mm

▲ 设置参数

器材：佳能 EOS 5D Mark IV　白平衡：阴天　感光度：ISO1000　照片风格：人物　测光模式：点测光
图像画质：RAW　曝光次数：3次　曝光模式：M挡

2.1.2 确定画面中的主角和配角

拍摄时要确定画面的主角与配角，主观地安排画面的结构和布局，确定它们的位置，做到一目了然、干净利落，打造一幅主次关系明显的精致画面。否则主角、配角关系模糊，会导致拍出的画面很混乱。

▌卢旺达舞

非洲卢旺达的舞蹈野性十足，对图腾的崇拜是卢旺达舞蹈的特色之一。拍摄时我有意安排画面的结构和布局，确定舞蹈者为主角后，采用框架构图，让主位居中，两匹马一左一右作为配角，画面的主次关系非常明显。

▲ 设置参数

器材：佳能 EOS 5D Mark IV　白平衡：阴天　感光度：ISO3200　照片风格：人物　测光模式：点测光　曝光模式：M 挡　图像画质：RAW　曝光次数：3 次

步骤 1 第一次曝光

光圈：f/11
快门：1/1250s
焦距：270mm
曝光补偿：-2 挡
多重曝光模式：加法
镜头：100-400mm

步骤 2 第二次曝光

光圈：f/8
快门：1/250s
焦距：160mm
曝光补偿：-2.5 挡
多重曝光模式：加法
镜头：100-400mm

步骤 3 第三次曝光

光圈：f/4
快门：1/60s
焦距：40mm
曝光补偿：-3.3 挡
多重曝光模式：加法
镜头：24-105mm

2.1.3 用"减再减""增再增"法则控制曝光量

用"减再减""增再增"法则控制好曝光量,计算出合适的曝光补偿,这是很重要的技巧。一般情况下都要减少曝光量,特别是第二次曝光和后几次的曝光,更需要减少曝光量。如果第一次曝光减少1~2挡,那么后几次曝光可能要减少3~4挡,减少的曝光量和曝光的次数成正比,次数越多,减少的曝光量就越多,这就是"减再减"法则。相反,如果拍摄高调作品,画面以淡色调为主,就要增加曝光量,这就是"增再增"法则。如果曝光量减少得不够,素材就会过多地叠加到画面中,造成叠加混乱。只有控制好曝光量,才能将主体与素材合理地融合在一起。主次分明,自然得体,才可以增加作品的通透度,不合适的曝光量是导致多重曝光失败的罪魁祸首。

▌宽窄巷子 ···

步骤1 第一次曝光

> 光圈:f/4
> 快门:1/160s
> 焦距:192mm
> 曝光补偿:-2挡
> 多重曝光模式:加法
> 镜头:70-200mm+1.4×增倍镜

步骤2 第二次曝光

> 光圈:f/4
> 快门:1/250s
> 焦距:210mm
> 曝光补偿:-2.5挡
> 多重曝光模式:加法
> 镜头:70-200mm+1.4×增倍镜

步骤3 第三次曝光

> 光圈:f/6.3
> 快门:1/400s
> 焦距:150mm
> 曝光补偿:-3挡
> 多重曝光模式:加法
> 镜头:70-200mm+1.4×增倍镜

步骤4 第四次曝光

> 光圈:f/6.3
> 快门:1/400s
> 焦距:180mm
> 曝光补偿:-4挡
> 多重曝光模式:加法
> 镜头:70-200mm+1.4×增倍镜

作品主要运用了"减再减"法则控制曝光量,从第一次曝光补偿减2挡,到第四次曝光补偿减4挡,减少的曝光量和曝光的次数成正比。次数越多,减少的曝光量就越多。

▲ 设置参数

器材:佳能 EOS 5D Mark III   白平衡:日光 感光度:ISO400 照片风格:人物 测光模式:点测光 图像画质:RAW 曝光次数:4次 曝光模式:M挡

2.1.4 精确叠加每一个素材的位置

多重曝光是将不同的素材依次叠加在同一画面中，作品的元素会逐渐增加，精确叠加每一个素材的位置非常重要。每次叠加都是对想象力和技术的考验，对素材的取舍和把控要做到胸有成竹，才能准确地将不同的元素重新融合，创作出有思想深度、有艺术感染力的多重曝光作品。盲目地叠加是导致多重曝光失败的重要原因。

▌少女的遐想

通过对人物环境的观察、构思，最终选择少女头上的装饰和人物的表情进行叠加，并精确叠加每一个素材的位置，恰到好处地表现了少女对美好愿望的遐想。

▲ 设置参数

器材：佳能 EOS 5D Mark IV　白平衡：阴天　感光度：ISO400　照片风格：人物　测光模式：点测光　图像画质：RAW　曝光次数：4 次　曝光模式：M 挡

步骤 1 第一次曝光	步骤 2 第二次曝光	步骤 3 第三次曝光	步骤 4 第四次曝光
光圈：f/8 快门：1/800s 焦距：46mm 曝光补偿：-1 挡 多重曝光模式：加法 镜头：24-105mm	光圈：f/4 快门：1/4s 焦距：105mm 曝光补偿：-0.7 挡 多重曝光模式：加法 镜头：24-105mm	光圈：f/4 快门：1/15s 焦距：85mm 曝光补偿：-3 挡 多重曝光模式：加法 镜头：24-105mm	光圈：f/4 快门：1/15s 焦距：85mm 曝光补偿：-3.5 挡 多重曝光模式：加法 镜头：24-105mm

2.1.5　随时查看曝光后的成像效果，随时调出存储卡中的照片进行拍摄

多重曝光过程中，每叠加一次都要及时查看成像效果，要查看曝光是否准确，整体画面是否合理，主体是否突出，叠加的位置是否正确，是否将预想的画面变成了现实，等等。发现不足时，如缺少素材，叠加的位置不对，要及时补充和纠正。可以尝试不同的曝光效果，打破思维的局限，不断地思考和改进，这样常常可以取得意想不到的结果。

多重曝光可以随时调出存储卡中的照片进行拍摄。完成一次曝光时可以保存这张照片，以后遇见新的素材时，把这张照片调出来再进行下一次曝光。随时保存，随时调出，随时进行创作，多重曝光这一强大的优势增加了作品的表现空间和摄影者的表现力。

▍乌干达部落

用创造性的思维去整合一幅新的作品，是取得成功的必备条件。下面的作品拍摄于两个不同的地方，一共进行了三次曝光拍摄，第一次拍摄人物，第二、三次拍摄图腾作素材，并和乌干达部落的妇女融合在一起，通过创造性地整合，表现了人们对美好生活的向往。三次曝光，每叠加一次都要查看拍摄效果，这一点很重要。

▲设置参数

器材：佳能 EOS 5D Mark IV
白平衡：阴天　感光度：ISO1250
照片风格：人物　测光模式：点测光
图像画质：RAW　曝光次数：3次
曝光模式：M挡

步骤1 第一次曝光

光圈：f/4
快门：1/250s
焦距：45mm
曝光补偿：-2.5挡
多重曝光模式：加法
镜头：24-105mm

步骤2 第二次曝光

光圈：f/8
快门：1/100s
焦距：280mm
曝光补偿：-3挡
多重曝光模式：加法
镜头：100-400mm

步骤3 第三次曝光

光圈：f/8
快门：1/100s
焦距：280mm
曝光补偿：-3挡
多重曝光模式：加法
镜头：100-400mm

2.1.6 调整参数，提高感光度

多重曝光拍摄不同于一般的拍摄方式，它的每一次叠加，无一例外都是在增加图像的元素和信息量，不同的参数设置和模式对叠加的效果都会有一定的影响，要设置高一些的感光度，以保证后续拍摄时快门速度不至于太低，否则会导致作品无法完成。因为第一次曝光时所设置的感光数值就是最终作品的唯一数值，后面所有的曝光，感光度都是不能增减的。

▌舞韵

下面这幅作品的 ISO 设置为 5000，第一次曝光时快门速度为 1/5000s，但到第四次曝光时快门速度已变成 1/60s。由于第一次曝光时设置的感光度是这幅作品的唯一数值，因此需要提高感光度，以保证快门速度不受影响，直到完成作品。由此可见，适当提高感光度是非常重要的。

▲ 设置参数

器材：佳能 EOS 5D Mark IV　白平衡：阴天　感光度：ISO5000　照片风格：人物　测光模式：点测光　图像画质：RAW　曝光次数：4 次　曝光模式：M 挡

步骤 1 第一次曝光	步骤 2 第二次曝光	步骤 3 第三次曝光	步骤 4 第四次曝光
光圈：f/8 快门：1/5000s 焦距：150mm 曝光补偿：-2 挡 多重曝光模式：平均 镜头：100-400mm	光圈：f/4 快门：1/250s 焦距：105mm 曝光补偿：-2.5 挡 多重曝光模式：平均 镜头：24-105mm	光圈：f/4 快门：1/160s 焦距：45mm 曝光补偿：-3.5 挡 多重曝光模式：平均 镜头：24-105mm	光圈：f/4 快门：1/60s 焦距：58mm 曝光补偿：-3.5 挡 多重曝光模式：平均 镜头：24-105mm

2.2 十大拍摄技巧（秘诀）

2.2.1 多重曝光构图法

多重曝光的大部分构图不同于一般的拍摄构图，它的画面上要有"留白"，即要预留一部分区域，这是非常重要的。

一般情况下，第一次曝光时要给第二次及后面的曝光留有余地，给叠加的素材留出空间，在预留的区域内进行后面的曝光，否则后面的素材就无法进行叠加了。构图和布局要注意前后呼应，思路要明确。由于多重曝光这种特殊的拍摄技法是通过多次曝光后将画面重新排列，是一种新的组合形式，因此构图在画面中起到了举足轻重的作用。将现实与想象组合在一起，拍摄的作品才具有强烈的美感和艺术感染力。

▌ 守护 ···○

◀ 设置参数

器材：佳能 EOS 5D Mark IV　白平衡：阴天　感光度：ISO640　照片风格：人物　测光模式：点测光　图像画质：RAW　曝光次数：2 次　曝光模式：M挡

步骤 1 第一次曝光

光圈：f/8
快门：1/200s
焦距：280mm
曝光补偿：-2 挡
多重曝光模式：平均
镜头：100-400mm

步骤 2 第二次曝光

光圈：f/4
快门：1/30s
焦距：105mm
曝光补偿：-3 挡
多重曝光模式：平均
镜头：24-105mm

按照多重曝光构图法，作品第一次曝光构图时就给第二次曝光留了余地，拍摄时将人物放在整个画面的右面，左面留白，第二次曝光时在预留的区域拍摄狮子。掌握了多重曝光的构图方法，可以起到事半功倍的拍摄效果。

2.2.2　画面简洁，突出主体

多重曝光以叠加影像为主，干净、简洁的画面和背景至关重要。画面简洁，主体会更加突出，局部和整体之间的主次关系会更加分明，可以为后面的多重曝光打下良好的基础，从而构造一幅协调、干净的画面。

▌福之临 ○

下面的作品画面简洁，背景干净，更加突出了主体。这是广场上的一对情侣，主要创意是以"福"字构成人物，以红色为主要色调，渲染喜庆的气氛。

▲ 设置参数

器材：佳能 EOS 5D Mark IV　白平衡：日光　感光度：ISO1000　照片风格：人物　测光模式：点测光　图像画质：RAW　曝光次数：
3 次　曝光模式：M 挡

步骤 1 第一次曝光	步骤 2 第二次曝光	步骤 3 第三次曝光
光圈：f/11 快门：1/2500s 焦距：120mm 曝光补偿：-1.5 挡 多重曝光模式：加法 镜头：100-400mm	光圈：f/4 快门：1/125s 焦距：70mm 曝光补偿：-2.5 挡 多重曝光模式：加法 镜头：24-105mm	光圈：f/8 快门：1/250s 焦距：50mm 曝光补偿：-2 挡 多重曝光模式：加法 镜头：24-105mm

2.2.3　拍摄第一张时要减少曝光补偿

多重曝光时，每一次拍摄曝光量都会增加一点，后拍摄的照片比先拍摄的照片要亮。随着拍摄次数的增多，图像叠加的曝光量会越来越多，所以拍摄第一张时要减少曝光补偿，减多少由作品的创意需求来确定。如果要拍摄一幅高调作品，那么拍摄第一张时要增加曝光补偿。一般来讲无论曝光几次，累计减少（或增加）的曝光量应该接近最后完成的作品的正确曝光。

▌走近古巴

本作品第一次曝光时就减少了 2.5 挡曝光补偿，如果第一次是正常的曝光，那么第二次曝光的素材就会过多地叠加到第一次曝光形成的画面上，导致画面模糊。

▲ 设置参数

器材：佳能 EOS 5D Mark IV　白平衡：阴天　感光度：ISO1000　照片风格：人物　测光模式：点测光　图像画质：RAW　曝光次数：2 次　曝光模式：M 挡

步骤 1 第一次曝光

| 光圈：f/6.3 |
| 快门：1/250s |
| 焦距：70mm |
| 曝光补偿：-2.5 挡 |
| 多重曝光模式：平均 |
| 镜头：24-105mm |

步骤 2 第二次曝光

| 光圈：f/4 |
| 快门：1/20s |
| 焦距：58mm |
| 曝光补偿：-3 挡 |
| 多重曝光模式：平均 |
| 镜头：24-105mm |

2.2.4 按"减法"选择素材

虽然说多重曝光拍摄是"加法"摄影，但是拍摄时要按"减法"选择素材，素材的简洁是至关重要的，它对多重曝光的成功与否起着决定性的作用。画面叠加的次数越多，素材的选择越应该简洁。

▌向往

在非洲处处能感受到孩子们对足球的热爱，即使没有足球，哪怕玩一个车轮子，孩子们也能像玩足球那样兴高采烈。画面中一个儿童停在路边听足球比赛广播，表现了孩子对足球的热爱。画面中的素材简洁，干净利落。

▲ 设置参数

器材：佳能 EOS 5D Mark IV　　白平衡：日光
感光度：ISO400　　照片风格：人物　　测光模式：点测光
图像画质：RAW　　曝光次数：2次　　曝光模式：M挡

步骤1 第一次曝光
光圈：f/11
快门：1/500s
焦距：105mm
曝光补偿：+0.5挡
多重曝光模式：黑暗
镜头：24-105mm

步骤2 第二次曝光
光圈：f/4
快门：1/10s
焦距：55mm
曝光补偿：+0.7挡
多重曝光模式：黑暗
镜头：24-105mm

2.2.5　选择明暗差距较大的主体和陪体

拍摄时可以选择较亮的浅色主体和较暗的深色陪体或背景环境，做到主次分明，重点突出。陪体是为主体增添光彩的，浅色的主体出现在深色的背景中，主体与素材融合时，素材会更多地覆盖在画面的暗部，对浅色主体影响不大。除此之外，也可以选择深色的主体和浅色的背景。大多数多重曝光作品失败的原因就是主次不明，所以并不是随便一个画面都适合使用多重曝光。

▎香港太平山 ....

▲ 设置参数

器材： 佳能 EOS 5D Mark III　**白平衡：** 日光　**感光度：** ISO320　**照片风格：** 风光　**测光模式：** 中央重点平均测光　**图像画质：** RAW
曝光次数： 3 次　**曝光模式：** 光圈优先

步骤 1 第一次曝光

光圈：f/5.6
快门：1/400s
焦距：130mm
曝光补偿：-2 挡
多重曝光模式：加法
镜头：70-200mm

步骤 2 第二次曝光

光圈：f/22
快门：1/400s
焦距：200mm
曝光补偿：-2.5 挡
多重曝光模式：加法
镜头：70-200mm

步骤 3 第三次曝光

光圈：f/16
快门：1/500s
焦距：170mm
曝光补偿：-3 挡
多重曝光模式：加法
镜头：70-200mm

作品以高楼林立的香港太平山作为浅色的主体，从画面的布局看，深暗的几座大山浮印在大厦之间，主次分明，层次清晰，平凡的人文景观叠加后产生了不凡的影像。

2.2.6 主体与陪体之间的搭配要合理

多重曝光时选择的主体需要什么样的陪体元素去搭配？怎样把不同的画面叠加到一起？首先要考虑主体与陪体之间搭配的合理性、关联性、可融性，其次要从作品的内容、形式、内涵等方面选择具有相关因素的素材。选择带有色彩的元素，会赋予作品强烈的艺术美感，令作品产生意想不到的梦幻意境和魔术般的效果。但要注意，选择的素材不能喧宾夺主，不能盲目地将各种元素胡乱地叠加在一起。

▌梦幻吴哥

▲ 设置参数

器材：佳能 EOS 5D Mark IV　白平衡：日光　感光度：ISO1250　照片风格：人物　测光模式：点测光　图像画质：RAW　曝光次数：3 次　曝光模式：M 挡

步骤 1 第一次曝光	步骤 2 第二次曝光	步骤 3 第三次曝光
光圈：f/16 快门：1/50s 焦距：300mm 曝光补偿：-1.5 挡 多重曝光模式：加法 镜头：100-400mm	光圈：f/8 快门：1/160s 焦距：100mm 曝光补偿：-2.5 挡 多重曝光模式：加法 镜头：100-400mm	光圈：f/8 快门：1/160s 焦距：350mm 曝光补偿：-3.5 挡 多重曝光模式：加法 镜头：100-400mm

多重曝光是将现实与想象组合在一起的空间艺术，作品的主体与陪体之间，舞台中的人物和树木之间，从内容到形式，都有着相关的可融性，搭配起来相辅相成，营造出了一种梦幻的意境。

2.2.7　选择正确的多重曝光拍摄模式

对于技术的准确把控可以增加多重曝光的成功率，而选择一种正确的多重曝光拍摄模式对拍摄而言非常重要。在"加法""平均""明亮""黑暗"4种拍摄模式中，"加法"和"平均"模式比较相近，它们以叠加图像比较暗的部分与中间调为主，保留比较亮的部分。"明亮"模式叠加比较暗的部分，"黑暗"模式叠加比较亮的部分，两种模式意在突出主体轮廓。除了"黑暗"模式以外，其他3种模式都是在同一画面中累计增加曝光量的，要根据作品的需要选择一种正确的多重曝光拍摄模式。乱用模式会使画面的主次倒置，导致作品效果不理想。

▌ 走进非洲

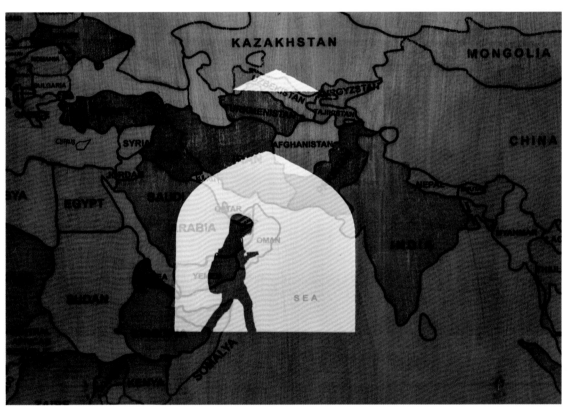

▲设置参数

器材：佳能 EOS 5D Mark IV　白平衡：日光　感光度：ISO800　照片风格：人物　测光模式：点测光　图像画质：RAW　曝光次数：2次　曝光模式：M挡

步骤1 第一次曝光

光圈：f/11
快门：1/350s
焦距：90mm
曝光补偿：-1挡
多重曝光模式：加法
镜头：24-105mm

步骤2 第二次曝光

光圈：f/4
快门：1/125s
焦距：70mm
曝光补偿：-2挡
多重曝光模式：加法
镜头：24-105mm

掌握4种多重曝光拍摄模式的基本原理和使用技巧，创作时才能得心应手，增加拍摄的成功率。本作品采用的是"加法"拍摄模式，如果改用"黑暗"拍摄模式，呈现的画面就会不伦不类，达不到想要的效果。

2.2.8　选择明暗对比强烈的元素错位叠加

多重曝光拍摄是元素在画面中进行堆叠，合理地选择明暗对比强烈的光影对多重曝光作品而言至关重要。有意安排主体与陪体的明暗位置，错位叠加画面中的明暗部分，能使画面轮廓鲜明，纹理清晰。一般是浅色叠加在深色的部位，明亮部位叠加暗色部位，这样可以营造出扑朔迷离的艺术氛围，增强画面表现力与感染力，突出拍摄的主体。

❚ 放牧之歌

▲ 设置参数

器材：佳能 EOS 5D Mark IV　白平衡：日光　感光度：ISO1600　照片风格：人物　测光模式：点测光　图像画质：RAW　曝光次数：3 次　曝光模式：M 挡

步骤 1 第一次曝光	步骤 2 第二次曝光	步骤 3 第三次曝光
光圈：f/8 快门：1/800s 焦距：105mm 曝光补偿：+1 挡 多重曝光模式：黑暗 镜头：24-105mm	光圈：f/8 快门：1/800s 焦距：105mm 曝光补偿：+1 挡 多重曝光模式：黑暗 镜头：24-105mm	光圈：f/10 快门：1/250s 焦距：62mm 曝光补偿：+1.3 挡 多重曝光模式：黑暗 镜头：24-105mm

作品以明暗部分的错位叠加为主，使草原放牧的画面轮廓清晰，增强了作品的表现力与感染力。

2.2.9 选择画面中大量的黑白颜色

单一的颜色非常有利于多重曝光，特别是画面中拥有大量的黑色或白色时，反差会非常明显，特别适合叠加各式各样的素材，会得到更清晰的画面。同时也有利于将创作灵感发挥到极致，从而拍出不同内容的创意性作品。合理、灵活地运用黑、白颜色，是拍摄成功的秘诀。

▌佩特拉古城 ···○

▲ 设置参数

器材：佳能 EOS 5D Mark Ⅳ　白平衡：日光　感光度：
ISO400　照片风格：人物　测光模式：点测光　图像画质：
RAW　曝光次数：2 次　曝光模式：M 挡

步骤1 第一次曝光

光圈：f/11
快门：1/800s
焦距：24mm
曝光补偿：-4 挡
多重曝光模式：加法
镜头：24-70mm

步骤2 第二次曝光

光圈：f/5.6
快门：1/180s
焦距：45mm
曝光补偿：-1.7 挡
多重曝光模式：加法
镜头：24-70mm

在中午时分的阳光下拍摄人物，背景接近于黑色。在这种黑白颜色反差非常强的画面中，素材会叠加到黑色背景之中，并凸显人物。作品不但形式感强，而且主体轮廓非常突出。

2.2.10 选择反差较大的剪影

逆光或侧逆光拍摄出的剪影，特别是肖像剪影，有助于多重曝光的拍摄。利用这种影调中的高光区域和暗部区域，可以选择各种各样的元素叠加到反差大的剪影画面中。在选择多重曝光的拍摄模式时，如果将元素叠加到画面的暗部，就采用"加法"或"平均"模式；如果将元素叠加到画面的高光部分，就采用"黑暗"模式。使用不同的多重曝光拍摄模式，可以得到多层次、神奇、梦幻的效果，从而创作出具有强烈美感的作品。

▎武当山 ⃘

▲ 设置参数

器材：佳能 EOS 5D Mark IV　白平衡：日光　感光度：ISO500　照片风格：人物　测光模式：点测光　图像画质：RAW　曝光次数：3 次　曝光模式：M 挡

步骤 1 第一次曝光	步骤 2 第二次曝光	步骤 3 第三次曝光
光圈：f/11 快门：1/800s 焦距：105mm 曝光补偿：-1 挡 多重曝光模式：加法 镜头：100-400mm	光圈：f/11 快门：1/25s 焦距：35mm 曝光补偿：-1.5 挡 多重曝光模式：加法 镜头：16-35mm	光圈：f/4 快门：1/160s 焦距：16mm 曝光补偿：-2 挡 多重曝光模式：加法 镜头：16-35mm

作品中的人物剪影和武当山的风景叠加在一起，形成了不一样的人文地理影像。利用剪影来拍摄多重曝光作品，是一种常用的方法。逆光或侧逆光拍出的剪影都非常美，适合叠加各种元素，画面强烈的艺术形式可以激发创作灵感，有助于拍出婉约柔美、粗犷苍茫的创意作品。

2.3 十五种叠加方法

2.3.1 虚实叠加法

对被摄体进行虚焦拍摄和实焦拍摄后，将图像叠加在一起，主体会更加突出。具体要进行几次虚焦拍摄、几次实焦拍摄，要根据被摄主体的具体情况而定。而且要采用曝光补偿的方法控制曝光量，用手动挡进行虚实叠加，这样可以营造出柔和、朦胧、梦幻的视觉效果。这种方法最常用于风光、花卉、静物等题材的多重曝光摄影。

▌宏村

▲设置参数

器材：佳能 EOS 5D Mark III　白平衡：日光　感光度：ISO400　照片风格：风光　测光模式：中央重点平均测光　图像画质：RAW
曝光次数：4 次　曝光模式：M 挡

步骤 1 第一次曝光	步骤 2 第二次曝光	步骤 3 第三次曝光	步骤 4 第四次曝光
光圈：f/7.1 快门：1/400s 焦距：298mm 曝光补偿：-2 挡 多重曝光模式：平均 镜头：70-200mm+1.4×增倍镜	光圈：f/6.3 快门：1/400s 焦距：255mm 曝光补偿：-2 挡 多重曝光模式：平均 镜头：70-200mm+1.4×增倍镜	光圈：f/5.6 快门：1/400s 焦距：180mm 曝光补偿：-2.5 挡 多重曝光模式：平均 镜头：70-200mm+1.4×增倍镜	光圈：f/5.6 快门：1/200s 焦距：160mm 曝光补偿：-2.5 挡 多重曝光模式：加法 镜头：70-200mm+1.4×增倍镜

宏村有"中国之画"的美誉，其中徽派建筑有着浓郁的地域特色，非常适合进行多重曝光拍摄。对同一画面进行虚焦和实焦的 4 次曝光，然后将画面叠加，完成的作品意境朦胧，更加烘托了宏村水墨画般的韵味。

2.3.2 冷暖叠加法

冷色与暖色构成了明显的色彩效果，赋予了作品强烈的美感和艺术感染力。有扩张感的暖色和有收缩感的冷色叠加在一起，不仅提高了画面的层次感，而且会产生梦幻般的意境和效果。

▌城市印记

▲ 设置参数

器材：佳能 EOS 5DS R　白平衡：阴天　感光度：ISO400
照片风格：风光　测光模式：中央重点平均测光　图像画质：
RAW　曝光次数：2次　曝光模式：M 挡

步骤 1 第一次曝光

光圈：f/16
快门：1/250s
焦距：21mm
曝光补偿：-1 挡
多重曝光模式：加法
镜头：16-35mm

步骤 2 第二次曝光

光圈：f/2.8
快门：1/25s
焦距：17mm
曝光补偿：-1 挡
多重曝光模式：加法
镜头：16-35mm

作品通过将城市建筑和室内暖色灯光相融合，达到了冷暖叠加的艺术效果，为平淡的画面赋予了浪漫的色彩，营造出了一种唯美的意境。

2.3.3　大小叠加法

大小叠加法是将大小比例不同的物体通过两次或多次曝光叠加到同一画面中，即变换相机镜头焦段，将物品拍成一大一小或一远一近，然后将它们叠加在同一画面中。一般情况下是先拍大后拍小，先拍近后拍远，这种方法在被摄物体众多的情况下采用，以营造大小对比（或远近对比）的视觉效果。

▌广场印象 ···○

▲ 设置参数

器材：佳能 EOS 5DS R　白平衡：日光　感光度：ISO400
　照片风格：人物　测光模式：点测光　图像画质：RAW
曝光次数：2 次　曝光模式：M 挡

步骤 1 第一次曝光

光圈：f/4
快门：1/100s
焦距：60mm
曝光补偿：-1 挡
多重曝光模式：加法
镜头：24-70mm

步骤 2 第二次曝光

光圈：f/5.6
快门：1/125s
焦距：200mm
曝光补偿：-2 挡
多重曝光模式：加法
镜头：100-400mm

大小叠加法常常用于物体比较集中且比较多的情景，如庆祝活动、节日活动、大型集会等，作品从不同的角度表达同一种主题。将大小远近不同的物体叠加在同一画面之中，特别是近大远小时，会使画面更有冲击力。

2.3.4 纹理叠加法

纹理叠加法是多重曝光常用的一种方法，是将素材上的纹理通过曝光叠加到主体画面上，叠加的元素包括形状、图案、肌理等，可以增加画面的纹理与质感。要选择有关联的素材，主体和陪体之间要有可融性，搭配起来才合理，才可以创作出有思想深度和有艺术感染力的多重曝光作品。

▌马赛部落

▲ 设置参数

器材：佳能 EOS 5D Mark III　白平衡：阴天　感光度：ISO1600　照片风格：人物　测光模式：点测光　图像画质：RAW　曝光次数：2 次　曝光模式：M 挡

步骤 1 第一次曝光
光圈：f/8
快门：1/1250s
焦距：46mm
曝光补偿：−1.3 挡
多重曝光模式：加法
镜头：24-105mm

步骤 2 第二次曝光
光圈：f/4
快门：1/200s
焦距：300mm
曝光补偿：−2.5 挡
多重曝光模式：加法
镜头：100-400mm

作品拍摄于非洲肯尼亚马赛部落，将素材的纹理叠加到主体人物身上，叠加的元素之间具有可融性，结合在一起相得益彰。

2.3.5　明暗叠加法

多重曝光摄影就是将素材在画面中进行堆叠。合理地选择反差较大的明和暗，使主体与陪体之间的暗部和亮部进行叠加，两者互补互融，能使画面轮廓鲜明，纹理清晰，从而得到富有表现力的艺术作品。

▌马拉维面具舞 ....◇

▲ 设置参数

器材：佳能 EOS 5D Mark III　白平衡：日光　感光度：
ISO320　照片风格：人物　测光模式：点测光　图像画质：
RAW　曝光次数：2 次　曝光模式：M 挡

步骤 1 第一次曝光

光圈：f/8
快门：1/250s
焦距：35mm
曝光补偿：-1.3 挡
多重曝光模式：加法
镜头：24-105mm

步骤 2 第二次曝光

光圈：f/4
快门：1/15s
焦距：105mm
曝光补偿：-0.5 挡
多重曝光模式：加法
镜头：24-105mm

马拉维面具舞在非洲享誉盛名，通过明暗对比显著的画面的融合，营造了一种和谐的气氛。

2.3.6　动静叠加法

动静叠加法是指将动态的画面与静态的画面叠加在一起，一般是对静体（或者动体）进行实焦拍摄，可以拍摄一张高速定格的画面；对动体（或者静体）进行虚焦拍摄，可以用慢门拍摄进行虚化，或者变换焦段。将模糊的、抽象化的动态效果与静止的画面进行叠加，营造出朦胧和谐的动静结合的艺术效果。

▌古巴老爷车

▲ 设置参数

器材：佳能 EOS 5D Mark IV　白平衡：日光　感光度：ISO500　照片风格：风光　测光模式：点测光　图像画质：RAW　曝光次数：2 次　曝光模式：M 挡

步骤1 第一次曝光

光圈：	f/8
快门：	1/250s
焦距：	105mm
曝光补偿：	-2.5 挡
多重曝光模式：	加法
镜头：	24-105mm

步骤2 第二次曝光

光圈：	f/4
快门：	1/25s
焦距：	91mm
曝光补偿：	-2 挡
多重曝光模式：	加法
镜头：	24-105mm

在古巴的大街小巷，处处可以看到 20 世纪的各种各样的老爷车，人们将古巴称为"老爷车博物馆"。作品通过用静止的老爷车去叠加用慢门拍摄的虚化的、飘移的、具有流动感的画面，营造了一种动静结合的艺术效果。

2.3.7　色彩叠加法

彩色凭借逼真的色彩优势还原了现实影像的本来面貌，也似乎更加接近摄影的本质。在摄影中，彩色对于突出作品主题、渲染意境、营造氛围都十分重要。色彩的叠加不仅可以吸引观者的视线，还可以加入摄影者的情绪。利用彩色，我们可以随心所欲地拍摄出自己想要表达的主题和意境，拍摄出油画般、版画般、水墨画般等不同风格的作品，呈现出色彩斑斓的艺术影像，给人以新鲜的韵律感。

▍暮色草原

▲ 设置参数

器材：佳能 EOS 5D Mark IV　　白平衡：日光　　感光度：ISO1600　　照片风格：风光　　测光模式：中央重点平均测光　　图像画质：RAW

曝光次数：3 次　　曝光模式：M 挡

步骤 1 第一次曝光

光圈：f/4
快门：1/100s
焦距：105mm
曝光补偿：-2.5 挡
多重曝光模式：加法
镜头：24-105mm

步骤 2 第二次曝光

光圈：f/5.6
快门：1/320s
焦距：62mm
曝光补偿：-2 挡
多重曝光模式：加法
镜头：24-105mm

步骤 3 第三次曝光

光圈：f/5.6
快门：1/320s
焦距：105mm
曝光补偿：-2.5 挡
多重曝光模式：加法
镜头：24-105mm

作品通过将落日和悠闲的羊群相互融合，以红黄色作为主要色调，表现了牧场安宁、祥和的景象，营造出一种油画般的艺术效果。

2.3.8 遮挡叠加法

遮挡叠加法是指通过遮挡相机镜头的一部分进行拍摄的一种方法。遇到复杂的环境和背景时，可以通过遮挡将杂乱的区域去掉，使画面变得简洁干净，突出主体。遮挡的工具常以黑卡纸为主，拍摄时手执黑卡纸在镜头前快速地晃动，人为减少被遮挡区域的曝光量，让叠加的影像自然过渡。也可以用渐变镜等辅助工具，打开屏幕实时取景功能，或者利用九宫格记忆位置进行遮挡。这样不但扩展了创意影像的空间，而且拍摄的成功率也会大大提高。遮挡叠加法是多重曝光拍摄中常用的一种方法，尤其是纪实人文摄影中抓拍场景时应用较多。

▌走进巴基斯坦 ....○

▲ 设置参数

器材：佳能 EOS 5DS R　白平衡：阴天　感光度：ISO640
照片风格：人物　测光模式：点测光　图像画质：RAW　曝光次
数：2 次　曝光模式：M 挡

步骤 1 第一次曝光

光圈：f/2.8
快门：1/2500s
焦距：57mm
曝光补偿：-0.7 挡
多重曝光模式：加法
镜头：24-70mm

步骤 2 第二次曝光

光圈：f/3.5
快门：1/750s
焦距：33mm
曝光补偿：-1 挡
多重曝光模式：加法
镜头：24-70mm

作品拍摄于巴基斯坦街头，通过遮挡叠加展现了当地人的生活状态和风土人情。

2.3.9 同景叠加法

同景叠加法是指通过两次或多次曝光，在同一场景内选择不同的元素叠加在一起。根据作品的需要，还可以在画面预留的区域进行曝光，相机可以固定也可以移动。

▌选妃节 ....

▲ 设置参数

器材：佳能 EOS 5D Mark IV 白平衡：阴天 感光度：ISO320 照片风格：人物 测光模式：点测光 图像画质：RAW 曝光次数：4 次 曝光模式：光圈优先

步骤 1 第一次曝光

光圈：f/10
快门：1/250s
焦距：24mm
曝光补偿：-2 挡
多重曝光模式：平均
镜头：24-105mm

步骤 2 第二次曝光

光圈：f/10
快门：1/250s
焦距：24mm
曝光补偿：-2 挡
多重曝光模式：平均
镜头：24-105mm

步骤 3 第三次曝光

光圈：f/10
快门：1/250s
焦距：24mm
曝光补偿：-2 挡
多重曝光模式：平均
镜头：24-105mm

步骤 4 第四次曝光

光圈：f/10
快门：1/250s
焦距：24mm
曝光补偿：-2 挡
多重曝光模式：平均
镜头：24-105mm

在非洲持续了一个多世纪的古老传统节日"选妃节"是人类宝贵的非物质文化遗产。作品拍摄的是同一场景，4 次曝光拍摄了"选妃节"上的少女们，她们恣意地展现美丽的身体，狂歌劲舞。通过人物之间的叠加，表现了具有独特风情的盛大场面。

2.3.10 异景叠加法

异景叠加法是多重曝光常用的一种方法，当一幅作品在同一场景中无法完成，或同一场景中没有相关的素材时，就要选择另一场景中的素材进行叠加。异景叠加法常常与传统的文化元素和固有的外在形象等有一定的关联，用创造性的思维去整合一幅新的作品，整合的过程也是创造新形象的过程。

▌取经记

▲ 设置参数

器材：佳能 EOS 5D Mark IV　白平衡：日光　感光度：ISO400　照片风格：人物　测光模式：点测光　图像画质：RAW　曝光次数：2 次　曝光模式：M 挡

步骤 1 第一次曝光

光圈：f/10
快门：1/750s
焦距：50mm
曝光补偿：-1 挡
多重曝光模式：加法
镜头：24-105mm

步骤 2 第二次曝光

光圈：f/4
快门：1/180s
焦距：55mm
曝光补偿：-3 挡
多重曝光模式：加法
镜头：24-105mm

作品的主体取自《西游记》中的师徒四人，拍摄于天津，而背景中红色的沙漠拍摄于纳米比亚，通过异景的叠加，把两者有机地结合在一起，表现了师徒四人西天取经的艰辛。

2.3.11　剪影叠加法

剪影叠加法是以画面中的剪影为主，去叠加其他的元素。由于剪影的明暗反差明显，因此可以得到清晰的主体轮廓。剪影非常适合叠加不同的素材，剪影外的高光部分也可以叠加元素。拍摄时可以采取不同的多重曝光模式进行多次曝光。简洁的大反差剪影可以让我们的创作灵感发挥得淋漓尽致，拍出不同内容、不同形式的创意性作品。剪影叠加法是多重曝光中常用的、非常灵活的一种方法。

▌帆板男孩

▲ 设置参数

器材：佳能 EOS 5D Mark IV　白平衡：日光　感光度：ISO400　照片风格：人物　测光模式：点测光　图像画质：RAW　曝光次数：2 次　曝光模式：M 挡

步骤 1 第一次曝光

光圈：f/16
快门：1/350s
焦距：50mm
曝光补偿：-1 挡
多重曝光模式：加法
镜头：24-105mm

步骤 2 第二次曝光

光圈：f/10
快门：1/250s
焦距：24mm
曝光补偿：-1.3 挡
多重曝光模式：加法
镜头：24-105mm

画面中以男孩和帆板作为剪影，叠加了机场内外的场景，拍出了与众不同的创意性效果。

2.3.12 重复叠加法

重复叠加法是对同一个被摄体进行重复拍摄，或者对被摄体连续的动作进行多次叠加。既可以固定机位变换焦距拍摄被摄体不同的动态，也可以移动机位改变方向拍摄运动中的被摄体，拍摄的多个影像还可以和相关的元素再次叠加，使画面产生重复交叠的幻象效果或错位的视觉效果。元素虽然单一，却能拍出多彩的画面，能够展现多重曝光制造奇异画面的魅力。重复叠加法也是多重曝光中常用的一种方法，多用于体育摄影、舞台摄影等。

▌光之影

步骤1 第一次曝光

光圈：f/20
快门：1/250s
焦距：120mm
曝光补偿：-2 挡
多重曝光模式：加法
镜头：100-400mm

步骤2 第二次曝光

光圈：f/20
快门：1/250s
焦距：100mm
曝光补偿：-2.7 挡
多重曝光模式：加法
镜头：100-400mm

步骤3 第三次曝光

光圈：f/20
快门：1/250s
焦距：115mm
曝光补偿：-3 挡
多重曝光模式：加法
镜头：100-400mm

步骤4 第四次曝光

光圈：f/20
快门：1/250s
焦距：118mm
曝光补偿：-3.2 挡
多重曝光模式：加法
镜头：100-400mm

步骤5 第五次曝光

光圈：f/6.3
快门：1/250s
焦距：200mm
曝光补偿：-4 挡
多重曝光模式：加法
镜头：100-400mm

步骤6 第六次曝光

光圈：f/7.1
快门：1/250s
焦距：280mm
曝光补偿：-4.5 挡
多重曝光模式：加法
镜头：100-400mm

步骤7 第七次曝光

光圈：f/7.1
快门：1/250s
焦距：300mm
曝光补偿：-4.7 挡
多重曝光模式：加法
镜头：100-400mm

▲ 设置参数

作品通过对同一人物连续重复曝光，经过七次叠加，使单一的人物影像产生了重复交叠的错位视觉效果。

器材：佳能 EOS 5D Mark IV　白平衡：日光　感光度：ISO400　照片风格：人物　测光模式：点测光　图像画质：RAW　曝光次数：7次　曝光模式：M 挡

2.3.13　对比叠加法

对比叠加法是指通过两次或多次曝光，将拥有强烈对比关系的主体与陪体叠加，使画面形成更多的层次和更丰富的内容，使对比关系更为明显。这种方法常用于古今对比、浓淡对比、黑白对比等，可以让画面充满遐想和深远的寓意。

▌穿越时光

▲ 设置参数

器材：佳能 EOS 5DS R　白平衡：阴天　感光度：ISO1600
照片风格：风光　测光模式：中央重点平均测光
曝光模式：M 挡　图像画质：RAW　曝光次数：2 次

步骤1 第一次曝光

光圈：f/2.8
快门：1/250s
焦距：25mm
曝光补偿：-1.5 挡
多重曝光模式：加法
镜头：24-70mm

步骤2 第二次曝光

光圈：f/7.1
快门：1/320s
焦距：25mm
曝光补偿：-0.7 挡
多重曝光模式：加法
镜头：24-70mm

作品拍摄了撒哈拉沙漠和古罗马帝国在非洲留下的辉煌建筑群，拉驼人和吉兰堡斗兽场叠加在一起，仿佛穿越时光，给人留下了无尽的遐想。不但令观者感受到历史的悠久，也使画面具有强烈的视觉效果。

2.3.14 疏密叠加法

疏密叠加法，顾名思义，是指通过对拍摄现场的观察，有意选择疏密对比比较明显的主体和陪体，通过多重曝光拍出两者相融的画面。选择的主体应该简洁一些，而陪体则应该是比较密集的元素，通过两次或多次曝光后，作品可以呈现一种完美的视觉效果。

▍羽毛部落

▲ 设置参数

器材：佳能 EOS 5D Mark IV　白平衡：日光　感光度：ISO640
照片风格：人物　测光模式：中央重点平均测光　图像画质：RAW
曝光次数：2次　曝光模式：光圈优先

步骤 1 第一次曝光

光圈：f/16
快门：1/750s
焦距：105mm
曝光补偿：−1挡
多重曝光模式：加法
镜头：24-105mm

步骤 2 第二次曝光

光圈：f/16
快门：1/1000s
焦距：24mm
曝光补偿：−1.5挡
多重曝光模式：加法
镜头：24-105mm

作品拍摄了非洲斯威士兰选妃节和羽毛部落，通过变换相机镜头的焦距，把人与人叠加在同一画面中，大人物比较简洁，小人物比较密集，二者相互融合，把非洲大陆上规模较大、较富有文化色彩的盛会展现在世人面前。

2.3.15　慢门叠加法

慢门叠加法是采用虚焦慢速度拍摄，或者变换焦距晃动相机等方法，通过两次或多次曝光，拍摄出虚幻流动的影像，在追拍运动的被摄体时常用这种方法。使用慢门叠加法能将画面的背景虚化，拍摄出虚幻般的运动感。慢门拍摄的运动轨迹，加上多重曝光产生的重叠影像，使画面有梦幻般的感觉。

▲ 设置参数

器材：佳能 EOS 5D Mark IV　白平衡：日光　感光度：ISO400　照片风格：人物　测光模式：点测光　图像画质：RAW　曝光次数：2 次　曝光模式：M 挡

步骤1 第一次曝光	步骤2 第二次曝光
光圈：f/11	光圈：f/4
快门：1/350s	快门：1/3s
焦距：93mm	焦距：70mm
曝光补偿：+0.3 挡	曝光补偿：+1 挡
多重曝光模式：黑暗	多重曝光模式：黑暗
镜头：24-105mm	镜头：24-105mm

作品拍摄于非洲，主要用慢门虚焦并且晃动相机的拍摄方法，将背景中的建筑拍出了虚幻的运动感，为画面赋予了活力，营造了一种独特的视觉效果。

2.4 九种拍摄失败的原因

（1）构图不简洁、不严谨，画面构成太满、太杂，结构和布局不合理，导致拍摄出的作品画面杂乱。

（2）环境不简洁，背景繁杂，画面过乱，叠加的素材就会模糊，拍摄的作品就会面目全非。

（3）素材不简洁，叠加在画面中的元素过多，取舍不当，画面紊乱，作品就会显得一塌糊涂。

（4）主体与陪体之间的安排不合理，画面没有明显的反差，造成主次不分。

（5）叠加位置不正确，随意叠加和胡乱堆砌，是导致作品失败的重要原因。

（6）画面没有"留白"，没有给后面的曝光预留区域，画面过满或预留部分太少，导致无法进行正确叠加而造成画面凌乱。

（7）曝光补偿控制不到位，无论是欠曝还是过曝，都会降低拍摄的成功率。

（8）拍摄模式不正确或滥用模式，导致画面主次倒置，达不到预期的效果。

（9）叠加的素材不正确，盲目地将与主题和画面都毫无关联的素材及场景搭配在一起。

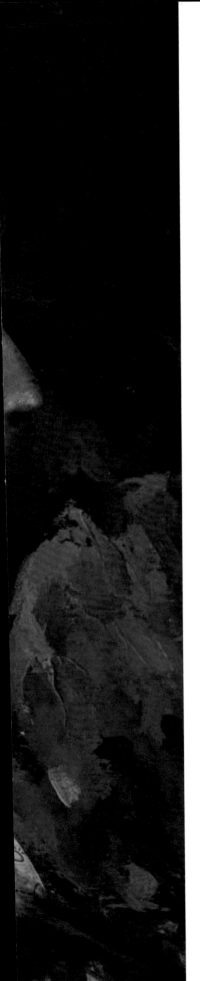

第

3

章

/

人物
系列

　　多重曝光的一个非常重要的功能，就是可以用一张照片表现多方面的内容。可以通过多重曝光技术为普通的环境与题材赋予全新画面。多重曝光最大的难度不在于拍摄技巧，而在于超越以往的摄影模式，发挥创造性的想象力来构思画面。如果创意、构思得当，就可以打造许多奇异的新影像，增加环境的意境，获得别具一格的视觉效果。

　　合理的布局、夸张的色彩、破格的构图、独特的角度、新颖的立意，都是多重曝光作品不可缺少的一部分，也是人物和多重曝光相结合时不可忽略的重要因素。多曝不是乱曝，它只是表现作品的一种手段，通过增加内涵去深化主题。

　　利用多重曝光拍摄人物题材时，要着重表现人物的外貌特征和所处的环境。拍摄方法很多，而且曝光次数不受限，从简单的两次曝光到复杂的十几次曝光都可以拍出好的作品。叠加的图像也可以多种多样，人物可以与各种环境及元素进行叠加，如人与人、人与建筑、人与动物、人与风光、人与花卉等。只要掌握好多重曝光拍摄的原理，充分发挥想象力和创意，拍摄时就会得心应手。

3.1 《脸谱的艺术》

创意思维与拍摄技巧

《脸谱的艺术》拍摄于埃塞俄比亚，是一幅 3 个场景 3 次曝光的多重曝光作品。当人类早已迈进现代文明社会时，埃塞俄比亚却生活着许多仍处在原始部落时期的人们，他们基本上还保持着以物易物的原始交换规则。最引人注目的是他们的面部，尤其是女人和孩子们，脸上涂着五颜六色的花纹。我的创意是把最具特色和最能体现脸谱的艺术表现出来，展示它的感染力。

▲ 设置参数

器材：佳能 EOS 5D Mark IV　白平衡：日光　感光度：ISO800　照片风格：人物　测光模式：点测光　图像画质：RAW　曝光次数：3 次　曝光模式：M 挡

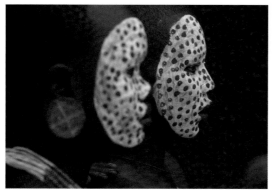

◀ 步骤 1 第一次曝光

光圈：f/8
快门：1/640s
焦距：235mm
曝光补偿：-2 挡
多重曝光模式：加法
镜头：100-400mm

两个女孩的面部色彩非常突出，黑白相间的花纹也略有相同。我选择了两个女孩脸庞前后交错的角度，以不影响任何一个面部为原则，对较远处的面部对焦，达到近虚远实的效果。曝光补偿减少 2 挡，拍得两个女孩的大头像。

▲ 步骤2 第二次曝光

光圈：f/22
快门：1/200s
焦距：90mm
曝光补偿：-2.5 挡
多重曝光模式：加法
镜头：24-105mm

画面中的人物比较灰暗，所以第二次曝光时选择了有色彩的部落服饰中纹理比较清晰的花纹图案。变焦段拍摄，曝光补偿减少 2.5 挡。

▲ 第二次曝光后得到的 RAW 格式的原图

▲ 步骤3 第三次曝光

光圈：f/11
快门：1/200s
焦距：60mm
曝光补偿：-2.7 挡
多重曝光模式：平均
镜头：24-105mm

由于第二次叠加的纹理不明显，因此又拍摄了细小的纹理以突出画面的线条。变焦段拍摄，曝光补偿减少 2.7 挡。

▲ 第三次曝光后得到的 RAW 格式的原图

　　作品采用了多重曝光中的"加法"和"平均"两种拍摄模式。第二次曝光用"加法"模式，因为主体的背景比较暗，图案比较容易叠加上去。从第二次曝光后的原图来看，经过第一次叠加后，画面背景已经不那么暗了，如果继续用"加法"模式，那么再次叠加的痕迹会过于明显，所以第三次改用"平均"模式，"平均"模式会自动控制曝光的亮度，让叠加的画面柔和一些，层次也恰到好处。

　　作品采用了"异景叠加法"和"纹理叠加法"两种叠加方法，并且变换了相机位置、镜头、焦距，后期简单地调一下对比度和饱和度即可。

3.2《塞内加尔的少女》

创意思维与拍摄技巧

《塞内加尔的少女》拍摄于塞内加尔，是一幅4个场景4次曝光的多重曝光作品。宗教和文明的多元化，让这个国度蒙上了一层神秘的面纱。作品的主体是一个少女，通过对女孩沉思的表情的定格，表达了一种对人生的思考。把人物的情感融入作品中，进一步提高了作品的思想性和艺术性。

▲ 设置参数

器材：佳能 EOS 5D Mark IV　白平衡：日光　感光度：ISO1600　照片风格：人物　测光模式：点测光　图像画质：RAW　曝光次数：4次　曝光模式：M挡

◀ 步骤 1 第一次曝光

> 光圈：f/8
> 快门：1/500s
> 焦距：180mm
> 曝光补偿：-2挡
> 多重曝光模式：加法
> 镜头：100-400mm

按多重曝光的构图法，有意把少女放在画面的左边，右边留有大面积空间。少女站在房间的门框边，室内比较暗，如同黑色背景一样，曝光补偿减少2挡，选择"加法"模式。

▲ 步骤2 第二次曝光

光圈：f/4
快门：1/180s
焦距：105mm
曝光补偿：-2.5 挡
多重曝光模式：加法
镜头：24-105mm

换镜头换焦段，拍摄了一个男孩的头像，并将其安排在画面右侧的黑色背景的位置。曝光补偿减少 2.5 挡，选择"加法"模式。

▲ 第二次曝光后得到的 RAW 格式的原图

▲ 步骤3 第三次曝光

光圈：f/4
快门：1/250s
焦距：105mm
曝光补偿：-3.5 挡
多重曝光模式：加法
镜头：24-105mm

由于少女身后的门框有些亮，因此拍摄一面有纹理的墙将背景压暗。为了让右边男孩的面部不被叠加，我用遮挡的方法将镜头右边遮住，纹理只叠加在少女身后的墙上。变焦段拍摄，曝光补偿减少 3.5 挡，选择"加法"模式。

▲ 第三次曝光后得到的 RAW 格式的原图

▶ 步骤4 第四次曝光

光圈：f/4
快门：1/30s
焦距：105mm
曝光补偿：-0.3 挡
多重曝光模式：黑暗
镜头：24-105mm

拍摄有纹理的图案，目的是把这种图案叠到少女的身上，尽量只用很少的图案叠加到男孩的脸上，所以用"平均"模式。曝光补偿减少 0.3 挡。

◀ 第四次曝光后得到的 RAW 格式的原图

拍摄该作品时感光度提高到 1600，但在第四次曝光中，光圈为 f/4，快门速度才 1/30s。多重曝光拍摄中，要根据现场的光线适当地提高感光度，如果感光度过低，后面的拍摄可能就无法完成了。

作品采用了 4 种不同的叠加法，分别为"异景叠加法""纹理叠加法""明暗叠加法""遮挡叠加法"。变换相机位置，变换相机镜头，变换相机焦段，通过 4 次曝光，前期拍摄基本完成。多重曝光对后期的要求不高，从第四次曝光后得到的原始图可以看出，前期和后期没有太明显的区别，后期只需要简单地调一下饱和度和对比度，拉一点色彩曲线就可以了。

这幅作品除了第一次曝光时要注意在画面中预留区域外，选择明暗对比强烈的画面也很重要。只要掌握多重曝光的 4 种拍摄模式，明白它们各自的工作原理，画面中缺什么补什么，就能随心所欲地添加自己想要的元素，让作品更有深意。

3.3 《部落的印记》

创意思维与拍摄技巧

《部落的印记》拍摄于埃塞俄比亚，是一幅 2 个场景 2 次曝光的多重曝光作品。我的创意就是，打破以往的思维惯性，将纪实的手法和多重曝光的技术相结合，拍摄出梦幻般的效果，从全新的角度把非洲部落的风土人情呈现出来。

这幅作品中有 4 个少女，她们分别在给对方身上画花纹。采用了前大后小、前虚后实的对称构图方法，焦点对在后面那对少女身上，等到后面那对少女中的一个人举手的时候才按下了快门，这样照片便有了活力，否则照片看起来就会显得呆板。如果前实后虚，那么不仅画面会显得有些满，而且多重曝光的空间会不足。

▲ 设置参数

器材：佳能 EOS 5D Mark IV　白平衡：阴天　感光度：ISO500　照片风格：人物　测光模式：点测光　图像画质：RAW　曝光次数：2 次　曝光模式：M 挡

▲ 步骤1 第一次曝光

| 光圈：f/7.1 |
| 快门：1/200s |
| 焦距：200mm |
| 曝光补偿：-1 挡 |
| 多重曝光模式：加法 |
| 镜头：100-400mm |

第一次曝光，对较远处的人物对焦，用长焦拍摄，虚化效果好一些。曝光补偿减少 1 挡，关于减少多少曝光量，要看当时所处的环境、光线等。需要注意的是，要以能看到人物面部的细节为准，过亮或过暗都达不到预期的效果。

▲ 步骤2 第二次曝光

| 光圈：f/6.3 |
| 快门：1/200s |
| 焦距：70mm |
| 曝光补偿：-2 挡 |
| 多重曝光模式：加法 |
| 镜头：24-105mm |

第二次曝光拍的是一个部落的图案，部落人信仰万物，对图腾情有独钟，这些交织的色彩给多重曝光作品提供了古老的元素。更换镜头，变焦段拍摄，曝光补偿减少 2 挡。

◀ 第二次曝光后得到的 RAW 格式的原图

作品主要采用了两种不同的叠加法："异景叠加法""纹理叠加法"。两次曝光都采用了"加法"模式，后期调整对比度和饱和度即可完成作品。

3.4 《卢旺达舞韵》

创意思维与拍摄技巧

《卢旺达舞韵》拍摄于卢旺达，是一幅 3 个场景 4 次曝光的多重曝光作品。非洲卢旺达舞蹈以强烈的节奏、充沛的活力、磅礴的气势著称，变化万千的动感韵律和对图腾的崇拜是舞蹈的主要艺术特色之一，这种充满生机的舞蹈令人倾倒，使人振奋。我拍摄了近 50 组此系列的多重曝光作品，虽然拍摄方法和技巧有一定的差别，但主要思想和创意是以图腾为素材，通过创造和整合，表现卢旺达舞蹈独有的风格、充沛的活力以及对美好生活的向往。

▲ 设置参数

器材：佳能 EOS 5D Mark IV　白平衡：阴天　感光度：ISO4000　照片风格：人物　测光模式：点测光　图像画质：RAW　曝光次数：4 次　曝光模式：M 挡

▲ 步骤1 第一次曝光

光圈：f/8	
快门：1/5000s	
焦距：150mm	
曝光补偿：-2挡	
多重曝光模式：加法	
镜头：100-400mm	

第一次曝光，在黑背景的情况下，先抓拍一张人物表情丰富的具有动感的画面，因为人物跳得非常快，为了抓拍到清晰的画面，感光度提到了4000，多重曝光模式选择"加法"，曝光补偿减少2挡。

▲ 步骤2 第二次曝光

光圈：f/8	
快门：1/800s	
焦距：95mm	
曝光补偿：-2.5挡	
多重曝光模式：加法	
镜头：24-105mm	

舞蹈者披戴的头发非常耀眼，因此第二次曝光选择了与主体的这一特点具有关联的素材，除了和头发有相似之处，素材的色彩也比较丰富，主体与素材之间有了可融性。变焦段拍摄，曝光补偿减少2.5挡，

多重曝光模式选择"加法"。

▲ 第二次曝光后得到的RAW格式的原图

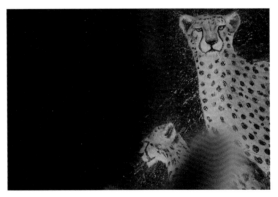

▲ 步骤3 第三次曝光

光圈：f/13	
快门：1/200s	
焦距：70mm	
曝光补偿：-2.7挡	
多重曝光模式：平均	
镜头：24-105mm	

把保存的照片调出来进行第三次曝光。大自然赋予了非洲各种各样的动物，它们是人类的朋友。为了不影响左边的人物，将镜头左边遮住，只叠加花豹的影像，曝光补偿减少2.7挡，多重曝光模式选择

"平均"。

◀ 第三次曝光后得到的RAW格式的原图

▲ 步骤4 第四次曝光

▲ 第四次曝光后得到的 RAW 格式的原图

光圈：f/18
快门：1/200s
焦距：105mm
曝光补偿：-3 挡
多重曝光模式：平均
镜头：24~105mm

把前三次曝光保存的照片调出来进行第四次曝光，目的是把这种色彩图案叠到人物的左上方。同样用了遮挡法，将右边的大部分区域遮住，曝光补偿减少 3 挡，多重曝光模式选择"平均"。

　　作品主要采用了 5 种叠加法："异景叠加法""纹理叠加法""明暗叠加法""遮挡叠加法""色彩叠加法"，变换相机位置，变换相机镜头，变换镜头焦段，通过 4 次曝光完成作品。从第四次曝光后完成的原始图可以看出，原始图和修改后的作品区别不大，这说明了多重曝光时后期不是主要的，影像主要是在前期拍摄中完成的。

　　多重曝光中一项重要的功能就是，随时可以调出之前拍摄的照片进行下一次曝光，当曝光后照片达到了令人满意的效果，或者没有把握一次完成作品时，就可以先保存这张照片，以后遇见新的素材需要再次曝光时，再把之前保存的那张照片调出来进行下一次曝光。既可以随时保存，随时调出，随时进行创作，也可以一气呵成完成 2~9 次曝光，具体可以拍摄多少次没有限制，拍摄者可以一直拍到得到满意的效果为止。

3.5 《飞舞之歌》

创意思维与拍摄技巧

　　《飞舞之歌》拍摄于卢旺达，是一幅 4 个场景 5 次曝光的多重曝光作品。创意可以改变影像空间，打破时间和空间的限制，表现画面的多重性。这幅作品看似简单，但拍摄起来比较复杂，需要事先在头脑中勾画一幅比较清晰的画面并厘清拍摄思路，而且拍摄过程中，每一次曝光都要为下一次曝光留有余地，直到完成拍摄。

▲ 设置参数

器材：佳能 EOS 5D Mark IV　白平衡：阴天　感光度：ISO4000　照片风格：人物　测光模式：点测光　图像画质：RAW　曝光次数：5 次　曝光模式：M 挡

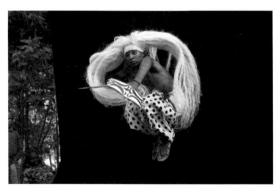

▲ **步骤 1** 第一次曝光

| 光圈：f/8 |
| 快门：1/5000s |
| 焦距：150mm |
| 曝光补偿：-2 挡 |
| 多重曝光模式：加法 |
| 镜头：100-400mm |

第一次曝光，在黑背景前面拍一张人物跳动起来的舞蹈动作画面，因舞蹈跳得非常快，为了抓拍到清晰的画面，感光度提到了 4000，曝光补偿减少 2 挡。

▲ **步骤 2** 第二次曝光

| 光圈：f/4 |
| 快门：1/160s |
| 焦距：105mm |
| 曝光补偿：-2.5 挡 |
| 多重曝光模式：加法 |
| 镜头：24-105mm |

第二次曝光时选择了一个头像的剪影，并且把第一次曝光拍摄的人物放进剪影之中。采用了"加法"模式，曝光补偿减少 2.5 挡。

▲ 第二次曝光后得到的 RAW 格式的原图

▲ 步骤4 第四次曝光

光圈：f/4
快门：1/320s
焦距：50mm
曝光补偿：-4 挡
多重曝光模式：加法
镜头：24-105mm

▲ 步骤3 第三次曝光

快门：1/160s
光圈：f/4
焦距：50mm
曝光补偿：-3.5 挡
多重曝光模式：加法
镜头：24-105mm

第三次曝光，拍摄的是画中的一个人物素材，叠加到作品的右上方，它和主体人物相呼应，色彩元素也基本吻合，曝光补偿减少 3.5 挡。

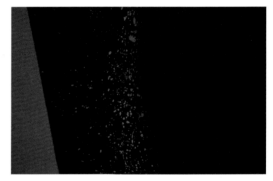

▲ 步骤5 第五次曝光

快门：1/320s
光圈：f/4
焦距：50mm
曝光补偿：-4 挡
多重曝光模式：加法
镜头：24-105mm

第四次和第五次曝光拍摄的元素是纹理，两次拍摄的纹理在作品中的位置要错开，目的是把这种色彩图案叠到画面的左下方。为让整个画面的图案融合均匀，拍摄时运用黑卡纸遮挡住镜头右侧的大部分画面，预留左侧暗部，曝光补偿均减少 4 挡。

▲ 第三次曝光后得到的 RAW 格式的原图

▲ 第五次曝光后得到的 RAW 格式的原图

作品采用了"异景叠加法""纹理叠加法""明暗叠加法""色彩叠加法""遮挡叠加法"5 种不同的叠加法拍摄，变换相机镜头和焦段，5 次曝光全部采用"加法"模式，后期简单调整对比度和饱和度并裁剪一下即可完成作品。

这幅作品中的人物和其他图案相互呼应，相得益彰，为平淡的画面增添了内涵，呈现了一幅既有形式又寓意深刻的作品。主体与陪体之间合理搭配是很重要的，拍摄时要从内容、形式等方面选择具有关联性的素材，它们之间应该是相辅相成的。选择带有色彩的元素会给作品带来强烈的美感，得到意想不到的梦幻效果。

3.6《图腾》

创意思维与拍摄技巧

《图腾》拍摄于卢旺达，是一幅 3 个场景 4 次曝光的多重曝光作品。

▲ 设置参数

器材：佳能 EOS 5D Mark IV　白平衡：阴天　感光度：ISO4000　照片风格：人物　测光模式：点测光　图像画质：RAW　曝光次数：4 次　曝光模式：M 挡

▲ 步骤 1 第一次曝光

| 光圈：f/8 |
| 快门：1/4000s |
| 焦距：250mm |
| 曝光补偿：-2 挡 |
| 多重曝光模式：加法 |
| 镜头：100-400mm |

第一次曝光，在黑背景的情况下，先拍一张人物表情丰富的具有动感的画面，按多重曝光的构图法，人物放在下方，上方留有大面积的空白，给第二次及后面的多次曝光留有余地，曝光补偿减少 2 挡。

▲ 步骤 2 第二次曝光

| 光圈：f/4 |
| 快门：1/125s |
| 焦距：45mm |
| 曝光补偿：-3 挡 |
| 多重曝光模式：加法 |
| 镜头：24-105mm |

第二次曝光选择拍摄与人物有关联的素材，人物与背景元素之间具有可融性，曝光补偿减少 3 挡。

▲ 第二次曝光后得到的 RAW 格式的原图

▲ 步骤 3 第三次曝光

| 光圈：f/4 |
| 快门：1/250s |
| 焦距：60mm |
| 曝光补偿：-4.5 挡 |
| 多重曝光模式：加法 |
| 镜头：24-105mm |

选择第二次曝光拍摄的元素中的一部分，叠加到画面的左侧，让整个画面的图案融合均匀。拍摄时遮挡镜头的右侧部分，只留左面的画面，曝光补偿减少 4.5 挡。

▲ 步骤 4 第四次曝光

| 光圈：f/4 |
| 快门：1/160s |
| 焦距：60mm |
| 曝光补偿：-5 挡 |
| 多重曝光模式：加法 |
| 镜头：24-105mm |

第四次曝光拍摄时遮挡镜头的左侧部分，只留右面的元素，曝光补偿减少 5 挡。

▲ 第四次曝光后得到的 RAW 格式的原图

作品采用了"遮挡叠加法""纹理叠加法""异景叠加法"，4 次曝光全部采用了"加法"多重曝光模式，后期主要调整对比度和饱和度。4 次曝光，曝光补偿从减 2 挡逐渐到减 5 挡，用了"减再减"法则。如果曝光补偿减少得不够，素材就会过多地叠加到前面拍摄的画面中，造成叠加混乱，这是造成多重曝光拍摄失败的重要原因之一。

3.7 《山地大猩猩的故乡》

创意思维与拍摄技巧

《山地大猩猩的故乡》拍摄于非洲的乌干达布温迪，是一幅 2 个场景 2 次曝光的多重曝光作品。山地大猩猩是一种濒临灭绝的珍稀动物，全球寥寥无几，长相凶猛却性格温顺，很受当地人的喜爱。在当地一些街道两旁，摆满了与山地大猩猩相关的各种道具和可爱的面具。在多重曝光拍摄中，2 个场景 2 次曝光很具有典型性，应用范围非常普遍，适用于方方面面的叠加融合。

▲ 设置参数

器材：佳能 EOS 5D Mark IV　白平衡：日光　感光度：ISO800　照片风格：人物　测光模式：点测光　图像画质：RAW　曝光次数：2 次　曝光模式：M 挡

光圈：f/5.6
快门：1/400s
焦距：100mm
曝光补偿：-1.5挡
多重曝光模式：加法
镜头：24-105mm

街道边一个儿童在玩道具，当他羞涩地看向相机时按动了快门，虽然只拍到他的半张脸，但也看出了他对动物的喜爱，曝光补偿减少1.5挡。

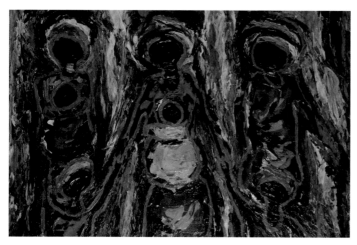

光圈：f/8	快门：1/200s
焦距：70mm	曝光补偿：-2挡
多重曝光模式：加法	镜头：24-105mm

第二次曝光时变换相机位置和镜头焦段，拍摄了非常可爱的儿童画的局部，鲜明的影像和第一张图片相互融合，给色调比较单一的画面增加了色彩，曝光补偿减少2挡。

采用了"异景叠加法"和"色彩叠加法"，两次曝光全部采用了"加法"模式，后期调整对比度和饱和度。

3.8 《苏丹情》

创意思维与拍摄技巧

《苏丹情》拍摄于非洲的南苏丹，是一幅2个场景2次曝光的多重曝光作品。蒙达里是南苏丹一个古老的部落，人们只与牛羊相依相伴，保护牛羊似乎已成为人们生活的一部分。他们和这片土地融合在一起，几乎与世隔绝。这是一幅高调作品，画面以淡色调为主，给人以清纯明朗的感觉。拍摄时要增加曝光补偿，但要注意高光部分不能过曝。

▲ 设置参数

器材：佳能 EOS 5D Mark IV　白平衡：日光　感光度：ISO1600　照片风格：人物测光模式：点测光　图像画质：RAW　曝光次数：2
次　曝光模式：M 挡

▲ 步骤1 第一次曝光

光圈：f/7.1
快门：1/4000s
焦距：105mm
曝光补偿：+1 挡
多重曝光模式：黑暗
镜头：24-105mm

一个南苏丹青年在吹奏自己制作的乐器，
是用来呼唤牛羊群的。按九宫格构图，把
人物头部安排在右上方的黄金分割点上，
低角度拍摄，上方和左侧留有大面积的空
白。作品中的人物是侧逆光拍摄的，脸部

比较黑，就加了一挡曝光量，把人物脸部提亮。曝光补偿增加1挡，
多重曝光模式选择"黑暗"。

▲ 步骤2 第二次曝光

光圈：f/5.6
快门：1/25s
焦距：46mm
曝光补偿：+2 挡
多重曝光模式：黑暗
镜头：24-105mm

第二次曝光时拍摄了一个部落的图案，由
于第一张图的背景是平淡的白色天空，故
比较适合拍摄一幅高调作品，就增加了 2
挡曝光补偿，曝光模式选择"黑暗"。"黑
暗"模式是叠加比较明亮的部分，不叠加

黑色的部分，根据这个原理，只是叠加天空的部分，这样就突出
了人物轮廓，主次分明，自然得体。

◀ 第二次曝光后得到的 RAW 格式的原图

用"增再增"法则控制好曝光量是非常重要的环节。这是一幅高调的作品,第一张增加了曝光量,而后面的拍摄曝光量也要相对增加,才能将主体与其他素材合理地融合在一起,增加作品的通透度。

作品主要采用了"异景叠加法""色彩叠加法",后期重点调整对比度和饱和度。

3.9 《塞内加尔的传说》

创意思维与拍摄技巧

《塞内加尔的传说》拍摄于非洲的塞内加尔,是一幅 3 个场景 3 次曝光的多重曝光作品。多重曝光属于加法构图,准确地去叠加每一个素材非常重要,每一次叠加都要恰到好处,才能将不同的元素重新融合。

▲ 设置参数

器材:佳能 EOS 5D Mark IV 白平衡:日光 感光度:ISO1200 照片风格:人物 测光模式:点测光 图像画质:RAW 曝光次数:3 次 曝光模式:M 挡

步骤 1 第一次曝光

光圈：f/7.1
快门：1/200s
焦距：46mm
曝光补偿：-2 挡
多重曝光模式：加法
镜头：24-105mm

第一次拍摄，在黑色背景前，按九宫格构图，把人物安排在左上方的黄金分割点上，并对人物侧面进行拍摄。人物身后留有大面积的空白，给第二次及后续曝光留有余地，曝光补偿减少 2 挡。

步骤 2 第二次曝光

光圈：f/4.5
快门：1/80s
焦距：50mm
曝光补偿：-3 挡
多重曝光模式：加法
镜头：24-105mm

第二次拍摄，变换相机位置和镜头焦段，合理安排主体与陪体的位置，把人物放进画面的剪影中，让其和头像剪影融合，仿佛是两姐妹在一起，后面的彩带像飘逸的头发，给人一种强烈的美感和艺术感染力，曝光补偿减少 3 挡。

步骤 3 第三次曝光

光圈：f/5.6
快门：1/250s
焦距：50mm
曝光补偿：-4 挡
多重曝光模式：加法
镜头：24-105mm

第三次拍摄，为了让整个画面中的图案融合均匀，拍摄了一个比较小的纹理图案，曝光补偿减少 4 挡。

作品主要采用了"纹理叠加法""色彩叠加法"，三次曝光全部采用了"加法"模式，后期重点调整对比度和饱和度。

3.10 《花样年华》

创意思维与拍摄技巧

《花样年华》拍摄于埃塞俄比亚，是一幅 2 个场景 3 次曝光的多重曝光作品。在埃塞俄比亚的很多部落里，女人的脸上都会涂五颜六色的花纹，非常漂亮。这两个女孩非常有特点，她们头上戴着花，手里抱着花，在晨曦中格外耀眼。我的创意是以花的图案作为背景，赋予少女对未来的憧憬，把花样年华的形象表现出来。

► 设置参数

器材：佳能 EOS 5D Mark IV　白平衡：阴天　感光度：ISO640　照片风格：人物

测光模式：点测光　图像画质：RAW　曝光次数：3 次　曝光模式：M 挡

▲ 步骤1 第一次曝光

| 光圈：f/11 |
| 快门：1/100s |
| 焦距：24mm |
| 曝光补偿：-1挡 |
| 多重曝光模式：平均 |
| 镜头：24-105mm |

因为是在清晨拍摄的，天空比较黑，所以开了闪光灯进行补光，实焦拍摄。曝光补偿减少1挡。

▲ 步骤2 第二次曝光

| 光圈：f/4 |
| 快门：1/10s |
| 焦距：105mm |
| 曝光补偿：-0.5挡 |
| 多重曝光模式：平均 |
| 镜头：24-105mm |

第二次曝光，变换相机镜头焦段，拍摄了室内的一盆花，花的图案和色彩与两个女孩头上戴的花比较相近，虚焦拍摄，虚化到能看见花的轮廓即可。为了增加白色衣服的纹理，曝光补偿只减少0.5挡。

▲ 步骤3 第三次曝光

| 光圈：f/4 |
| 快门：1/200s |
| 焦距：78mm |
| 曝光补偿：-1挡 |
| 多重曝光模式：平均 |
| 镜头：24-105mm |

第三次曝光，拍摄同一场景中的花，虚焦拍摄，虚化一点就行，目的是使两次拍摄的花均匀地融合在一起，曝光补偿只减少了1挡。

▲ 第三次曝光后得到的 RAW 格式的原图

　　作品主要采用了三种不同的叠加法："纹理叠加法""明暗叠加法""虚实叠加法"，三次曝光全部采用了"平均"多重曝光模式，后期重点调整对比度和饱和度。

　　作品第一次曝光时打了闪光灯，衣服显得又亮又白。为了突出人物并让其融入花丛中，虚焦拍摄一定要到位，大花和小花之间要叠加均匀，虚化效果才能明显，营造出梦幻的氛围，达到预期的视觉效果。

　　如果拍摄时光线严重不足，就要打开闪光灯进行补光，但用闪光灯拍摄的画面很容易过曝，所以要减弱闪光灯的输出量或者离机闪光，尽可能地模仿自然光的效果。控制好曝光量才能让效果更加自然，巧妙地将不同的元素相融合。

3.11 《花季女孩》

创意思维与拍摄技巧

《花季女孩》拍摄于埃塞俄比亚，是一幅3个场景3次曝光的多重曝光作品。该作品和《花样年华》拍摄于同一个场景，通过将手持鲜花的女孩和窗花融合，展现了少女的美丽与神秘。

▲ 设置参数

器材：佳能 EOS 5D Mark IV　白平衡：阴天　感光度：ISO250　照片风格：人物　测光模式：点测光　图像画质：RAW　曝光次数：3次　曝光模式：M 挡

◀ 步骤1 第一次曝光

光圈：	f/16
快门：	1/200s
焦距：	24mm
曝光补偿：	-2.5 挡
多重曝光模式：	平均
镜头：	24-105mm

因为是在清晨拍摄的，天空比较黑，所以开了闪光灯进行补光，实焦拍摄，曝光补偿减少 2.5 挡。

▲ 步骤2 第二次曝光

光圈：f/22	
快门：1/60s	
焦距：70mm	
曝光补偿：-3.5 挡	
多重曝光模式：平均	
镜头：24-105mm	

第二次曝光时变换相机镜头焦段，拍摄室内的窗花，图案和色彩与女孩手持的鲜花比较相近，曝光补偿减少3.5挡。

▲ 步骤3 第三次曝光

光圈：f/22	
快门：1/60s	
焦距：78mm	
曝光补偿：-4 挡	
多重曝光模式：平均	
镜头：24-105mm	

第三次曝光拍摄了另一场景中的窗花，两次拍摄的窗花可以均匀地融合在一起。这次选择的窗花和上一次的窗花色彩有区别，上次是绿色的，这次是黄色的。目的是给人一种锦上添花的感觉。曝光补偿减少4挡。

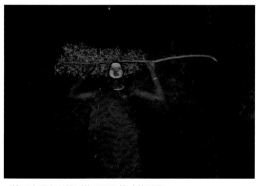

▲ 第二次曝光后得到的 RAW 格式的原图

▲ 第三次曝光后得到的 RAW 格式的原图

作品主要采用了"纹理叠加法""明暗叠加法"两种不同的叠加法拍摄，三次曝光全部采用了"平均"多重曝光模式，后期重点调整对比度和饱和度。

3.12《情缘》

创意思维与拍摄技巧

《情缘》拍摄于埃塞俄比亚，是一幅2个场景2次曝光的多重曝光作品。埃塞俄比亚有百余个部族，这些民族有着千奇百怪的习俗，最引人注目的当属盘唇族，许多女子在嘴唇内嵌入一个大盘子，盘子的形状也是各式各样。这一习俗一直流传至今，并且演变成了该民族的审美标准，嘴唇中的盘子越大就越有魅力，会得到部落男人的青睐。作品通过两个人物的融合，把部落中男人对盘唇族女人的爱慕加以放大，男女的情缘在作品中表现了出来。

▲ 步骤 1 第一次曝光

光圈：f/9	快门：1/400s
焦距：50mm	曝光补偿：-2 挡
多重曝光模式：平均	镜头：24-105mm

第一次曝光，在黑背景下拍摄盘唇族妇女，按多重曝光的构图法，人物偏右侧，左面留有多一些的空白，为第二次曝光留出余地，曝光补偿减少 2 挡。

▼ 步骤 2 第二次曝光

光圈：f/4.5	快门：1/200s
焦距：76mm	曝光补偿：-3 挡
多重曝光模式：平均	镜头：24-105mm

第二次曝光时变换相机镜头焦段，拍摄了一张宣传画中的人物并加以放大，以拍摄到人物头像为主并将其放在左侧，尽量将素材压暗以突出主体，曝光补偿减少 3 挡。

▼ 第二次曝光后得到的 RAW 格式的原图

◄ 设置参数

器材：佳能 EOS 5D Mark IV

图像画质：RAW 曝光次数：2次 曝光模式：M挡

白平衡：日光 感光度：ISO250 照片风格：人物 测光模式：点测光

作品主要采用了"纹理叠加法""异景叠加法"，两次曝光均采用了"平均"模式，后期只简单地调整对比度和饱和度即可完成作品。

拍摄多重曝光作品时，要主观地安排画面的结构和布局，确定画面中主角与配角的位置，做到一目了然，干净利落，打造一个主次关系分明的精致画面。否则会导致拍摄出来的画面混乱，造成多重曝光拍摄失败。

3.13《非洲母女》

创意思维与拍摄技巧

《非洲母女》拍摄于埃塞俄比亚，是一幅2个场景2次曝光的多重曝光作品。在非洲的许多部落中，人们的结婚年龄非常小，十几岁的女孩就已经是几个孩子的母亲了。作品通过将母女与酷似人物形状的纹理相融合，展现了部落人的淳朴。

本作品采用的拍摄方法、拍摄模式、拍摄技巧、拍摄步骤等和作品《情缘》大致相同。

◀ 设置参数

器材：佳能 EOS 5D Mark IV　白平衡：日光　感光度：ISO1000　照片风格：人物　测光模式：点测光　图像画质：RAW　曝光次数：2次　曝光模式：M挡

▲ 步骤1 第一次曝光

光圈：f/9	快门：1/1600s
焦距：120mm	曝光补偿：-1挡
多重曝光模式：平均	镜头：70-200mm

▲ 步骤2 第二次曝光

光圈：f/3.5	快门：1/320s
焦距：145mm	曝光补偿：-2.5挡
多重曝光模式：平均	镜头：70-200mm

▲ 第二次曝光后得到的 RAW 格式的原图

3.14 《女孩的遐想》

创意思维与拍摄技巧

《女孩的遐想》拍摄于非洲塞内加尔，是一幅 2 个场景 2 次曝光的多重曝光作品。

▶ 设置参数

器材：佳能 EOS 5D Mark IV 　白平衡：日光 　曝光模式：光圈优先

测光模式：点测光 　感光度：ISO1250 　照片风格：人物

图像画质：RAW 　曝光次数：2 次

▲ 步骤 1 第一次曝光

光圈：f/7.1
快门：1/200s
焦距：46mm
曝光补偿：-2.7 挡
多重曝光模式：加法
镜头：24-105mm

在黑背景下先拍一张人物照片，突出人物表情。照片中留有大面积的空白，给第二次曝光留有余地，曝光补偿减少 2.7 挡。

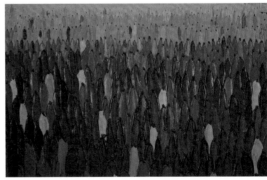

▲ 步骤 2 第二次曝光

光圈：f/16
快门：1/200s
焦距：46mm
曝光补偿：-3 挡
多重曝光模式：加法
镜头：24-105mm

第二次曝光拍摄了一幅画的局部，并且选择了画中纹理比较小的图案。由于是晚上拍摄的，室内灯光非常暗，感光度提高到 1250 时快门速度只有 0.5 秒，因此打开了闪光灯进行补光，曝光补偿减少 3 挡。

◀ 第二次曝光后得到的 RAW 格式的原图

作品主要采用了"纹理叠加法",并且变换了相机位置,两次曝光都采用了"加法"模式,后期只是简单地调一下饱和度和对比度,剪裁一点就可以了。

3.15 《索马里面具舞》

创意思维与拍摄技巧

《索马里面具舞》拍摄于非洲索马里,是一幅 2 个场景 2 次曝光的多重曝光作品。在广阔的非洲大陆上,面具舞非常流行,许多部族都信奉万物有灵,即相信世界上所有的东西都有灵魂。他们认为,把一些常见的动物形象雕刻在各式各样的面具上,然后佩戴着面具在充满激情的鼓乐声中模仿表演,就会获得相应的神力。作品通过人物和面具舞蹈的叠加,展现了非洲部落的风土人情。

▲ 设置参数

器材:佳能 EOS 5D Mark IV　白平衡:阴天　感光度:ISO250　照片风格:人物

模式:点测光　图像画质:RAW　曝光次数:2 次　曝光模式:M 挡　测光

光圈：f/8	快门：1/60s
焦距：42mm	曝光补偿：-2挡
多重曝光模式：加法	镜头：24-105mm

▲ 步骤2 第二次曝光

光圈：f/8	快门：1/250s
焦距：120mm	曝光补偿：-3挡
多重曝光模式：加法	镜头：100-400mm

◀ 第二次曝光后得到的 RAW 格式的原图

　　本作品采用的拍摄方法、拍摄模式、拍摄步骤等和作品《女孩的遐想》大致相同。

3.16《部落女孩》

创意思维与拍摄技巧

　　《部落女孩》拍摄于塞内加尔，是一幅2个场景2次曝光的多重曝光作品。非洲西部的塞内加尔，艺术氛围非常浓厚，其中的"艺术村"聚集着许多有名的画家、雕塑家、艺术家，受到了艺术学子们的青睐。通过将某部落的一个女孩和艺术品结合在一起，令画面充满了强烈的艺术氛围，表达了女孩对艺术的憧憬和对知识的渴望。

▲ 设置参数

器材：佳能 EOS 5D Mark IV　白平衡：日光　感光度：ISO400　照片风格：人物　测光模式：点测光　图像画质：RAW　曝光次数：2 次　曝光模式：M 挡

▲ 步骤1 第一次曝光

光圈：f/8
快门：1/500s
焦距：64mm
曝光补偿：-2 挡
多重曝光模式：平均
镜头：24-105mm

▲ 步骤2 第二次曝光

光圈：f/4
快门：1/20s
焦距：78mm
曝光补偿：-3 挡
多重曝光模式：平均
镜头：24-105mm

本作品采用的拍摄方法、拍摄模式、拍摄技巧、拍摄步骤等和作品《情缘》大致相同。

3.17《亚当与夏娃》

创意思维与拍摄技巧

《亚当与夏娃》拍摄于塞内加尔，是一幅3个场景3次曝光的多重曝光作品。亚当和夏娃的美丽传说已流传了几千年，本作品通过男女形象的结合，寓意男女的爱慕之情，给神话故事蒙上了更加神秘的色彩。

▲ 设置参数
器材：佳能 EOS 5D Mark IV　白平衡：日光　感光度：ISO1200　照片风格：人物　测光模式：点测光
图像画质：RAW　曝光次数：3次　曝光模式：M挡

▲ 步骤 1 第一次曝光

| 光圈: f/6.7 |
| 快门: 1/200s |
| 焦距: 80mm |
| 曝光补偿: -2 挡 |
| 多重曝光模式: 加法 |
| 镜头: 24-105mm |

第一次曝光抓拍了一个部落人物的侧面, 该人物五官端正, 立体感非常强, 曝光补偿减少 2 挡。拍摄了这张照片后我就在思考和什么样的画面结合比较好, 当我看到一幅画中出现的女孩肖像时, 立刻有了灵感。

▲ 步骤 2 第二次曝光

| 光圈: f/6.7 |
| 快门: 1/80s |
| 焦距: 46mm |
| 曝光补偿: -2.7 挡 |
| 多重曝光模式: 加法 |
| 镜头: 24-105mm |

第二次拍摄时变换相机位置和镜头焦段, 把一幅画中的人物叠加到第一次曝光的画面中, 二者仿佛是一对情侣。曝光补偿减少 2.7 挡。

▲ 第二次曝光后得到的 RAW 格式的原图

◀ 步骤 3 第三次曝光

| 光圈: f/5.6 |
| 快门: 1/250s |
| 焦距: 45mm |
| 曝光补偿: -3 挡 |
| 多重曝光模式: 加法 |
| 镜头: 24-105mm |

第三次拍摄时把前两次曝光后保存的照片调了出来。从第二次曝光后得到的作品原图来看, 作品已经完成, 但是画面有些简单, 因此又拍摄了一幅有很多彩带的画面, 彩带将两个人紧密地融合在一起, 产生了一种强烈的美感和艺术感染力, 曝光补偿减少 3 挡。

▶ 第三次曝光后得到的 RAW 格式的原图

作品主要采用了"纹理叠加法""色彩叠加法", 三次曝光全部采用了"加法"模式, 后期重点调整对比度和饱和度。

3.18《索马里的印记》

创意思维与拍摄技巧

《索马里的印记》拍摄于非洲索马里,是一幅3个场景3次曝光的多重曝光作品。索马里的传统部落中有许多新奇有趣的习俗流传至今。比如,有的部落的人竟以疤痕为美,以在皮肤上切割、刺出的伤疤为荣,尤其是女人和孩子,他们会用竹签或木棒在嘴角等明显部位插出一些图案。尽管他们生活在恶劣的环境中,但仍不断地追求着美。

▲ 设置参数

器材:佳能 EOS 5D Mark IV 白平衡:日光 感光度:ISO1250 照片风格:人物 测光模式:点测光 图像画质:RAW
曝光次数:3次 曝光模式:M 挡

▲ 步骤1 第一次曝光

光圈:f/11	第一次曝光拍摄了一位妇女的大头
快门:1/320s	像,她嘴角插着有特色的两根木
焦距:150mm	棒,非常有代表性。曝光补偿减少
曝光补偿:-2 挡	2挡,采用了"加法"模式。
多重曝光模式:加法	
镜头:100-400mm	

▲ 步骤2 第二次曝光

| 光圈：f/16 |
| 快门：1/320s |
| 焦距：85mm |
| 曝光补偿：-3.7 挡 |
| 多重曝光模式：加法 |
| 镜头：24-105mm |

第二次曝光时变换相机镜头，选择将颜色鲜艳的纹理图案叠加到黑色背景中。曝光补偿减少 3.7 挡，采用了"加法"模式。

▲ 第二次曝光后得到的 RAW 格式的原图

▲ 步骤3 第三次曝光

| 光圈：f/16 |
| 快门：1/320s |
| 焦距：100mm |
| 曝光补偿：-4 挡 |
| 多重曝光模式：平均 |
| 镜头：24-105mm |

为了强化纹理，第三次曝光再次选择了纹理图案。为了避免过多的图案叠加到人物的脸上，采用了"平均"模式，它会自动控制曝光，曝光补偿减少 4 挡。

▲ 第三次曝光后得到的 RAW 格式的原图

作品采用了"纹理叠加法""明暗叠加法"，后期简单调一下饱和度和对比度即可。拍摄这种叠加纹理图案的作品时，应该注意控制曝光量，要用"减再减"或"增再增"法则控制曝光量。一般情况下，减少曝光量的多少和曝光次数的多少成正比，曝光的次数越多，需要减少或增加的曝光量就越多。这幅作品第三次曝光时如果只减一两挡，就会使人物脸部因图案过多而不清晰，从而导致拍摄失败。

3.19 《刀疤部落的女人》

创意思维与拍摄技巧

《刀疤部落的女人》拍摄于非洲索马里，是一幅 2 个场景 2 次曝光的多重曝光作品。该作品和《索马里的印记》拍摄于同一个场景。

器材：佳能 EOS 5D Mark IV

测光模式：点测光　图像画质：RAW　曝光次数：2 次　曝光模式：M 挡

白平衡：日光　感光度：ISO640　照片风格：人物

▶ 设置参数

▲ 步骤 1 第一次曝光

光圈：f/5.6	快门：1/250s
焦距：105mm	曝光补偿：-1 挡
多重曝光模式：加法	镜头：24-105mm

▲ 步骤 2 第二次曝光

光圈：f/5.6	快门：1/750s
焦距：50mm	曝光补偿：-3 挡
多重曝光模式：加法	镜头：24-105mm

▲ 第二次曝光后得到的 RAW 格式的原图

　　本作品采用的拍摄方法、拍摄模式、拍摄技巧、拍摄步骤等和作品《索马里的印记》大致相同。

3.20 《猴面包树韵色》

创意思维与拍摄技巧

《猴面包树韵色》拍摄于马达加斯加，是一幅 2 个场景 4 次曝光的多重曝光作品。猴面包树是马达加斯加的标志性物种之一，被列为濒危物种。巨大的树枝千奇百怪，酷似树根，果实大如足球，是猴子最喜欢的美味，"猴面包树"由此而来。我的创意构想是把猴面包树这个非常有代表性的元素和人物组合在一起，把马达加斯加独有的元素表现出来。作品是克隆一个人物，用重复叠加的方法使画面产生错位的视觉效果，元素虽然单一，却能呈现出多彩的画面。利用多重曝光的优势，拍摄的影像还可以和相关的元素再次叠加，这是多重曝光中常用的一种方法。

▼ 设置参数

器材：佳能 EOS 5D Mark IV　白平衡：日光　感光度：ISO500
照片风格：人物　测光模式：点测光　图像画质：RAW　曝光次数：
4 次　曝光模式：M 挡

▶ 步骤 1 第一次曝光

| 光圈：f/11 |
| 快门：1/750s |
| 焦距：105mm |
| 曝光补偿：-3 挡 |
| 多重曝光模式：加法 |
| 镜头：24-105mm |

第一次曝光以天空为背景，低角度实焦拍摄，以人物大头像为主体，拍摄人物的侧面，以看清人物的轮廓为准。曝光补偿减少 3 挡。

▲ 步骤2 第二次曝光

光圈：f/11	
快门：1/750s	
焦距：91mm	
曝光补偿：-2.5 挡	
多重曝光模式：加法	
镜头：24-105mm	

第二次曝光时，人物不动，相机位置不动，拉动变焦实焦拍摄，并根据创意的需要调整人物的大小。曝光补偿减少 2.5 挡。

▲ 第三次曝光后得到的 RAW 格式的原图

第四次曝光后得到的 RAW 格式的原图

▲ 步骤3 第三次曝光

光圈：f/11	
快门：1/500s	
焦距：76mm	
曝光补偿：-2 挡	
多重曝光模式：加法	
镜头：24-105mm	

第三次曝光时人物和机位不动，拉动变焦实焦拍摄，注意拉动变焦时人物的缩小比例要和第二次拍摄时的缩小比例相等。这样三次曝光后，三张人物头像叠加的间距才大致相同。曝光补偿减少了 2 挡，拍摄后将图片保存起来备用。

▶ 步骤4 第四次曝光

光圈：f/16	
快门：1/500s	
焦距：85mm	
曝光补偿：-3 挡	
多重曝光模式：加法	
镜头：24-105mm	

调出前三次曝光拍摄后保存的原图，拍摄远处的猴面包树并将其叠加在头像中。需要注意的是，选择调出的照片必须是 RAW 格式的，其他格式的图像都无法选择。曝光补偿减少 3 挡。

作品主要采用了 3 种不同的叠加法："重复叠加法""异景叠加法""纹理叠加法"，4 次曝光全部采用了"加法"模式，后期重点调整对比度和饱和度。

作品经过了 4 次曝光，4 次都减少了曝光补偿，从完成的作品原图可以看到，最后的曝光量基本接近正确的曝光。由此可见，拍摄作品时不论曝光几次，都要考虑最终作品的曝光值，因为曝光的次数越多，需要减少的曝光量就越多，所以每一次拍摄都要计算出合适的曝光量，这一点非常重要。

3.21 《走进茶桂村》

创意思维与拍摄技巧

　　《走进茶桂村》拍摄于越南茶桂村，是一幅 2 个场景 4 次曝光的多重曝光作品。越南茶桂村已有三百年的历史，其绿色空间和田园生活非常令人向往，当地以种植蔬菜而闻名，女人戴斗笠下田耕作，一派世外桃源的景象。人物于走动中突然停下来的一瞬间，快速拍摄，快速拉动变焦，连续三次曝光，完成了最初的作品。

设置参数

器材：佳能 EOS 5D Mark IV

测光模式：点测光

图像画质：RAW

曝光次数：4 次

曝光模式：光圈优先

白平衡：日光

感光度：ISO500

照片风格：人物

◀ 步骤 1 第一次曝光

| 光圈：f/10 |
| 快门：1/800s |
| 焦距：180mm |
| 曝光补偿：-0.7 挡 |
| 多重曝光模式：加法 |
| 镜头：100-400mm |

第一次曝光时以天空为背景，拍摄了人物上半身。用 180mm 焦距拍摄，曝光补偿减少了 0.7 挡，选择了"加法"模式。

▲ 步骤 2 第二次曝光

| 光圈：f/10 |
| 快门：1/800s |
| 焦距：300mm |
| 曝光补偿：-0.7 挡 |
| 多重曝光模式：加法 |
| 镜头：100-400mm |

第二次曝光时拉动变焦，拍摄人物大头像，用 300mm 焦距拍摄，曝光补偿减少了 0.7 挡，选择了"加法"模式。

▲ 步骤3 第三次曝光

光圈：f/10
快门：1/800s
焦距：100mm
曝光补偿：-1挡
多重曝光模式：加法
镜头：100-400mm

变换构图，拍摄了人物大半身，用100mm焦距拍摄，曝光补偿减少了1挡，选择了"加法"模式。

▲ 第三次曝光后得到的 RAW 格式的原图

从第三次曝光后得到的原始图来看，作品已经初步完成。对人物曝光拍摄三次后叠加的影像透明度较高，产生了交叠与错位的视觉效果，元素虽然单一，却也可以算作一幅较好的作品。

▶ 步骤4 第四次曝光

光圈：f/4
快门：1/2s
焦距：60mm
曝光补偿：+2.5挡
多重曝光模式：黑暗
镜头：100-400mm

前三次曝光得到的作品画面比较单调，需要添加一些色彩，于是选择了一个色块，用慢门拍摄，拍摄时轻轻晃动一下相机，产生具有流动感的画面，让色块均匀地叠加在背景中，作品的色彩会更加丰富。用60mm焦距拍摄，曝光补偿增加2.5挡，选择了"黑暗"模式。

▲ 第四次曝光后得到的 RAW 格式的原图

　　作品主要采用了"重复叠加法""色彩叠加法""慢门叠加法""明暗叠加法"4种不同的叠加法拍摄，变换相机位置，变换镜头焦段，通过4次曝光叠加完成作品。后期简单地调整饱和度和对比度，稍裁剪一下就完成了。

　　这幅作品的背景是平淡的天空，前三次拍摄人物，叠加后有透明感，比较适合拍摄高调作品。因画面比较直白没有色彩，所以又拍摄了一个有色块的画面。作品采用了"加法"和"黑暗"两种模式，前三次曝光以叠加人物为主，要减少曝光补偿。第四次曝光以叠加背景为主，要增加曝光补偿，慢门拍摄为平淡的画面增加了动感。

　　不同的多重曝光模式适用于不同的场景，可以得到多层次的画面效果。平时拍摄时要注重选择带有色彩的元素，它们会产生强烈的美感和令人意想不到的梦幻意境。

3.22 《美丽的女孩》

创意思维与拍摄技巧

《美丽的女孩》拍摄于辽宁，是一幅 2 个场景 5 次曝光的多重曝光作品。作品利用以人物为主体重复拍摄得到的影像叠加盛开的荷花的影像，产生了交叠错位的视觉效果，呈现了美丽动人的影像。

▲ 设置参数

器材：佳能 EOS 5D Mark III

白平衡：阴天 感光度：ISO400 照片风格：人物

测光模式：点测光 图像画质：RAW 曝光模式：M 挡

曝光次数：5 次

步骤 1 第一次曝光

光圈：f/11
快门：1/320s
焦距：185mm
曝光补偿：-2.5 挡
多重曝光模式：加法
镜头：70-200mm+1.4×增倍镜

步骤 2 第二次曝光

光圈：f/11
快门：1/320s
焦距：150mm
曝光补偿：-3 挡
多重曝光模式：加法
镜头：70-200mm+1.4×增倍镜

步骤 3 第三次曝光

光圈：f/11
快门：1/250s
焦距：135mm
曝光补偿：-3.5 挡
多重曝光模式：加法
镜头：70-200mm+1.4×增倍镜

步骤 4 第四次曝光

光圈：f/6.3
快门：1/200s
焦距：115mm
曝光补偿：-4 挡
多重曝光模式：加法
镜头：70-200mm+1.4×增倍镜

步骤 5 第五次曝光

光圈：f/8
快门：1/100s
焦距：105mm
曝光补偿：-4.5 挡
多重曝光模式：加法
镜头：70-200mm+1.4×增倍镜

本作品采用的拍摄方法、拍摄模式、拍摄技巧、拍摄步骤等和作品《走进茶桂村》大致相同。

在画面中重复叠加同一被摄体，常常是为了烘托气氛，可以拍摄出内容、形式不同的创意性作品和魔术般的视觉效果，将创作灵感发挥得淋漓尽致。

3.23 《吴哥丽影》

创意思维与拍摄技巧

《吴哥丽影》拍摄于柬埔寨，是一幅 2 个场景 2 次曝光的多重曝光作品。柬埔寨吴哥窟是世界上最大的庙宇，最早的高棉式建筑，错综复杂的建筑群全部用砂石砌成，庄严宏伟，比例和谐，无论是建筑技巧还是雕刻艺术，都达到了极高的水平。这是典型的以人物为主，和建筑融合的作品。我的创意是将人物与复杂的古老建筑叠加，从不同的角度展现立体空间的影像，仿佛跨越时空走进宏伟的建筑之中。

▲ 设置参数

器材：佳能 EOS 5D Mark IV　白平衡：日光　感光度：ISO640　照片风格：人物　测光模式：点测光　图像画质：RAW　曝光次数：2 次　曝光模式：M 挡

▲ 步骤1 第一次曝光

光圈：f/20	
快门：1/1250s	
焦距：120mm	
曝光补偿：−1 挡	
多重曝光模式：加法	
镜头：100-400mm	

第一次曝光以天空为背景，侧逆光拍摄人物上半身，画面中出现人物剪影。要使用长焦镜头 100-400mm 中的 120mm 焦段拍摄，曝光补偿减少 1 挡。

▲ 步骤2 第二次曝光

光圈：f/14	
快门：1/400s	
焦距：50mm	
曝光补偿：−1.5 挡	
多重曝光模式：加法	
镜头：24-105mm	

第二次拍摄时选择了有代表性的建筑群，并且选择建筑群中有人物的那部分，叠加到剪影之中，要把人物拍得很小。为了让拍摄的场景更广一些，更换 24-105mm 镜头，曝光补偿减少 1.5 挡。

► 第二次曝光后得到的 RAW 格式的原图

　　作品主要采用了"剪影叠加法""色彩叠加法"，两次曝光全部采用了"加法"模式，后期重点调整对比度和饱和度。这幅作品以画面中的人物剪影为主，反差比较明显，得到了简洁的主体画面。两个人物在环境中的布局结构形成呼应关系，有一定的融合度，叠加后的两个人物一大一小，画面中的红色更是起到了画龙点睛的作用。

　　拍摄人物和建筑融合的作品，要选择简洁的素材。简洁的素材对多重曝光作品的成功起着决定性的作用。要在复杂的建筑中寻找简洁的、线条鲜明的或者地标性的建筑进行融合，避开过于杂乱的画面。如果素材过多，主次不分，就会显得乱，这也是造成多重曝光作品失败的原因。

3.24 《融》

创意思维与拍摄技巧

　　《融》拍摄于埃塞俄比亚，是一幅 2 个场景 2 次曝光的多重曝光作品。拍摄多重曝光人物题材的方法很多，可以在各种环境中利用不同的元素进行叠加。只要掌握多重曝光的拍摄原理，充分发挥想象力，就可以拍出寓意深远的艺术作品。利用简洁的大反差剪影画面去叠加素材，是典型的人物和风光融合的作品的拍摄技巧，这样可以拍出一幅幅色彩斑斓的艺术影像。

▲ 设置参数

器材：佳能 EOS 5D Mark III　白平衡：阴天　感光度：ISO160　照片风格：人物　测光模式：点测光　图像画质：RAW　曝光次数：2 次　曝光模式：M 挡

▲ 步骤 1 第一次曝光

光圈：f/8
快门：1/200s
焦距：110mm
曝光补偿：-0.5 挡
多重曝光模式：加法
镜头：70-200mm

▲ 步骤 2 第二次曝光

光圈：f/14
快门：1/800s
焦距：70mm
曝光补偿：-1.5 挡
多重曝光模式：加法
镜头：70-200mm

◄ 第二次曝光后得到的 RAW 格式的原图

本作品采用的拍摄方法、拍摄模式、拍摄
步骤等和作品《吴哥丽影》大致相同。

3.25 《我的城市我的家》

创意思维与拍摄技巧

　　《我的城市我的家》拍摄于挪威，是一幅典型的 2 个场景 2 次曝光的多重曝光作品。主要利用人物的剪影画面和城市
风光叠加在一起，本作品采用的拍摄方法、拍摄模式、拍摄技巧、拍摄步骤等和作品《吴哥丽影》大致相同。逆光或侧逆
光拍摄出的肖像剪影非常适合进行多重曝光，可以在这种高光区域和暗部区域叠加不同的元素。

▲ 设置参数

器材：佳能 EOS 5D Mark IV　白平衡：日光　感光度：ISO500　照片风格：人物　测光模式：点测光　图像画质：RAW　曝光次数：2 次　曝光模式：M 挡

▲ 步骤1 第一次曝光

光圈：f/4.5
快门：1/125s
焦距：60mm
曝光补偿：-1 挡
多重曝光模式：加法
镜头：24-105mm

▲ 步骤2 第二次曝光

光圈：f/5
快门：1/125s
焦距：150mm
曝光补偿：-2 挡
多重曝光模式：加法
镜头：100-400mm

◄ 第二次曝光后得到的 RAW 格式的原图

在选择多重曝光模式时，叠加暗部采用"加法"或"平均"模式，叠加高光部分采用"黑暗"模式。合理运用不同的多重曝光模式，可以得到多层次的效果，创作具有强烈美感的作品。

3.26《爱笑的女孩》

创意思维与拍摄技巧

《爱笑的女孩》拍摄于非洲尼日利亚，是一幅 2 个场景 2 次曝光的多重曝光作品。作品通过一个爱笑的女孩和艺术画面的叠加，表现了女孩对生活的热爱。

▲ 设置参数

器材：佳能 EOS 5D Mark IV　白平衡：日光　感光度：ISO1250　照片风格：人物　测光模式：点测光　图像画质：RAW　曝光次数：2 次　曝光模式：M 挡

▲ 步骤 1 第一次曝光

光圈：f/7.1
快门：1/320s
焦距：35mm
曝光补偿：-1.5 挡
多重曝光模式：加法
镜头：24-70mm

▲ 步骤 2 第二次曝光

光圈：f/4
快门：1/45s
焦距：50mm
曝光补偿：-3 挡
多重曝光模式：加法
镜头：24-70mm

◀ 第二次曝光后得到的 RAW 格式的原图

本作品采用的拍摄方法、拍摄模式、拍摄技巧、拍摄步骤等和作品《索马里的印记》大致相同。

3.27 《女孩的梦想》

创意思维与拍摄技巧

《女孩的梦想》拍摄于非洲坦桑尼亚，是一幅 2 个场景 5 次曝光的多重曝光作品。坦桑尼亚的孩子们从小就热爱舞蹈，能歌善舞是他们的天性，作品通过一个跳舞的女孩表现了人们对幸福生活的憧憬。

▲ 设置参数

器材：佳能 EOS 5D Mark IV　白平衡：日光　感光度：ISO4000　照片风格：人物　测光模式：点测光　图像画质：RAW　曝光次数：5 次　曝光模式：M 挡

▶ 步骤 1 第一次曝光

| 光圈：f/4 |
| 快门：1/100s |
| 焦距：105mm |
| 曝光补偿：-2 挡 |
| 多重曝光模式：平均 |
| 镜头：24-105mm |

第一次曝光以女孩为中心，框架构图，抓拍女孩跳舞的最佳动态，曝光补偿减少 2 挡。

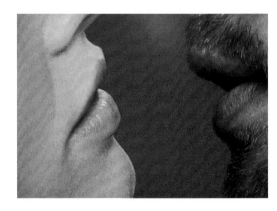

▲ 步骤 2 第二次曝光

| 光圈：f/4 |
| 快门：1/100s |
| 焦距：105mm |
| 曝光补偿：-1.3 挡 |
| 多重曝光模式：平均 |
| 镜头：24-105mm |

第二次曝光拍摄了一张人物宣传画中男女互动的面部表情并将其放大，只拍摄局部，叠加时把女孩放在中间，曝光补偿减少 1.3 挡。

▲ 第二次曝光后得到的 RAW 格式的原图

▲ 步骤3 第三次曝光

光圈：f/7.1	快门：1/320s
焦距：30mm	曝光补偿：-3.3 挡
多重曝光模式：平均	镜头：24-105mm

▲ 第三次曝光后得到的 RAW 格式的原图

▲ 步骤4 第四次曝光

光圈：f/7.1	快门：1/320s
焦距：30mm	曝光补偿：-3.3 挡
多重曝光模式：平均	镜头：24-105mm

▲ 第四次曝光后得到的 RAW 格式的原图

▶ 步骤5 第五次曝光

光圈：f/5.6
快门：1/160s
焦距：30mm
曝光补偿：-4 挡
多重曝光模式：平均
镜头：24-105mm

第三次、第四次、第五次曝光拍摄了画面中局部的线条纹理，叠加在作品的左右。为了不影响人物画面的清晰度，第五次曝光时用遮挡方法遮挡了人物面部所处的位置，曝光补偿减少 4 挡。

▲ 第五次曝光后得到的 RAW 格式的原图

作品主要采用了"纹理叠加法""遮挡叠加法"，5次曝光全部采用了"平均"模式，后期重点调整对比度和饱和度。

作品除了第一次曝光拍摄了女孩，后面三次曝光都是在叠加同一种纹理，采用斜视构图，线条非常突出。由于第二次曝光量减少得不够，效果图明显偏亮，给后面的叠加造成了一定的难度，因此在第三次、第四次、第五次曝光中，加大了曝光量的减少挡位。同时，每一次曝光后都要查看曝光的结果是否准确，画面结构是否合理，哪里需要添加素材，经过不断地思考和改进，将预想的画面变成现实。

3.28《冈比亚的女人》

创意思维与拍摄技巧

《冈比亚的女人》拍摄于非洲冈比亚，是一幅 2 个场景 2 次曝光的多重曝光作品。冈比亚是农业国，当地勤劳的妇女有一个拿手绝活，那就是可以头顶几十斤重的东西，还能谈笑风生、健步如飞。冈比亚的女孩们从小就练习头顶东西的技能，妇女们任劳任怨，担当起了家庭的重任。作品主要通过慢门拍摄和拉动相机的方法，将冈比亚有特色的图案和人物融合在一起，拍摄了一幅背景抽象的画面。

▶ 设置参数

器材：佳能 EOS 5D Mark IV　白平衡：日光　感光度：ISO640　照片风格：人物　测光模式：中央重点平均测光　图像画质：RAW　曝光次数：2 次　曝光模式：光圈优先

◀ 步骤 1 第一次曝光

光圈：f/8
快门：1/500s
焦距：100mm
曝光补偿：+1 挡
多重曝光模式：黑暗
镜头：24-105mm

第一次曝光时，在湖边抓拍到 5 个妇女头顶杂物劳动的场面，实焦拍摄，以天空为背景，为了得到一幅高调作品，曝光补偿增加了 1 挡。

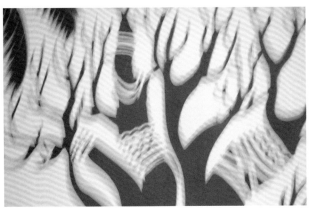

◀ 步骤 2 第二次曝光

光圈：f/4
快门：1/3 s
焦距：46mm
曝光补偿：+2 挡
多重曝光模式：黑暗
镜头：24-105mm

第二次曝光时选择了一幅非常有特色的图案，采用了慢门拍摄，按下快门时从下向上拉动相机，将色彩图案拍摄出了虚幻的运动感，用"增再增"法则，此次增加了 2 挡曝光补偿。

◀ 步骤 3 第二次曝光后得到的 RAW 格式的原图

　　作品主要采用了"慢门叠加法""色彩叠加法"，两次曝光全部采用了"黑暗"模式，后期重点调整对比度和饱和度。

　　在现场拍摄中，各种景物都是瞬息万变的，尤其是拍摄人物，要随时观察和判断适合拍摄哪一类风格的作品。这幅作品的背景是天空，人物面部表情很丰富，因为是抓拍，画面比较满，已经没有太多的留白，所以叠加的素材不能太具象，以抽象为佳，这样才能营造出独特的视觉效果，给人以新颖感。由此可见，每一种多重曝光的叠加方法都有着无限的创作空间。

3.29 《马赛人部落》

创意思维与拍摄技巧

《马赛人部落》拍摄于肯尼亚，是一幅 2 个场景 3 次曝光的多重曝光作品。马赛人是东非肯尼亚和坦桑尼亚最著名的游牧民族之一，几百年来，他们孤独地生活在丛林草原中，与野兽为伍，独特的气味和装束使所有的动物都不会伤害他们，超乎寻常的耐力和勇气闻名于世。我的创意是以草原上的万兽之首雄狮为背景，和马赛人融合在一起，以表现骁勇善战的马赛人在自然环境中与动物和平相处的一种和谐关系。

▲ 设置参数

器材：佳能 EOS 5D Mark III **白平衡**：日光 **感光度**：ISO400 **照片风格**：人物 **测光模式**：点测光 **图像画质**：RAW **曝光次数**：3 次 **曝光模式**：M 挡

◀ **步骤 1** 第一次曝光

光圈：	f/16
快门：	1/750s
焦距：	180mm
曝光补偿：	+0.5 挡
多重曝光模式：	黑暗
镜头：	100-400mm

第一次拍摄抓拍了一个马赛人部落休闲的场景，以马赛人部落酋长为主体，以天空为背景，拍摄人物上半身，低角度逆光拍摄出人物的剪影。在拍摄酋长时把远处的几名马赛人拍摄进来，前大后小。曝光补偿增加了 0.5 挡，采用了"黑暗"模式。

▲ 步骤2 第二次曝光

| 光圈：f/4.5 |
| 快门：1/200s |
| 焦距：105mm |
| 曝光补偿：+1 挡 |
| 多重曝光模式：黑暗 |
| 镜头：100-400mm |

▲ 第二次曝光后得到的 RAW 格式的原图

在草原上，狮子是霸主，但对于马赛人来说，狮子是他们的朋友，拍摄一幅有狮子大头像的画面，叠加在天空背景中。曝光补偿增加了 1 挡，采用"黑暗"模式。

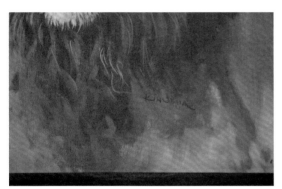

▲ 步骤3 第三次曝光

| 光圈：f/4.5 |
| 快门：1/200s |
| 焦距：105mm |
| 曝光补偿：-1.5 挡 |
| 多重曝光模式：平均 |
| 镜头：100-400mm |

▲ 第三次曝光后得到的 RAW 格式的原图

为了增加画面的纹理，又叠加了画面中的局部纹理。曝光补偿减少了 1.5 挡，采用了"平均"模式。

　　作品主要采用了"明暗叠加法""纹理叠加法""剪影叠加法"3 种不同的叠加法拍摄，后期简单地调整对比度和饱和度，裁剪一下作品就可以了。

　　选择明暗对比明显的画面错位叠加，有意安排主体与陪体的明暗对比部分，能使画面轮廓鲜明，纹理清晰，这种光影效果会营造出扑朔迷离的艺术氛围，增强画面表现力与感染力。如果叠加无序，则会导致拍摄失败。

3.30《美山圣地》

创意思维与拍摄技巧

　　《美山圣地》拍摄于越南，是一幅 4 个场景 4 次曝光的多重曝光作品。美山是越南占婆王国遗留下的印度教圣地，石砌雕刻艺术在这里得到了完美的展现。这里是唯一体现占族艺术形成与发展的艺术建筑群，是建筑艺术的精华。我的创意是把雄伟的建筑和人物融合在一起，用间接的手法让颜色深邃的建筑变得色彩丰富。

▲ 设置参数

器材：佳能 EOS 5D Mark IV　白平衡：日光　感光度：ISO800　照片风格：人物　测光模式：点测光　图像画质：RAW　曝光次数：4 次　曝光模式：M 挡

◀ 步骤1 第一次曝光

光圈：f/8
快门：1/1250s
焦距：210mm
曝光补偿：-1 挡
多重曝光模式：加法
镜头：100-400mm

这是一个非常喜庆的场景，以天空为背景，抓拍到一个女孩。她若有所思，比较适合和建筑叠加在一起，按多重曝光构图法，右面留有大面积的空白。由于背景比较亮，接近逆光拍摄，人物脸部已经很暗了，因此曝光补偿只减少了 1 挡。

▲ 步骤2 第二次曝光

| 光圈：f/8 |
| 快门：1/1250s |
| 焦距：100mm |
| 曝光补偿：-1 挡 |
| 多重曝光模式：加法 |
| 镜头：100-400mm |

第二次曝光抓拍了一个演出后的女孩，除了亮丽的红色服装，她手中红色的扇子在深暗的建筑背景中也格外抢眼，可以给画面增添色彩。拍摄时把女孩安排在近似剪影的人物之中，曝光补偿减少 1 挡。

▲ 第二次曝光后得到的 RAW 格式的原图

▲ 步骤3 第三次曝光

| 光圈：f/8 |
| 快门：1/640s |
| 焦距：135mm |
| 曝光补偿：-1.7 挡 |
| 多重曝光模式：加法 |
| 镜头：100-400mm |

第三次曝光时变换相机位置和焦段，拍摄建筑中的纹理，其中包括两尊对称的佛像，并且把佛像安排在画面中间，曝光补偿减少 1.7 挡。

▲ 第三次曝光后得到的 RAW 格式的原图

▶ 步骤4 第四次曝光

| 光圈：f/8 |
| 快门：1/1250s |
| 焦距：225mm |
| 曝光补偿：-2 挡 |
| 多重曝光模式：加法 |
| 镜头：100-400mm |

地标建筑塔的形状是这里的重要元素之一，选择建筑塔上半截的圆形状拍摄，曝光补偿减少 2 挡。

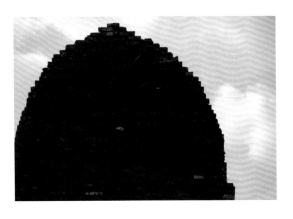

作品主要采用了"剪影叠加法""纹理叠加法""明暗叠加法"3种不同的叠加法拍摄，4次曝光全部采用了"加法"模式，后期简单地调一下饱和度和对比度即可完成作品。

作品选择了4个场景4次曝光，主体与其他元素之间，无论是内容形式还是内涵，都具有可融性。4个场景的叠加相得益彰，红色给暗色的建筑增添了色彩，半圆的建筑塔就像女孩头部飘逸的发髻一样，有着强烈的美感和感染力。

第四次曝光后得到的 RAW 格式的原图

3.31《母女情深》

创意思维与拍摄技巧

《母女情深》拍摄于越南，是一幅3个场景3次曝光的多重曝光作品。作品中的真人是在越南乡村抓拍到的一个戴斗笠的劳动妇女，她的肢体语言比较丰富，面朝左侧，像是在和对面的人说话。画中戴斗笠的"女孩"面部向右侧，把二者结合起来，像是母亲在对女儿嘱托什么。通过这种互动的画面，不但寓意母女情深，也间接地表现了当地的风土人情。

▶ 设置参数

器材：佳能 EOS 5D Mark IV

白平衡：日光 感光度：ISO500 照片风格：人物

测光模式：点测光 图像画质：RAW 曝光次数：3次 曝光模式：M挡

▲ 步骤1 第一次曝光

| 光圈：f/16 |
| 快门：1/1000s |
| 焦距：250mm |
| 曝光补偿：+1挡 |
| 多重曝光模式：黑暗 |
| 镜头：100-400mm |

低角度打开连拍功能，拍摄了多张妇女行走时的画面，背景相对简洁，照片留着备用，为第二次曝光打下基础，曝光补偿增加1挡。

▲ 步骤2 第二次曝光

| 光圈：f/11 |
| 快门：1/150s |
| 焦距：180mm |
| 曝光补偿：+1.7挡 |
| 多重曝光模式：黑暗 |
| 镜头：100-400mm |

当我看到这幅画中头戴斗笠的女孩时立刻有了灵感，调出第一次曝光得到的照片，和这张面部向右的图案进行组合，二者产生呼应关系，曝光补偿增加1.7挡。

▲ 第二次曝光后得到的RAW格式的原图

▲ 步骤3 第三次曝光

| 光圈：f/11 |
| 快门：1/150s |
| 焦距：240mm |
| 曝光补偿：-3.7挡 |
| 多重曝光模式：平均 |
| 镜头：100-400mm |

为了增加画面的质感，强化肌理，又叠加了一个局部的纹理，曝光补偿减少3.7挡。

　　作品采用了"色彩叠加法""纹理叠加法""异景叠加法"3种不同的叠加法拍摄，3次曝光全部采用了"平均"模式，后期重点调整对比度和饱和度。

　　多重曝光拍摄前的预想和构思很重要，拍一幅什么样的作品、怎么拍，要在头脑中有一个思路，并形成一个最初的影像。要有意识地选择需要的素材，主观地安排画面的结构，这样才能打造完美的画面。

3.32《出海》

创意思维与拍摄技巧

《出海》拍摄于缅甸，是一幅2个场景2次曝光的多重曝光作品。通过将渔民出海的劳动场景和色彩进行融合，赋予了渔民浪漫的生活气息，令作品充满了生机。

▲ 设置参数

器材：佳能 EOS 5D Mark IV　白平衡：阴天　感光度：ISO400　照片风格：人物　测光模式：点测光　图像画质：RAW　曝光次数：2次　曝光模式：M挡

◀ 步骤1 第一次曝光

光圈：f/6.3
快门：1/250s
焦距：24mm
曝光补偿：-1.3挡
多重曝光模式：加法
镜头：24-70mm

▲ 步骤2 第二次曝光

▲ 第二次曝光后得到的 RAW 格式的原图

光圈：f/4	快门：1/60s
焦距：150mm	曝光补偿：-2.7 挡
多重曝光模式：加法	镜头：24-70mm

本作品采用的拍摄方法、拍摄模式、拍摄技巧、
拍摄步骤等和作品《我的城市我的家》大致相同。

3.33 《景德镇》

创意思维与拍摄技巧

《景德镇》拍摄于中国江西，是一幅 2 个场景 2 次曝光的多重曝光作品。在多重曝光拍摄中，一般来说要就地取材，尤其是 2 个场景 2 次曝光，但需要注意的是，元素之间的叠加要有可融性。如果盲目地选择和画面毫无关联的素材，就会造成主次混乱。景德镇是中国直升机工业的摇篮，而且它的瓷器也远销海外，在世界上享有盛名。通过将瓷器工人劳动的场景和历史的画卷叠加在一起，展现了世界瓷都的无穷魅力和悠久的历史文化。

▶ 设置参数

器材：佳能 EOS 5D Mark IV

白平衡：阴天　感光度：ISO2500　照片风格：人物

测光模式：点测光

图像画质：RAW　曝光次数：2 次　曝光模式：M 挡

▲ 步骤1 第一次曝光

光圈：f/2.8
快门：1/125s
焦距：16mm
曝光补偿：-2.3挡
多重曝光模式：加法
镜头：16-35mm

▲ 步骤2 第二次曝光

光圈：f/16
快门：1/800s
焦距：24mm
曝光补偿：-2.5挡
多重曝光模式：加法
镜头：24-105mm

◀ 第二次曝光后得到的 RAW 格式的原图

本作品采用的拍摄方法、拍摄模式、拍摄技巧、拍摄步骤等和作品《山地大猩猩的故乡》大致相同。

3.34《清洁工》

创意思维与拍摄技巧

《清洁工》拍摄于中国贵州，是一幅2个场景2次曝光的多重曝光作品。清洁工，一个让人尊重的职业，他们默默无闻、不辞艰辛，让社会的环境变得更加清新、整洁，他们的心是最美的。作品以草帽为背景，展现了清洁工人的美和无私的奉献精神。

▲ 设置参数

器材：佳能 EOS 5D Mark IV　白平衡：日光　感光度：ISO500　照片风格：人物　测光模式：点测光　图像画质：RAW　曝光次数：2次　曝光模式：M 挡

▲ 步骤 1 第一次曝光

▲ 步骤 2 第二次曝光

▲ 第二次曝光后得到的 RAW 格式的原图

光圈：f/5.6	快门：1/320s
焦距：24mm	曝光补偿：+1 挡
多重曝光模式：黑暗	镜头：24-105mm

光圈：f/8	快门：1/500s
焦距：105mm	曝光补偿：+1 挡
多重曝光模式：黑暗	镜头：24-105mm

本作品采用的拍摄方法、拍摄模式、拍摄技巧、拍摄步骤等和作品《苏丹情》大致相同。

3.35《故宫倩影》

创意思维与拍摄技巧

　　《故宫倩影》拍摄于北京故宫，是一幅2个场景5次曝光的多重曝光作品。作品是5次曝光一气呵成的，先对同一个人物曝光4次，除了第一次拍摄是实焦外，后面的3次拍摄全为虚焦，有虚有实，以虚为主。3次虚焦拍摄是为了虚化实焦，通过减少曝光量来突出实焦主体，几次虚焦拍摄后，人物就如印在墙上的影子一样虚无缥缈，给人一种梦幻的感觉。

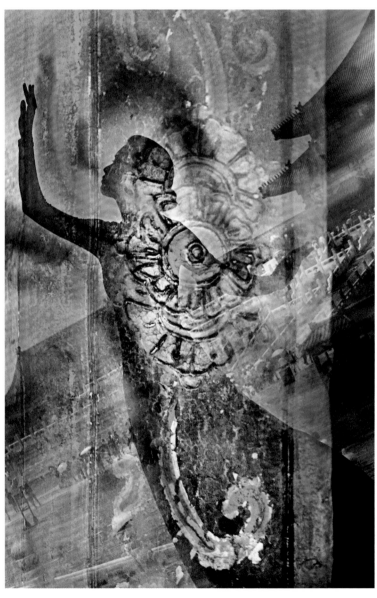

▲ **步骤 1** 第一次曝光

| 光圈：f/32 |
| 快门：1/250s |
| 焦距：110mm |
| 曝光补偿：-4挡 |
| 多重曝光模式：加法 |
| 镜头：70-200mm+ 1.4×增倍镜 |

第一次曝光以天空为背景，用110mm焦距低角度、小光圈、斜构图，拍摄人物大半身。实焦拍摄，曝光补偿减少4挡。

▲ 设置参数

器材：佳能 EOS 5D Mark IV　**白平衡**：日光　**感光度**：ISO200　**照片风格**：人物　**测光模式**：点测光　**图像画质**：RAW　**曝光次数**：5次　**曝光模式**：M挡

▲ 步骤 2 第二次曝光

光圈：f/32
快门：1/500s
焦距：110mm
曝光补偿：-4.5 挡
多重曝光模式：加法
镜头：70-200mm+
1.4×增倍镜

第二次曝光时人物和机位不动，用 110mm 焦距虚焦拍摄，曝光补偿减少 4.5 挡。

▲ 步骤 3 第三次曝光

光圈：f/32
快门：1/500s
焦距：155mm
曝光补偿：-4.7 挡
多重曝光模式：加法
镜头：70-200mm+
1.4×增倍镜

第三次曝光时人物和机位不动，虚焦拍摄，用 155mm 焦距拍摄，曝光补偿减少 4.7 挡。

▲ 步骤 4 第四次曝光

光圈：f/32
快门：1/500s
焦距：185mm
曝光补偿：-4.7 挡
多重曝光模式：加法
镜头：70-200mm+
1.4×增倍镜

第四次曝光时人物和机位不动，虚焦拍摄，用 185mm 焦距拍摄，曝光补偿减少 4.7 挡。

▲ 步骤 5 第五次曝光

光圈：f/4
快门：1/100s
焦距：280mm
曝光补偿：-2 挡
多重曝光模式：加法
镜头：70-200mm+
1.4×增倍镜

第五次曝光拍摄了北京故宫具有代表性的一个建筑图案，该图案色彩非常突出，用 280mm 焦距，实焦拍摄，曝光补偿减少 2 挡。

▲ 第五次曝光后得到的 RAW 格式的原图

作品主要采用了"重复叠加法""色彩叠加法""虚实叠加法"3 种叠加法拍摄，变换相机位置和镜头焦段，5 次曝光叠加后完成作品。5 次曝光全部采用了"加法"模式，后期简单地调一下饱和度和对比度即可完成作品。

一般拍摄有虚有实的作品最好用 M 挡手动对焦，这样可以更加自如地拉动变焦用虚焦拍摄，可以随心所欲地拍出了要表达的主题。通过多重曝光拍摄，平淡的人物也被拍出了梦幻飞天的意境，有着强烈的美感和艺术感染力。

3.36《红墙黛瓦》

创意思维与拍摄技巧

《红墙黛瓦》拍摄于北京故宫，是一幅2个场景4次曝光的多重曝光作品。该作品和前面拍摄的人物作品有所不同，是用16-35mm广角镜头完成的。以故宫的元素为素材，4次曝光一气呵成。最早的创意是想拍一幅风光作品，拍摄完成后裁剪时发现，作品中的人物更为突出，人与红墙结合，这种特定的红色基调简洁清晰，层次感更为突出。

◀ 设置参数

器材：佳能 EOS 5D Mark IV　白平衡：日光　感光度：ISO250　照片风格：人物　测光模式：点测光

图像画质：RAW　曝光次数：4次　曝光模式：M挡

▲ 步骤1 第一次曝光

光圈：f/14
快门：1/800s
焦距：16mm
曝光补偿：-2挡
多重曝光模式：加法
镜头：16-35mm

第一次曝光时以天空为背景，以低角度对人物进行实焦拍摄，曝光补偿减少2挡。

▲ 步骤2 第二次曝光

光圈：f/20
快门：1/200s
焦距：35mm
曝光补偿：-3挡
多重曝光模式：加法
镜头：16-35mm

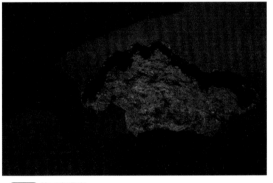

▲ 步骤3 第三次曝光

光圈：f/20
快门：1/200s
焦距：35mm
曝光补偿：-3.3挡
多重曝光模式：加法
镜头：16-35mm

第二次和第三次曝光选择了故宫红墙中两个不同的纹理，一大一小，实焦拍摄，曝光补偿分别减少3挡和3.3挡。

▲ 步骤4 第四次曝光

光圈：f/20
快门：1/200s
焦距：35mm
曝光补偿：-4挡
多重曝光模式：加法
镜头：16-35mm

为了增强红色的色彩，虚焦拍摄红墙，曝光补偿减少4挡。

◄ 第四次曝光后得到的 RAW 格式的原图

作品主要采用了"虚实叠加法""纹理叠加法"，4次曝光全部采用了"加法"模式，后期调整对比度和饱和度，再剪裁一下作品就可以了。在拍摄人物作品时，利用色彩的叠加可以增加画面的意境，吸引观者的视线，让画面充满韵律感。

3.37 《美人鱼的传说》

创意思维与拍摄技巧

《美人鱼的传说》拍摄于中国辽宁,是一幅3个场景5次曝光的多重曝光作品。世界各地有着许多关于美人鱼的传说,作品将人物的塑像、彩色的贝壳、波光粼粼的水纹融合在一起,给传说中的美人鱼蒙上了一层更加神秘的色彩。

◀ 设置参数

器材:佳能 EOS 5D Mark III 白平衡:阴天
感光度:ISO320 照片风格:人物 测光模式:
点测光 图像画质:RAW 曝光次数:5次
曝光模式:M 挡

步骤1 第一次曝光

光圈:f/9
快门:1/1250s
焦距:98mm
曝光补偿:-1.5 挡
多重曝光模式:加法
镜头:70-200mm+
      1.4×增倍镜

步骤2 第二次曝光

光圈:f/9
快门:1/1250s
焦距:120mm
曝光补偿:-1.5 挡
多重曝光模式:加法
镜头:70-200mm+
      1.4×增倍镜

步骤3 第三次曝光

光圈:f/9
快门:1/1250s
焦距:140mm
曝光补偿:-1.5 挡
多重曝光模式:加法
镜头:70-200mm+
      1.4×增倍镜

步骤4 第四次曝光

光圈:f/11
快门:1/250s
焦距:150mm
曝光补偿:-2 挡
多重曝光模式:加法
镜头:70-200mm+
      1.4×增倍镜

步骤5 第五次曝光

光圈:f/11
快门:1/125s
焦距:280mm
曝光补偿:-2.5 挡
多重曝光模式:加法
镜头:70-200mm+
      1.4×增倍镜

本作品采用的拍摄方法、拍摄模式、拍摄技巧、拍摄步骤等和作品《故宫倩影》大致相同。

选择主体与陪体之间搭配的元素是很重要的,要考虑元素的关联性与可融性,从形式、内涵等多个方面选择素材,避免不相干的元素胡乱地叠加在一起。

3.38 《女人花》

创意思维与拍摄技巧

《女人花》拍摄于北京，是一幅 3 个场景 3 次曝光的多重曝光作品。作品中充满东北特有的文化元素，通过将其与女孩融合，呈现出娇美艳丽的影像，给人以无限的遐想。

◀ 设置参数

器材：佳能 EOS 5D Mark III　白平衡：阴天　感光度：ISO100　照片风格：人物　测光模式：点测光　图像画质：RAW　曝光次数：3 次　曝光模式：M 挡

步骤 1 第一次曝光

光圈：f/11	快门：1/125s
焦距：40mm	曝光补偿：-3 挡
多重曝光模式：加法	镜头：24-70mm

步骤 2 第二次曝光

光圈：f/11	快门：1/320s
焦距：50mm	曝光补偿：-2 挡
多重曝光模式：加法	镜头：24-70mm

步骤 3 第三次曝光

光圈：f/11	快门：1/250s
焦距：50mm	曝光补偿：-2.5 挡
多重曝光模式：加法	镜头：24-70mm

本作品采用的拍摄方法、拍摄模式、拍摄技巧、拍摄步骤等和作品《花样年华》大致相同。

3.39《奔向未来》

创意思维与拍摄技巧

《奔向未来》拍摄于中国湖南，是一幅 2 个场景 2 次曝光的多重曝光作品。作品通过将人物的剪影画面和水面的波纹叠加在一起，展现了一个运动员奔向未来的画面。

▲ 步骤 1 第一次曝光

光圈：f/4
快门：1/160s
焦距：180mm
曝光补偿：−2 挡
多重曝光模式：加法
镜头：100~400mm

▲ 步骤 2 第二次曝光

光圈：f/4
快门：1/60s
焦距：280mm
曝光补偿：−3 挡
多重曝光模式：加法
镜头：100~400mm

▲ 设置参数

器材：佳能 EOS 5D Mark IV　白平衡：日光　感光度：ISO500　照片风格：人物　测光模式：点测光　图像画质：RAW　曝光次数：2 次　曝光模式：M 挡

本作品采用的拍摄方法、拍摄模式、拍摄步骤等和作品《吴哥丽影》大致相同。

3.40《建设者》

创意思维与拍摄技巧

《建设者》拍摄于中国山东，是一幅 2 个场景 2 次曝光的多重曝光作品。作品通过将修缮文物古迹的作业场面和古迹的图案进行叠加，表现了一种认真细致的工匠精神。

▲ 步骤 1 第一次曝光

光圈：f/4
快门：1/160s
焦距：100mm
曝光补偿：-1 挡
多重曝光模式：加法
镜头：100-400mm

▲ 步骤 2 第二次曝光

光圈：f/4
快门：1/160s
焦距：280mm
曝光补偿：-1.5 挡
多重曝光模式：加法
镜头：100-400mm

▲ 设置参数

器材：佳能 EOS 5D Mark IV　白平衡：日光　感光度：ISO640　照片风格：人物　测光模式：点测光　图像画质：RAW　曝光次数：2 次　曝光模式：M 挡

本作品采用的拍摄方法、拍摄模式、拍摄技巧、拍摄步骤等和作品《吴哥丽影》大致相同。

第

4

章

/

人文
系列

　　拍摄人文题材的作品要着重表现生活中的精彩瞬间，认真地观察和思考不同环境中的人物状态，从不同的角度表达同一个主题，将现实与想象组合在一起，将自己的观点和创意既贴合主题又能含蓄地融入作品中。面对随时可能发生变化的场景，要随机应变，增加创作的成功率，让照片真正地"活"起来。

　　利用多重曝光拍摄静物相对容易一些，人文纪实拍摄难度就增加了，具有很大的挑战性。它不仅要求拍摄者有纪实摄影的功底，还要求拍摄者在拍摄的瞬间快速地把控与合理地取舍，无论是构图、用光，还是对曝光量的控制等，都要面面俱到。不仅要考虑到多重曝光时空的限制、画面的局限性，还要给后面的曝光、叠加的影像留有余地。拍摄人文要使用"减法"去构图和选择素材，简洁的构图会令主体更加突出。画面中一定要有简洁的主体或陪体，或者人物简洁，或者叠加的元素简洁，这对多重曝光的成功起着决定性的作用。叠加的次数越多，选择的素材就要越简洁，避免素材过多而导致拍出来的作品杂乱。

　　拍摄纪实人文作品，一般可以用快速连拍的功能，以抓拍一些精彩的画面，尤其是第一次曝光，因为人物在不停地运动，一个眼神，一个举动，随时都在变化。叠加的方法多种多样，可以在各个领域与不同的素材进行叠加。例如，我在非洲拍摄了一系列的多重曝光作品，非洲部落独特的风土人情非常适合多重曝光的拍摄，我通过将纪实的拍摄手法和多重曝光的技术方法相结合，从全新的角度把古老神秘的非洲展现在世人面前。

　　多重曝光拍摄人文的技巧有很多，拍摄时要考虑各个被摄物体的形状、色彩、对比等搭配在一起是否合理，以及被摄物体的叠加、遮挡、曝光量等是否正确。多重曝光的叠加方法中，"纹理叠加法""色彩叠加法""明暗叠加法""遮挡叠加法"比较常见，多重曝光模式以"加法""黑暗"居多。多重曝光提供了一种非常灵活的表现形式，只要运用得当，就可以令自己的作品脱颖而出，拍摄出魔术般的艺术效果。

4.1 《马里的孩子们》

创意思维与拍摄技巧

《马里的孩子们》拍摄于非洲马里，是一幅2个场景2次曝光的多重曝光作品。马里是世界不发达国家之一，很多马里人是文盲，但彬彬有礼、热情好客，成了他们的一种传统的美德。这种美德使我们这些初次踏上这个国家的外国人，切身感受到了马里人的热情，特别是孩子们，见到我们更是欢声雀跃，让人激动万分。

作品是在车里拍摄的，当我们离开部落的时候，孩子们依依不舍地跟着我们的车一路狂奔，一双双小手掌紧紧地按着车窗玻璃。孩子们的热情感染了我，我情不自禁地按下了快门，用画面中的大面积拍了孩子们小手的特写。

◀ 设置参数

器材：佳能 EOS 5D Mark IV　白平衡：日光　感光度：ISO1250　照片风格：人物

模式：点测光　图像画质：RAW　曝光次数：2次　曝光模式：M挡　测光

◀ 步骤 1 第一次曝光

光圈：	f/22
快门：	1/1250s
焦距：	20mm
曝光补偿：	-1挡
多重曝光模式：	黑暗
镜头：	16-35mm

第一次曝光时用大广角从车内向外拍摄，由于被摄体距离车窗很近，我几乎是仰卧着拍摄的，外面的环境非常黑暗，我开了闪光灯进行补光，曝光补偿减少1挡。

▲ 步骤2 第二次曝光

▲ 第二次曝光后得到的 RAW 格式的原图

光圈：f/5.6
快门：1/200s
焦距：55mm
曝光补偿：-1.5 挡
多重曝光模式：黑暗
镜头：24-105mm

第二次曝光时变换相机镜头和镜头焦段，拍摄的是一幅彩色图，手和图案均匀地融合在一起，给人一种强烈的美感，曝光补偿减少 1.5 挡。

我在拍摄孩子们小手的时候，刻意把两个孩子的笑脸也拍了进去，打造了手是主体脸是陪体的画面。拍摄时注重把孩子们那种天真无邪的热情表现出来，把马里的风土人情展现出来。

多重曝光在构图时要确定主角与配角的位置，要有比较清晰的思路，主观地安排画面的结构和布局。如果主体与陪体之间搭配不合理，缺少主次的明暗对比，没有明显的反差，就会导致主体不突出，主次不分，拍出的画面混乱，导致作品拍摄失败。

我拍摄的作品几乎全部为 RAW 格式，并且都是在前期拍摄中完成的，几乎不依赖后期。从第二次曝光后的作品原图可以看出，前后期的作品差别非常小，不用做太大的调整，后期只调整了一点对比度和饱和度。作品主要采用了"纹理叠加法""色彩叠加法"，两次曝光全部采用了"黑暗"模式。

4.2 《冈比亚儿童》

创意思维与拍摄技巧

《冈比亚儿童》拍摄于非洲冈比亚，是一幅 2 个场景 2 次曝光的多重曝光作品。冈比亚的边境城市朱富雷村，是美国黑人作家的小说《根》中的主人公的故乡，由于这部名著拍成的电影所产生的巨大影响而闻名于世。当地的村民信仰占星术，相信万物有灵魂。当地贫穷落后，孩子们从来没有看到过现代的玩具，手中拿的都是自己制作的木质玩具。他们把木头削成各种形状后穿成一串在马路边上兜售，一个玩具换的钱只相当于人民币几毛钱，他们却乐在其中，虽然孩子们很开心，但看着却有些心酸。

其实我常常思考，是生活在现代大都市里更幸福，还是生活在非洲的原始部落里更幸福。每当我举起相机的时候，思考就会不停地撞击我的心。

▲ 设置参数

器材：佳能 EOS 5D Mark IV　白平衡：日光　感光度：ISO800　照片风格：人物　测光模式：点测光　图像画质：RAW　曝光次数：2 次　曝光模式：M 挡

▲ 步骤 1 第一次曝光

| 光圈：f/16 |
| 快门：1/800s |
| 焦距：380mm |
| 曝光补偿：+1 挡 |
| 多重曝光模式：黑暗 |
| 镜头：100-400mm |

第一次曝光时以天空为背景，低角度、长焦拍摄了马路上兜售玩具的孩子们，按照多重曝光的构图法，第一次拍摄要给后面叠加的素材留有空间，故画面上面留有空白。由于天空非常平淡，画面的大部分区域是白色的基调，比较适合拍摄一幅高调作品，因此以增加曝光补偿为主，拍的画面几乎是一幅剪影，曝光补偿增加了 1 挡。

▲ 步骤 2 第二次曝光

| 光圈：f/4 |
| 快门：1/50s |
| 焦距：45mm |
| 曝光补偿：+1.5 挡 |
| 多重曝光模式：黑暗 |
| 镜头：24-105mm |

第二次曝光拍摄的是一幅图案，图案很有特点，是表现每日头顶盆盆罐罐忙碌的妇女们的，她们酷似孩子们的母亲，把两者结合在一起，形成了母子的呼应关系，给人以清纯明朗的感觉。为了突出主次分明的人物轮廓，曝光补偿增加了 1.5 挡。

◄ 第二次曝光后得到的 RAW 格式的原图

作品主要采用了"明暗叠加法""异景叠加法""色彩叠加法"，两次曝光全部采用了"黑暗"模式，后期调一下饱和度即可完成作品。

在选择主体与陪体时，要考虑两者之间的合理性，陪体是为主体服务的，要从作品的内涵等方面去选择具有相关因素的素材，搭配起来才会相得益彰。作为陪体的素材不能反客为主，否则会使主次不明，导致作品拍摄失败。

4.3《时光隧道》

创意思维与拍摄技巧

《时光隧道》拍摄于非洲的厄立特里亚，是一幅 2 个场景 2 次曝光的多重曝光作品。在厄立特里亚，骆驼是唯一被列入国徽的动物，古老的村落和简易的骆驼集市，处处都能体现人们对骆驼的喜爱，骆驼受到了极高的待遇。我的创意是通过独特的画面营造一幅古今相融的奇异影像，仿佛穿越时光，用间接手法叙述拉驼人无尽的漂泊故事。

▲ 设置参数

器材：佳能 EOS 5D Mark Ⅳ　白平衡：日光　感光度：ISO800　照片风格：人物　测光模式：点测光　图像画质：RAW　曝光次数：2 次　曝光模式：M 挡

◀ 步骤 1 第一次曝光

| 光圈：f/13 |
| 快门：1/1600s |
| 焦距：46mm |
| 曝光补偿：+0.7 挡 |
| 多重曝光模式：黑暗 |
| 镜头：24-105mm |

第一次曝光时以天空为背景，低角度拍摄市场中的骆驼，采用的是大小对比构图，近处的骆驼和远处的骆驼在大小上形成对比，而最远处的骆驼市场也依稀可见，主次分明且有一定的纵深感，曝光补偿增加 0.7 挡。

◀ 步骤 2 第二次曝光

| 光圈：f/4 |
| 快门：1/25s |
| 焦距：50mm |
| 曝光补偿：+1 挡 |
| 多重曝光模式：黑暗 |
| 镜头：24-105mm |

第二次曝光拍摄了一幅远古的图案，给人一种穿越时空的感觉，画面很暗，用闪光灯进行补光，曝光补偿增加 1 挡。

◀ 第二次曝光后得到的 RAW 格式的原图

　　作品主要采用了"色彩叠加法""明暗叠加法""异景叠加法"，两次曝光全部采用了"黑暗"模式，作品和原图没有太大的区别，后期简单地压暗一点画面作品就完成了。

　　按多重曝光构图法，画面"留白"是非常重要的。第一次曝光要给第二次及后面的曝光留有余地，并且后续的拍摄要在预留的区域进行曝光。如果画面没有"留白"，画面过满或预留部分太少，就会因叠加的画面凌乱而导致拍摄失败。

4.4《遥远的梦》

创意思维与拍摄技巧

《遥远的梦》拍摄于非洲的南苏丹，是一幅 3 个场景 3 次曝光的多重曝光作品。

▲ 设置参数

器材：佳能 EOS 5D Mark IV　白平衡：日光　感光度：ISO1250　照片风格：人物　测光模式：点测光　图像画质：RAW　曝光次数：3 次　曝光模式：M 挡

▲ 步骤 1 第一次曝光

光圈：f/16
快门：1/1600s
焦距：70mm
曝光补偿：+0.3 挡
多重曝光模式：黑暗
镜头：24-105mm

第一次曝光时拍摄了层次错落、高低有序的生活剪影画面，上方留有大面积的天空，为后面的曝光留出了区域。采用了"黑暗"模式，曝光补偿增加 0.3 挡。

▲ 步骤 2 第二次曝光

光圈：f/13
快门：1/200s
焦距：40mm
曝光补偿：+1.5 挡
多重曝光模式：黑暗
镜头：24-105mm

第二次曝光为苍白的天空增添了色彩，拍摄了一幅彩色的图案进行叠加。采用了"黑暗"模式，曝光补偿增加 1.5 挡。

◀ 第二次曝光后得到的 RAW 格式的原图

◀ 步骤 3 第三次曝光

光圈：f/4
快门：1/100s
焦距：105mm
曝光补偿：-3.5 挡
多重曝光模式：加法
镜头：24-105mm

从第二次曝光后得到的效果图来看，作品已经初步完成，但为了使作品更有意境，呈现的画面更加完美，因此又给整个画面添加了一些纹理。为了不用过多的素材去覆盖画面，因此曝光量大幅度减少，曝光补偿减少3.5挡，采用了"加法"模式。

◀ 第三次曝光后得到的 RAW 格式的原图

作品主要采用了"色彩叠加法""明暗叠加法""纹理叠加法""异景叠加法"4 种叠加法拍摄，后期简单地提亮一点画面作品就完成了。

在拍摄这幅作品的过程中选择了两种模式，用"黑暗"模式为大面积的天空增添色彩，用"加法"模式为整个画面添加一些纹理。根据作品的需要，充分利用画面的高光区域和暗部区域去叠加不同的元素。理解和掌握每种多重曝光模式的叠加原理，创作起来就会得心应手，更有利于拍摄形形色色的多重曝光作品。错误的模式会使画面黑白颠倒，面目全非，是造成拍摄失败的原因之一。

4.5 《脉搏》

创意思维与拍摄技巧

《脉搏》拍摄于非洲的尼日尔,是一幅 2 个场景 2 次曝光的多重曝光作品。儿童玩耍的画面和树的纹理叠加在一起,像一条长长的激流一样,赋予了孩子们快乐的童年时光。

▲ 设置参数

器材:佳能 EOS 5D Mark IV   白平衡:日光   感光度:ISO250   照片风格:人物   测光模式:点测光   图像画质:RAW   曝光次数:
2 次   曝光模式:M 挡

▲ 步骤1 第一曝光

光圈:f/11	快门:1/250s
焦距:24mm	曝光补偿:-0.7 挡
多重曝光模式:加法	镜头:24-105mm

▲ 步骤2 第二次曝光

光圈:f/8	快门:1/250s
焦距:85mm	曝光补偿:-2.5 挡
多重曝光模式:加法	镜头:24-105mm

本作品采用的拍摄模式、拍摄方法、拍摄技巧、拍摄步骤等和作品《我的房子我的家》大致相同。

从作品全方位的拍摄过程可以看到，所有的拍摄数据都写得非常详细，每一步都一目了然，包括相机参数的设置，每一次曝光参数的详细数值，原始照片的前期和后期的对比效果等。

▲ 第二次曝光后得到的 RAW 格式的原图

4.6 《狂欢尼日利亚》

创意思维与拍摄技巧

《狂欢尼日利亚》拍摄于非洲的尼日利亚，是一幅 2 个场景 7 次曝光的多重曝光作品。尼日利亚是个神秘而又陌生的国度，是多民族部落的聚集地。当地人热情好客，非常友好，我们这些外国人更是受到了当地部落族人的热烈欢迎，一路上人山人海，喜笑颜开，场面壮观，令人热血沸腾。我想把振奋人心的狂欢场面用多重曝光的形式记录下来。我以小女孩为中心，以人群为背景，拍摄了一幅与众不同的梦幻影像。

◀ 设置参数

器材：佳能 EOS 5D Mark IV　白平衡：日光　感光度：ISO1250　照片风格：人物

测光模式：点测光　图像画质：RAW　曝光次数：7 次　曝光模式：M 挡

▲ 步骤1 第一次到第六次曝光

光圈：f/5.6
快门：1/500s
焦距：43mm
曝光补偿：-1.7挡
多重曝光模式：加法
镜头：24-105mm

第一次到第六次曝光以小女孩为中心，打开多重曝光"连拍"选项，这一功能用于拍摄连续运动的物体或动态的景物，"连拍"选项不能保存多重曝光过程中的每一张原始图像，只能保存合成后的结果图像。曝光次数设置为6次，采用对称构图，上方留有一部分空白，为后面的曝光留出区域，曝光补偿减少1.7挡。

▲ 步骤2 第七次曝光

光圈：f/20
快门：1/200s
焦距：24mm
曝光补偿：-3.5挡
多重曝光模式：加法
镜头：24-105mm

第七次曝光，高角度俯拍狂欢的人群，曝光补偿减少3.5挡。

◀ 第七次曝光后得到的RAW格式的原图

　　作品主要采用了"重复叠加法""异景叠加法""大小叠加法"，7次曝光全部采用了"加法"模式，后期简单地提亮一点画面作品就完成了。

　　多重曝光的拍摄方法和技巧很多，从简单的两次曝光到复杂的十几次曝光都可以拍出好的作品。通过对运动的物体连拍多次，可以使画面产生重复交叠的类似幻象的效果与错位视觉效果。元素虽然单一，却能使多重曝光如虎添翼，创造出奇异多彩的画面。

4.7 《尼日利亚的女孩》

创意思维与拍摄技巧

《尼日利亚的女孩》拍摄于非洲的尼日利亚，和《狂欢尼日利亚》拍摄于同一场景，是一幅 2 个场景 7 次曝光的多重曝光作品。

▲ 设置参数

器材：佳能 EOS 5D Mark IV 　白平衡：日光 　感光度：ISO1600 　照片风格：人物 　测光模式：点测光 　图像画质：RAW 　曝光次数：7 次 　曝光模式：M 挡

▲ 步骤1 第一次到第六次曝光

光圈：f/4.5	快门：1/500s
焦距：58mm	曝光补偿：-2 挡
多重曝光模式：加法	镜头：24-105mm

▲ 步骤2 第七次曝光

光圈：f/22	快门：1/125
焦距：30mm	曝光补偿：-3.7 挡
多重曝光模式：加法	镜头：24-105mm

本作品采用的拍摄模式、拍摄方法、拍摄技巧、拍摄
步骤等和作品《狂欢尼日利亚》大致相同。对同一个物体
或者物体的连续动作进行多次曝光叠加，还可以和相关的
元素再次叠加，使画面产生重复交叠和错位的效果，这种
重复叠加是多重曝光中常用的一种方法。

▲ 第七次曝光后得到的 RAW 格式的原图

4.8《劳动之歌》

创意思维与拍摄技巧

《劳动之歌》拍摄于孟加拉，是一幅 1 个场景 3 次曝光的多重曝光作品。这是在孟加拉工地上拍摄的一个劳动场面，
吊桥上人来人往，通过连续 3 次曝光，赋予了画面重叠交替的动感和活力。

▲ 设置参数

器材：佳能 EOS 5D Mark IV　白平衡：日光　感光度：ISO400　照片风格：人物

测光模式：点测光　图像画质：RAW　曝光次数：3 次　曝光模式：M 挡

▲ 第一次到第三次曝光

光圈：f/8	快门：1/800
焦距：42mm	曝光补偿：-1 挡
多重曝光模式：加法	镜头：24-105mm

本作品采用的拍摄模式、拍摄方法、拍摄技巧等和作
品《狂欢尼日利亚》大致相同。

4.9 《我的房子我的家》

创意思维与拍摄技巧

《我的房子我的家》拍摄于苏丹，是一幅典型的 2 个场景 2 次曝光的多重曝光作品。主要利用人物的肢体语言或抓拍的精彩画面去叠加一些相关的元素，呈现出丰富多彩的影像，是多重曝光中常用的一种方法。这是一个典型的生活场景，妇女们带着孩子在湖边洗衣，并与房屋画面融为一体，体现了部落人对现代生活的向往和对美好生活的追求。

▲ 设置参数

器材：佳能 EOS 5D Mark Ⅳ　　白平衡：日光　感光度：ISO800　照片风格：人物　测光模式：点测光　图像画质：RAW　曝光次数：2 次　曝光模式：M 挡

▶ 步骤1 第一次曝光

| 光圈：f/11 |
| 快门：1/500s |
| 焦距：70mm |
| 曝光补偿：−1 挡 |
| 多重曝光模式：加法 |
| 镜头：24−105mm |

第一次曝光以湖边为中心，高角度俯拍，抓拍有肢体动作的画面，人物之间不要重叠，曝光补偿减少 1 挡。

▲ 步骤2 第二次曝光

光圈：f/11
快门：1/200s
焦距：50mm
曝光补偿：-1.5 挡
多重曝光模式：加法
镜头：24-105mm

第二次曝光选择拍摄了色彩丰富的房屋建筑群，曝光补偿减少 1.5 挡。

▲ 第二次曝光后得到的 RAW 格式的原图

作品主要采用了"色彩叠加法""异景叠加法"，两次曝光全部采用了"加法"模式，后期重点调整对比度和饱和度。

4.10 《部落舞蹈》

创意思维与拍摄技巧

　　《部落舞蹈》拍摄于乌干达，是一幅 2 个场景 2 次曝光的多重曝光作品。作品通过将欢快的舞蹈和图腾融合，营造出了生机勃勃、热烈的气氛，表现了部落人们快乐的生活和对幸福的憧憬。

器材：佳能 EOS 5D Mark IV
测光模式：点测光
图像画质：RAW
白平衡：日光
感光度：ISO400
曝光次数：2 次
曝光模式：M 挡
照片风格：人物

▶ 设置参数

▲ 步骤 1 第一次曝光

光圈：f/8
快门：1/0.60s
焦距：24mm
曝光补偿：-1 挡
多重曝光模式：加法
镜头：24-105mm

▲ 步骤 2 第二次曝光

光圈：f/4
快门：1/15s
焦距：78mm
曝光补偿：-4 挡
多重曝光模式：加法
镜头：24-105mm

◀ 第二次曝光后得到的 RAW 格式的原图

本作品采用的拍摄模式、
拍摄方法、拍摄技巧等和作品
《我的房子我的家》大致相同。

4.11《乡间之路》

创意思维与拍摄技巧

《乡间之路》拍摄于非洲厄立特里亚，是一幅 2 个场景 3 次曝光的多重曝光作品。这幅作品中除了树的形状是重要的元素外，干净的画面也是作品的成功之处，整个画面精致简洁，一棵树下有 3 个人物，构成了一幅完美协调的艺术影像。

▲ 设置参数

器材：佳能 EOS 5D Mark IV　白平衡：日光　感光度：ISO500　照片风格：人物　测光模式：点测光　图像画质：RAW　曝光次数：
3 次　曝光模式：M 挡

▲ 步骤 1 第一次曝光

| 光圈：f/4 |
| 快门：1/1s |
| 焦距：50mm |
| 曝光补偿：-1.7 挡 |
| 多重曝光模式：加法 |
| 镜头：24-105mm |

这是一棵形状很夸张很特别的树，实焦拍摄，曝光补偿减少 1.7 挡，选择"加法"模式。

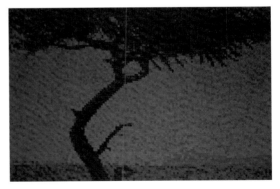

▲ 步骤 2 第二次曝光

| 光圈：f/4 |
| 快门：1/4s |
| 焦距：62mm |
| 曝光补偿：-3 挡 |
| 多重曝光模式：加法 |
| 镜头：24-105mm |

同一场景机位不动，拉动变焦错位实焦拍摄，2 棵树之间出现了重叠的影像，背景中的红色色调更加浓重，曝光补偿减少 3 挡，选择了"加法"模式。

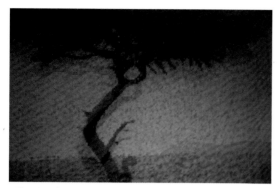

▲ 第二次曝光后得到的 RAW 格式的原图

▲ 步骤3 第三次曝光

| 光圈：f/16 |
| 快门：1/800s |
| 焦距：285mm |
| 曝光补偿：+0.5 挡 |
| 多重曝光模式：黑暗 |
| 镜头：100-400mm |

第三次曝光以天空为背景，用长焦段拍摄远处走来的 3 个儿童，将人物叠加到 2 棵树的下方。曝光补偿增加 0.5 挡，选择了"黑暗"模式。

◀ 第三次曝光后得到的 RAW 格式的原图

作品主要采用了"色彩叠加法""明暗叠加法"，变换相机镜头和焦段，通过 3 次曝光完成作品。后期简单地提亮一点画面作品就完成了。

这幅作品用了"加法"和"黑暗"两种模式，前两次曝光主要是为了突出树的错位影像，第三次曝光通过人物的叠加，给整个画面增加了活力，仿佛人物走进画中，丰富了作品的内涵，产生了独特的视觉效果。

4.12《嬉水的孩子们》

创意思维与拍摄技巧

《嬉水的孩子们》拍摄于乌干达，是一幅 2 个场景 2 次曝光的多重曝光作品。作品通过用孩子们在湖中嬉水的画面去叠加一幅宛如母亲的画像，寓意孩子在母亲的怀抱中幸福地成长。

▲ 设置参数

器材：佳能 EOS 5D Mark IV　白平衡：日光　感光度：ISO500　照片风格：人物　测光模式：点测光　图像画质：RAW　曝光次数：
2 次　曝光模式：M 挡

▲ 步骤1 第一次曝光

| 光圈：f/10 |
| 快门：1/1500s |
| 焦距：24mm |
| 曝光补偿：+0.5 挡 |
| 多重曝光模式：黑暗 |
| 镜头：24-105mm |

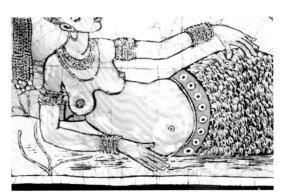

▲ 步骤2 第二次曝光

| 光圈：f/10 |
| 快门：1/250s |
| 焦距：62mm |
| 曝光补偿：+1.3 挡 |
| 多重曝光模式：黑暗 |
| 镜头：24-105mm |

◄ 第二次曝光后得到的 RAW 格式的原图

本作品采用的拍摄模式、拍摄方法、拍摄技巧等和作品《冈比亚儿童》大致相同。

4.13《溶洞椰风》

创意思维与拍摄技巧

《溶洞椰风》拍摄于印度尼西亚，是一幅 2 个场景 2 次曝光的多重曝光作品。作品的 2 次曝光拍摄非常简单，主要是要有创意和想法。通过将工人们在溶洞中劳动的场面和椰树叠加，给昏暗的洞穴增添了色彩，呈现出了丰富多彩的影像。

▲ 设置参数

器材：佳能 EOS 5D Mark IV　白平衡：日光　感光度：ISO2000　照片风格：人物　测光模式：点测光　图像画质：RAW　曝光次数：2 次　曝光模式：M 挡

▲ 步骤1 第一次曝光

> 光圈：f/4
> 快门：1/800s
> 焦距：27mm
> 曝光补偿：-2 挡
> 多重曝光模式：加法
> 镜头：24-105mm

▲ 步骤2 第二次曝光

> 光圈：f/4
> 快门：1/250s
> 焦距：105mm
> 曝光补偿：-2.3 挡
> 多重曝光模式：加法
> 镜头：24-105mm

▲ 第二次曝光后得到的 RAW 格式的原图

　　本作品采用的拍摄模式、拍摄方法、拍摄技巧等和作品《我的房子我的家》大致相同。

4.14《吴哥王朝》

创意思维与拍摄技巧

《吴哥王朝》拍摄于柬埔寨，是一幅2个场景2次曝光的多重曝光作品。作品以剪影和暗色调为主，由于反差明显，得到了清晰的主体轮廓，通过一个船夫的剪影，叠加色彩浓郁的画面，给吴哥王朝蒙上了一层神秘的色彩，赋予了作品油画般的视觉效果。

◀ 设置参数

器材：佳能 EOS 5D Mark IV　白平衡：日光　感光度：ISO1600　照片风格：人

物　测光模式：点测光　图像画质：RAW　曝光次数：2次　曝光模式：M挡

▲ 步骤1 第一次曝光

光圈：f/4.5	快门：1/400s
焦距：60mm	曝光补偿：-1.8挡
多重曝光模式：加法	镜头：24-105mm

▲ 步骤2 第二次曝光

光圈：f/4	快门：1/50s
焦距：40mm	曝光补偿：-3.3挡
多重曝光模式：加法	镜头：24-105mm

◄ 第二次曝光后得到的 RAW 格式的原图

本作品采用的拍摄模式、拍摄方法、拍摄技巧
等和作品《我的房子我的家》大致相同。

4.15 《建筑工》

创意思维与拍摄技巧

　　《建筑工》拍摄于北京故宫，是一幅 3 个场景 4 次曝光的多重曝光作品。拍摄多重曝光作品，发挥想象力非常重要，要根据被摄体周围的环境进行思考。这是在北京故宫售票处排队时拍摄的一幅作品，一边排队，一边观察，一边拍摄。故宫外墙处的一个劳动场面吸引了我，傍晚的光线非常柔和，墙上工人劳动的影子、脚架的线条，以及色彩都很有特点。

　　我的创意是把普通的工作场景拍摄出一种温柔的美感，通过和水面落日的余晖光影融合在一起，用间接的手法含蓄地表现了建筑工人的辛勤劳动，让平淡的建筑场景变得丰富起来。

▶ 设置参数

器材：佳能 EOS 5D Mark IV　白平衡：日光　感光度：ISO320　照片风格：人物　测光模式：点测光　图像画质：RAW　曝光次数：4 次　曝光模式：M 挡

步骤 1 第一次曝光

| 光圈：f/10 |
| 快门：1/500s |
| 焦距：280mm |
| 曝光补偿：-1.7 挡 |
| 多重曝光模式：加法 |
| 镜头：70-200mm+ 1.4×增倍镜 |

我看到两个人在工作，考虑到画面的构图和布局，以红墙为背景，拍摄了 2 个人工作的画面，曝光补偿减少 1.7 挡。

步骤 2 第二次曝光

| 光圈：f/10 |
| 快门：1/500s |
| 焦距：280mm |
| 曝光补偿：-1.7 挡 |
| 多重曝光模式：加法 |
| 镜头：70-200mm+ 1.4×增倍镜 |

第二次曝光选择同一场景，移动机位错开拍摄，2 个人变 4 个人，加上墙上的影子，似 8 个人在工作。移动相机时要平移，人和影子之间不要重叠，不要移动得太多，要给后面的曝光留有余地，曝光补偿减少 1.7 挡。

步骤 3 第三次曝光

| 光圈：f/8 |
| 快门：1/400s |
| 焦距：350mm |
| 曝光补偿：-1 挡 |
| 多重曝光模式：加法 |
| 镜头：70-200mm+ 1.4×增倍镜 |

第三次曝光在故宫里拍摄了流动的水面，实焦拍摄，曝光补偿减少 1 挡。

步骤 4 第四次曝光

| 光圈：f/8 |
| 快门：1/400s |
| 焦距：350mm |
| 曝光补偿：-3 挡 |
| 多重曝光模式：加法 |
| 镜头：70-200mm+ 1.4×增倍镜 |

为了增加画面的朦胧感，再次拍摄流动的水面，虚焦拍摄，曝光补偿减少 3 挡。

作品主要采用了"重复叠加法""色彩叠加法""虚实叠加法"，4 次曝光全部采用了"加法"模式，后期调整对比度和饱和度就可以完成作品。

作品用"减再减"法则控制曝光量，4 次曝光 4 次减少，尤其是第四次虚焦的拍摄，曝光量减少得更多。如果曝光补偿减少得不到位，虚焦拍摄的水面就会过多地叠加到前面的画面中，降低拍摄的成功率。

4.16《故宫倩影》

创意思维与拍摄技巧

《故宫倩影》拍摄于北京故宫，是 1 个场景 2 次曝光的多重曝光作品，2 次曝光的曝光量相等。故宫的元素别具一格，以往拍故宫多以建筑为主，往往忽略了红墙的魅力，其实红墙很有代表性，人与红墙的结合，一虚一实，使画面产生交叠重复的错位视觉效果，画面简洁清晰，层次感突出，颇有冲击性，这种特定的红色色调给人一种写实的感觉。

▲ 设置参数

器材：佳能 EOS 5D Mark IV 白平衡：日光 感光度：ISO250 照片风格：人物 测光模式：点测光 图像画质：RAW 曝光次数：2 次 曝光模式：M 挡

▲ 步骤1 第一次曝光

| 光圈：f/14 |
| 快门：1/640s |
| 焦距：35mm |
| 曝光补偿：-1.7挡 |
| 多重曝光模式：加法 |
| 镜头：16-35mm |

第一次曝光以红墙为背景，将人物安排在天空中，采用对称构图，低角度实焦拍摄，曝光补偿减少1.7挡。

▲ 步骤2 第二次曝光

| 光圈：f/14 |
| 快门：1/640s |
| 焦距：35mm |
| 曝光补偿：-1.7挡 |
| 多重曝光模式：加法 |
| 镜头：16-35mm |

第二次曝光时机位不动，错开位置，虚焦拍摄，第二次曝光时人物的一部分叠加在红墙之中，增加了人物的色彩，曝光补偿减少1.7挡。

◀ 第二次曝光后得到的 RAW 格式的原图

作品主要采用了"重复叠加法""虚实叠加法"，两次曝光全部采用了"加法"模式，后期调整对比度和饱和度即可。这种重复叠加的方法在多重曝光的拍摄中常常用到，重复拍摄后的影像还可以和相关的元素再次叠加，使画面产生重复交叠的幻象与错位视觉效果。

4.17 《追赶》

创意思维与拍摄技巧

《追赶》拍摄于非洲厄立特里亚，是一幅3个场景3次曝光的多重曝光作品。单一的颜色特别是画面中的黑色或白色非常有利于多重曝光，由于反差明显，因此适合叠加各种素材，有利于得到清晰的画面，更好地发挥创作灵感。

▲ 设置参数

器材：佳能 EOS 5D Mark IV　白平衡：日光　感光度：ISO400　照片风格：人物　测光模式：点测光　图像画质：RAW　曝光次数：3 次　曝光模式：M 挡

▲ 步骤1 第一次曝光

| 光圈：f/8 |
| 快门：1/1250s |
| 焦距：64mm |
| 曝光补偿：+1 挡 |
| 多重曝光模式：黑暗 |
| 镜头：24-105mm |

第一次曝光时以天空为背景，拍摄了一个女孩追赶小羊的生活场景，曝光补偿增加 1 挡，选择"黑暗"模式。

▲ 步骤2 第二次曝光

| 光圈：f/5.6 |
| 快门：1/200s |
| 焦距：35mm |
| 曝光补偿：+0.7 挡 |
| 多重曝光模式：黑暗 |
| 镜头：24-105mm |

第二次曝光拍摄了一棵树的局部，采用斜式构图，有意将人物和小羊安排在树的两边。曝光补偿增加 0.7 挡，选择"黑暗"模式。

▲ 第二次曝光后得到的 RAW 格式的原图

▲ 步骤3 第三次曝光

光圈：f/5.6
快门：1/200s
焦距：162mm
曝光补偿：-0.5 挡
多重曝光模式：平均
镜头：100-400mm

第三次曝光变换相机镜头和焦段，用长焦段拍摄树的纹理，曝光补偿减少 0.5 挡，选择"平均"模式。

▲ 第三次曝光后得到的 RAW 格式的原图

作品主要采用了"色彩叠加法""明暗叠加法""纹理叠加法"，后期重点调整对比度和饱和度。

这幅作品采用了"黑暗"和"平均"两种模式，前两次曝光主要是为了突出人物的影像，后面的曝光通过素材的叠加给整个画面增加了纹理，仿佛女孩在树林中追赶她的小羊，丰富了作品的内涵。

4.18 《梦幻牧场》

创意思维与拍摄技巧

《梦幻牧场》拍摄于中国新疆，是一幅 2 个场景 2 次曝光的多重曝光作品。拍摄千百张，唯创意第一，多重曝光的创意思维大于拍摄技法。拍摄前要对整个画面有一个初步的构想，拍什么、怎么拍，要充分发挥想象力，只要创意、构思得当，就可以拍出独特的画面，让作品充满魅力。

我的创意是把牧场和彩色的图案融合在一起，利用图案中的深色和浅色，用间接的手法将司空见惯的放牧场景拍出情景交融的梦幻效果。

▲ 设置参数

器材：佳能 EOS 5D Mark IV　白平衡：日光　感光度：ISO1000　照片风格：人物　测光模式：点测光　图像画质：RAW　曝光次数：2 次　曝光模式：M 挡

▲ 步骤1 第一次曝光

| 光圈：f/11 |
| 快门：1/1600s |
| 焦距：280mm |
| 曝光补偿：+1 挡 |
| 多重曝光模式：黑暗 |
| 镜头：100-400mm |

第一次曝光，选择背景干净的画面，以人物为中心，按多重曝光构图法，将人物安排在画面下方，长焦拍摄让背景虚化，曝光补偿增加 1 挡。

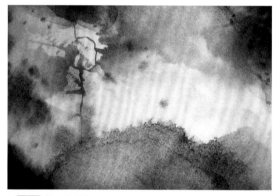

▲ 步骤2 第二次曝光

光圈：f/4	快门：1/160s
焦距：105mm	曝光补偿：+1 挡
多重曝光模式：黑暗	镜头：24-105mm

第二次曝光，选择了深浅不一、有明暗对比的图案进行叠加，突出画面中的黄色色调，曝光补偿增加 1 挡。

◀ 第二次曝光后得到的 RAW 格式的原图

　　作品主要采用了"异景叠加法""明暗叠加法"，两次曝光全部采用了"黑暗"模式，后期主要调整对比度和饱和度。作品选择的是深色的主体和浅色背景，轮廓鲜明，浅色的背景是用来衬托主体的，对主体影响不大。所以多重曝光叠加的素材要合理地融合在一起，选择什么样的主体和背景是十分重要的。

4.19《放牧》

创意思维与拍摄技巧

　　《放牧》拍摄于中国新疆，是一幅 2 个场景 2 次曝光的多重曝光作品。作品和《梦幻牧场》拍摄于同一个场景。

▲ 设置参数

器材：佳能 EOS 5D Mark IV　白平衡：日光　感光度：ISO800　照片风格：人物　测光模式：点测光　图像画质：RAW　曝光次数：2 次　曝光模式：M 挡

◀ 步骤 1 第一次曝光

光圈：f/16	快门：1/500s
焦距：310mm	曝光补偿：-0.7 挡
多重曝光模式：加法	镜头：100-400mm

◀ 步骤 2 第二次曝光

光圈：f/4	快门：1/125s
焦距：100mm	曝光补偿：-1 挡
多重曝光模式：加法	镜头：24-105mm

◀ 第二次曝光后得到的 RAW 格式的原图

本作品采用的拍摄模式、拍摄方法、拍摄技巧、拍摄步骤等和作品《我的房子我的家》大致相同。

4.20 《走进婺源》

创意思维与拍摄技巧

《走进婺源》拍摄于中国江西，是一幅 3 个场景 3 次曝光的多重曝光作品。

器材：佳能 EOS 5D Mark IV　白平衡：日光　感光度：ISO1600　照片风格：人物　测光模式：点测光　图像画质：RAW　曝光次数：3 次　曝光模式：M 挡

▲ 步骤1 第一次曝光

| 光圈：f/7.1 |
| 快门：1/160s |
| 焦距：85mm |
| 曝光补偿：+0.3 挡 |
| 多重曝光模式：黑暗 |
| 镜头：24-105mm |

第一次曝光，以河面为背景，高角度俯拍，抓拍到了清晨采油菜花的人们路过桥上的一个画面，曝光补偿增加 0.3 挡。

▲ 步骤2 第二次曝光

| 光圈：f/11 |
| 快门：1/400s |
| 焦距：150mm |
| 曝光补偿：+2 挡 |
| 多重曝光模式：黑暗 |
| 镜头：100-400mm |

人物的背景比较平淡，故选择了拍摄远处的一座飘着云雾的山峰。两次曝光后，将拍摄的原图保存起来备用，曝光补偿增加 2 挡。

◀ 第二次曝光后得到的 RAW 格式的原图

◀ 步骤3 第三次曝光

光圈：f/4
快门：1/15s
焦距：50mm
曝光补偿：+0.7 挡
多重曝光模式：黑暗
镜头：24-105mm

把保存的照片调出来进行第三次曝光，拍摄一张彩色山峰的图案进行叠加，曝光补偿增加 0.7 挡。

◀ 第三次曝光后得到的 RAW 格式的原图

　　作品主要采用了"色彩叠加法""异景叠加法"两种不同的叠加法拍摄，变换相机镜头和焦段，三次曝光全部采用了"黑暗"模式，后期重点调整对比度和饱和度。

4.21《回家之路》

创意思维与拍摄技巧

《回家之路》拍摄于非洲马拉维，是一幅 3 个场景 3 次曝光的多重曝光作品。

▲ 设置参数

器材：佳能 EOS 5D Mark IV　白平衡：日光　感光度：ISO400　照片风格：人物　测光模式：点测光　图像画质：RAW　曝光次数：3 次　曝光模式：M 挡

◀ **步骤 1** 第一次曝光

光圈：f/8
快门：1/500s
焦距：130mm
曝光补偿：−0.7 挡
多重曝光模式：加法
镜头：100−400mm

第一次曝光以天空为背景，以牛车为中心，低角度仰拍，曝光补偿减少 0.7 挡，选择"加法"模式。

▲ 步骤2 第二次曝光

| 光圈：f/8 |
| 快门：1/250 |
| 焦距：200mm |
| 曝光补偿：-1挡 |
| 多重曝光模式：加法 |
| 镜头：100-400mm |

第二次曝光，高角度俯拍远处洗衣服的一对母女，有意将她们叠加在牛身上。曝光补偿减少1挡，选择"加法"模式。

▲ 第二次曝光后得到的 RAW 格式的原图

▲ 步骤3 第三次曝光

| 光圈：f/8 |
| 快门：1/500s |
| 焦距：365mm |
| 曝光补偿：-2挡 |
| 多重曝光模式：平均 |
| 镜头：100-400mm |

第三次曝光，拍摄了水面上的波纹并将其叠加在整个画面中，前两次曝光的画面已经很亮了，为了让画面清晰，层次感突出，第三次曝光将画面压暗，曝光补偿减少2挡，选择了"平均"模式。

▲ 第三次曝光后得到的 RAW 格式的原图

作品主要采用了"纹理叠加法""异景叠加法""大小叠加法"3种不同的叠加法拍摄，后期重点调整对比度和饱和度。

多重曝光拍摄时，每叠加一次都要及时查看结果，查看叠加的位置和曝光是否正确，是否达到了预想的效果，经过思考和改进，缺什么，补什么，直到拍摄出理想的作品。

4.22 《水下世界》

创意思维与拍摄技巧

《水下世界》拍摄于马来西亚仙本那，是2个场景2次曝光的多重曝光作品。仙本那是一个美丽与贫穷并存的地方，风景秀美的伊甸园里生活着一个被世界遗忘的巴瑶族，他们对现代文明一无所知，虽然困苦无助，但孩子们依然有一颗追求快乐的童心。

我的创意是以水域为元素，就地取材，通过两个画面的叠加，让这些巴瑶族的孩子仿佛置身一个童话般的水下世界，展现了他们的天真无邪。

测光模式：点测光　图像画质：RAW　曝光次数：2次　曝光模式：M挡

器材：佳能 EOS 5D Mark IV　白平衡：日光　感光度：ISO1600　照片风格：人物

▶设置参数

◀ **步骤 1** 第一次曝光

光圈：f/11	
快门：1/1600s	
焦距：42mm	
曝光补偿：+1挡	
多重曝光模式：黑暗	
镜头：24-105mm	

第一次曝光以天空和水面为背景，低角度拍摄，将远处的房屋拍摄进来，交代一下环境。设置连拍，最后选择一张跳水动态比较好的画面作为第一次曝光得到的图片，为了抓拍到清晰的画面，感光度提高到了 ISO1600，曝光补偿增加 1 挡。

▲ 步骤2 第二次曝光

光圈：f/5	快门：1/100s
焦距：105mm	曝光补偿：+1.5 挡
多重曝光模式：黑暗	镜头：24-105mm

取景器进行实时拍摄，当鱼虾游入画面时按下快门完成第二次曝光。曝光补偿增加 1.5 挡。

▶ 第二次曝光后得到的 RAW 格式的原图

仙本那碧海蓝天，水中的珊瑚鱼虾依稀可见，打开相机

作品主要采用了"纹理叠加法""明暗叠加法"，两次曝光均采用了"黑暗"模式，后期重点调整对比度和饱和度。

4.23 《荡秋千》

创意思维与拍摄技巧

《荡秋千》拍摄于马来西亚仙本那，是 2 个场景 2 次曝光的多重曝光作品。童年总是快乐的、幸福的，孩子们荡秋千的画面充满童真，叠加纹理后，画面清新超脱，意境非凡。

◀ 设置参数

器材：佳能 EOS 5D Mark IV　白平衡：日光　感光度：ISO640　照片风格：人物

测光模式：点测光　图像画质：RAW　曝光次数：2 次　曝光模式：M 挡

◀ 步骤 1 第一次曝光

光圈：f/5
快门：1/2000s
焦距：16mm
曝光补偿：+1 挡
多重曝光模式：黑暗
镜头：16-35mm

第一次曝光以天空为背景，低角度拍摄荡秋千的场景，设置连拍，最后选择一张动感比较好的画面作为第一次曝光得到的图片，曝光补偿增加 1 挡。

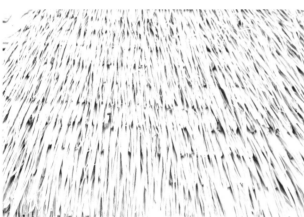

▲ 步骤 2 第二次曝光

光圈：f/5
快门：1/100s
焦距：200mm
曝光补偿：+2.3 挡
多重曝光模式：黑暗
镜头：100-400mm

第二次曝光拍摄了一幅纹理，曝光补偿增加 2.3 挡。

◀ 第二次曝光后得到的 RAW 格式的原图

作品采用了"纹理叠加法""明暗叠加法"，两次曝光都采用了"黑暗"模式，后期主要调整对比度和饱和度。

4.24 《缅甸情人桥》

创意思维与拍摄技巧

《缅甸情人桥》拍摄于缅甸，是一幅 2 个场景 2 次曝光的多重曝光作品。闻名于世的缅甸乌本桥有近 200 年的历史，外表看上去很土气，但价值非常高，是用珍贵的柚木建造的，至今不朽，在世界上是独一无二的，也被称为"情人桥"。

▲ 设置参数

器材：佳能 EOS 5D Mark IV　白平衡：日光　感光度：ISO320　照片风格：人物

测光模式：点测光　图像画质：RAW　曝光次数：2 次　曝光模式：M 挡

▲ 步骤 1　第一次曝光

光圈：f/11
快门：1/800s
焦距：120mm
曝光补偿：−1 挡
多重曝光模式：加法
镜头：100-400mm

第一次曝光以天空为背景，在桥下低角度仰拍，把人物安排在天空中，拍出剪影。曝光补偿减少 1 挡。

▲ 步骤 2　第二次曝光

光圈：f/8
快门：1/320s
焦距：280mm
曝光补偿：−1.5 挡
多重曝光模式：加法
镜头：100-400mm

第二次曝光拍摄了水面上有色彩形状的波纹，叠加到第一次曝光的剪影画面中，给享誉盛名的情人桥赋予了色彩。曝光补偿减少 1.5 挡。

▲ 第二次曝光后得到的 RAW 格式的原图

作品主要采用了"剪影叠加法""色彩叠加法",两次曝光都采用了"加法"模式,后期重点调整对比度和饱和度。

多重曝光的"加法"模式是一种常用的叠加图像的模式,很容易掌握,以叠加图像比较暗的部分与中间调为主,叠加后的图像的曝光量会有所增加。用"减再减""增再增"法则去控制曝光量,第一次拍摄减少曝光量,后面的几次也要减少曝光量,减少曝光量的多少和曝光的次数成正比,次数越多需要减少的曝光量就越多,控制好曝光量,才能使画面主次分明。

4.25《凉山情》

创意思维与拍摄技巧

《凉山情》拍摄于中国四川,是一幅 2 个场景 2 次曝光的多重曝光作品。作品以剪影为主,画面非常简洁,背景非常干净,使用几个孩子跳绳的场景,叠加浓郁的色彩,展现了孩子们无忧无虑、开心快乐的美好生活。

◀ 设置参数

器材:佳能 EOS 5D Mark IV　白平衡:日光　感光度:ISO1250　照片风格:人物　测光模式:点测光　图像画质:RAW　曝光次数:2 次　曝光模式:M 挡

步骤1 第一次曝光

光圈:f/9
快门:1/1600s
焦距:85mm
曝光补偿:+0.5 挡
多重曝光模式:黑暗
镜头:24-105mm

步骤2 第二次曝光

光圈:f/10
快门:1/200s
焦距:31mm
曝光补偿:+0.5 挡
多重曝光模式:黑暗
镜头:24-105mm

本作品采用的拍摄模式、拍摄方法、拍摄技巧等和作品《荡秋千》大致相同。

151

4.26《闲暇》

创意思维与拍摄技巧

《闲暇》拍摄于非洲马拉维，是一幅 3 个场景 3 次曝光的多重曝光作品。

▲ 设置参数

器材：佳能 EOS 5D Mark IV　白平衡：日光　感光度：ISO400　照片风格：人物　测光模式：点测光　图像画质：RAW　曝光次数：3 次　曝光模式：M 挡

◀ 步骤 1 第一次曝光

| 光圈：f/8 |
| 快门：1/500s |
| 焦距：185mm |
| 曝光补偿：+1 挡 |
| 多重曝光模式：黑暗 |
| 镜头：100-400mm |

第一次曝光以天空为背景，低角度仰拍，用长焦段将远处的人物拉近。由于天空颜色比较淡，因此选择拍摄一幅高调作品。选择"黑暗"模式，曝光补偿增加 1 挡。

▲ 步骤2 第二次曝光

| 光圈：f/8 |
| 快门：1/200s |
| 焦距：35mm |
| 曝光补偿：+1.5挡 |
| 多重曝光模式：黑暗 |
| 镜头：24-105mm |

第二次曝光，变换相机镜头和焦段，给天空叠加素材，选择拍摄了有三棵树的一个画面的局部进行叠加，把人物分别放在树与树的间隙。选择"黑暗"模式，曝光补偿增加1.5挡。

▲ 第二次曝光后得到的 RAW 格式的原图

▲ 步骤3 第三次曝光

| 光圈：f/10 |
| 快门：1/200s |
| 焦距：50mm |
| 曝光补偿：-3.5挡 |
| 多重曝光模式：平均 |
| 镜头：24-105mm |

前两次曝光后的作品基本形成，但是背景比较单调，再次给整个画面添加素材。选择第二次曝光的同一画面，拍摄局部树叶进行叠加，给背景增加色彩。选择"平均"模式，曝光补偿减少3.5挡。

▲ 第三次曝光后得到的 RAW 格式的原图

　　作品主要采用了"色彩叠加法""纹理叠加法"，后期主要调整对比度和饱和度。一般拍摄高调作品时，如果不是在早晚拍摄，就没有日出日落的影调，天空的颜色会比较淡，就要考虑加大曝光量以提高亮度，让灰色的天空更加明亮一些，为后面的曝光打下基础，为背景天空添加光影和色彩。

　　多重曝光中的"黑暗"模式运用得也较为广泛，用于叠加比较明亮或白色的部分，画面以明亮色调为主，虽然会损失亮部细节，却可以将暗调部分保留下来，意在突出主体轮廓。

4.27《沙漠情怀》

创意思维与拍摄技巧

《沙漠情怀》拍摄于中国新疆和甘肃，是一幅 2 个场景 2 次曝光的多重曝光作品。

▲ 设置参数

器材：佳能 EOS 5D Mark IV 　白平衡：日光 　感光度：ISO500 　照片风格：人物 　测光模式：点测光 　图像画质：RAW 　曝光次数：2 次 　曝光模式：M 挡

◀ 步骤 1 第一次曝光

光圈：f/8
快门：1/320s
焦距：64mm
曝光补偿：-1.5 挡
多重曝光模式：加法
镜头：24-105mm

第一次拍摄是在新疆，以天空为背景，低角度逆光拍摄人物的剪影，两个人一前一后、一大一小，错开拍摄，并且选择人物在表演时的最佳动态画面。曝光补偿减少 1.5 挡，拍摄后将图像保存起来。

◄ 步骤② 第二次曝光

光圈：f/10	快门：1/250s
焦距：62mm	曝光补偿：-1挡
多重曝光模式：加法	镜头：24-105mm

第二次拍摄是在甘肃，把第一次曝光保存的照片调出来，进行第二次曝光。选择沙漠中有代表性的画面进行拍摄，近处有驼队，远处有若隐若现的城堡，把人物拍得小一些，叠加在剪影下面的黑暗处。曝光补偿减少1挡。

◄ 第二次曝光后得到的 RAW 格式的原图

作品主要采用了"剪影叠加法""大小叠加法"，两次曝光都采用了"加法"模式，后期重点调整对比度和饱和度。

多重曝光一个最大的亮点就是可以根据题材需要，找到存储卡中以前拍摄的任意一张照片，作为多重曝光的第一次曝光，然后以此为基础进行后面的第二次及多次曝光。两次拍摄之间不受时间限制，但选择的照片必须是 RAW 格式的。

这幅作品拍摄了两个场景，两次曝光中间相隔一个月。当遇见好的题材和元素时，要充分发挥想象力，把以前的照片调出来进行组合，拍摄出想表达的主题意境，这样可以拍摄出跨时间、跨地域的多重曝光影像。

4.28 《缅甸乡村的赶集人》

创意思维与拍摄技巧

《缅甸乡村的赶集人》拍摄于缅甸，是一幅3个场景3次曝光的多重曝光作品。缅甸被誉为"佛塔之国"，建筑的风格非常有特色，佛塔的纹理和紫红色的图案是建筑的精华。通过纹理、色彩、人物的叠加融合，展现了一幅美丽的乡村画面。

▲ 设置参数

器材：佳能 EOS 5D Mark IV　白平衡：日光　感光度：ISO500　照片风格：人物　测光模式：点测光　图像画质：RAW　曝光次数：
3 次　曝光模式：M 挡

◀ 步骤 1 第一次曝光

| 光圈：f/5.6 |
| 快门：1/250s |
| 焦距：16mm |
| 曝光补偿：-0.7 挡 |
| 多重曝光模式：加法 |
| 镜头：16-35mm |

这是在缅甸郊外的一个山坡下拍到的，以
天空为背景，低角度仰拍。因为天空已经
变暗了，所以曝光补偿只减少 0.7 挡。

▲ 步骤 2 第二次曝光

| 光圈：f/8 |
| 快门：1/250s |
| 焦距：200mm |
| 曝光补偿：-2 挡 |
| 多重曝光模式：加法 |
| 镜头：100-400mm |

人物背景的天空颜色比较淡，所以第二次
曝光变换相机镜头和焦段，拍摄了落日的
影像，曝光补偿减少 2 挡。

> **步骤3** 第三次曝光

光圈： f/5.6
快门： 1/25s
焦距： 135mm
曝光补偿： -2.7 挡
多重曝光模式： 加法
镜头： 100-400mm

第三次曝光拍摄了紫红色的图案纹理进行
叠加，曝光补偿减少 2.7 挡。

作品主要采用了"纹理叠加法""色彩叠加法"
"剪影叠加法"，后期重点调整对比度和饱和度。

4.29《商城一角》

创意思维与拍摄技巧

《商城一角》拍摄于奥地利，是一幅 2 个场景 2 次曝光的多重曝光作品。作品主要采用对比叠加的方法，通过浓淡对比，
使画面内容更丰富，令人充满遐想。

▲ 设置参数

器材： 佳能 EOS 5D Mark IV　白平衡：日光　感光度：ISO400　照片风格：人物　测光模式：点测光　图像画质：RAW　曝光次数：
2 次　曝光模式：M 挡

◀ 步骤 1 第一次曝光

光圈：f/20
快门：1/500s
焦距：200mm
曝光补偿：-1.5 挡
多重曝光模式：加法
镜头：70-200mm+1.4×增倍镜

第一次曝光以天空为背景，低角度仰拍一个生活场景，曝光补偿减少1.5 挡。

◀ 步骤 2 第二次曝光

光圈：f/4
快门：1/250s
焦距：280mm
曝光补偿：-1.5 挡
多重曝光模式：加法
镜头：70-200mm+1.4×增倍镜

第二次曝光拍摄了一幅色彩缤纷的画面进行叠加，曝光补偿减少1.5挡。

◀ 第二次曝光后得到的 RAW 格式的原图

作品主要采用了"对比叠加法""冷暖叠加法""剪影叠加法"，后期主要调整对比度和饱和度。

冷色与暖色构成了明显的色彩效果，赋予了作品强烈的美感，不仅可以提高画面的层次感，还可以产生梦幻般的意境。

4.30《孟加拉街头》

创意思维与拍摄技巧

　　《孟加拉街头》拍摄于孟加拉，是一幅2个场景2次曝光的多重曝光作品。孟加拉是世界上人口密度最高的国家之一，无论是集市还是街头，手推车、人力车交织在一起，熙熙攘攘，拥挤不堪。我的创意是采用疏密对比的方法，通过对曝光量的控制，将车水马龙的场景拍摄出来，以营造大小对比、疏密相融的视觉效果。

◀ 设置参数

器材：佳能 EOS 5D Mark IV　白平衡：日光　感光度：ISO800　照片风格：人物

测光模式：点测光　图像画质：RAW　曝光次数：2次　曝光模式：M挡

▲ 步骤1 第一次曝光　　　　　　　　　▲ 步骤2 第二次曝光　　　　　　　　　▲ 第二次曝光后得到的 RAW 格式的原图

光圈：f/6.7	快门：1/500s
焦距：120mm	曝光补偿：-1.5 挡
多重曝光模式：加法	镜头：70-200mm

第一次曝光以街头为背景，竖式构图，登上高处俯拍，只有高角度才能拍摄到车水马龙的画面。先选择将人物拍大一些，当人物前后的距离拉开时按下快门，曝光补偿减少 1.5 挡。

光圈：f/6.7	快门：1/750s
焦距：95mm	曝光补偿：-2 挡
多重曝光模式：加法	镜头：70-200mm

选择同一场景，机位不动，拍摄的人物要比第一次拍摄的小一些，形成大小对比，曝光补偿减少 2 挡。

作品主要采用了"疏密叠加法""同景叠加法"，两次曝光全部采用了"加法"模式，后期重点调整对比度和饱和度。

拍摄这种人物众多的拥挤画面，采用疏密叠加的方法比较合适，有大有小，有远有近，叠加在同一画面中。一般是先拍大后拍小，先拍近后拍远，并且要通过对拍摄现场的观察，合理选择主体和陪体之间的疏密关系，拍出的画面才会杂而不乱。

4.31《渔场韵色》

创意思维与拍摄技巧

《渔场韵色》拍摄于非洲马拉维，是一幅 2 个场景 2 次曝光的多重曝光作品。马拉维是非洲人口密度大且贫穷的国家，但非洲第三大淡水湖马拉维湖却给当地人带来得天独厚的渔业资源。虽然他们生活拮据，受疾病困扰，但在马拉维湖边，却能感受到那种回归本真的快乐和非常强烈的生命活力。

◀ 设置参数

器材：佳能 EOS 5D Mark IV　白平衡：
日光　感光度：ISO800　照片风格：
人物　测光模式：点测光　图像画质：
RAW　曝光次数：2次　曝光模式：M挡

作品主要采用了"色彩叠加法""明暗叠加法"，两次曝光全部采用了"加法"模式，后期主要调整对比度和饱和度。精确叠加不同的素材，是拍摄多重曝光作品时不可忽略的一个环节，对每一个素材的叠加要做到胸有成竹。这幅作品选择叠加的是颜色图案，反差比较大，画面上下方浅色的部分经过叠加暗色的部分，浅色的线条就突出了；而中间比较暗的色彩和人物叠加，图案虽然不明显，但把人物显现了出来，画面上下部分错落有致，色彩分明。

▲ 步骤 1 第一次曝光

| 光圈：f/7.1 |
| 快门：1/800s |
| 焦距：70mm |
| 曝光补偿：-1挡 |
| 多重曝光模式：加法 |
| 镜头：70-200mm |

第一次曝光拍摄湖边打鱼的人们，高角度俯拍，竖式构图并将人物安排在对角线上，曝光补偿减少1挡。

▲ 步骤 2 第二次曝光

| 光圈：f/2.8 |
| 快门：1/100s |
| 焦距：120mm |
| 曝光补偿：-2挡 |
| 多重曝光模式：加法 |
| 镜头：70-200mm |

第二次曝光选择了一幅色彩鲜艳且反差大的图案进行叠加，有意突出画面上下部分的黄色，曝光补偿减少2挡。

▲ 第二次曝光后得到的 RAW 格式的原图

第

5

章

/

民俗
系列

　　民俗系列的多重曝光作品是社会环境、风土人情的缩影。拍摄这类作品时，要拍出当地的特色和特有的氛围，打破时间和空间的束缚，更好地表达创作思想。通过对民俗文化的理解来自由组合素材，可以得到唯美的艺术画面，形成一幅幅能触动人们心灵的创意作品。

　　用多重曝光的技法去拍摄以民俗为题材的摄影作品时，要考虑到多重曝光的局限性和拍摄范围。民俗摄影具有真实性、学术性和艺术性等特点，要尊重和了解民习的特征及禁忌，掌握有关民族的政策，了解什么能拍、什么不能拍。在叠加元素的选择上，以具有民俗的特性为原则，要从内容和形式等方面去选择具有相关因素的素材。选择带有色彩的元素会赋予作品强烈的艺术感染力，令作品产生梦幻般的意境。

　　民俗摄影的拍摄范围较大，但由于它有突发性和不定性因素，因此要把画面的整体布局放在第一位，通过观察思考，有意识地安排画面的结构，确定主角与配角的位置，头脑中要有比较清晰的思路。为突出民俗的特点，新颖的构图和角度成为关键，要通过对景深的控制来突出画面中的主体，为后面的曝光打下坚实的基础。

　　民俗题材充满地方文化的氛围，给多重曝光的创意带来了无限的可能性。拍摄的方法多种多样，但一般以抓拍画面居多，对于比较复杂的环境，尽量选择干净的背景，并提高感光度和快门速度。以"纹理叠加法""色彩叠加法""遮挡叠加法"比较常见。按照纪实的手法去拍摄，按照多重曝光的思维去构图，通过将纪实的画面和多重曝光的技术相结合，可以从全新的角度呈现一幅幅令人惊艳的创意影像。

5.1 《神奇部落》

创意思维与拍摄技巧

《神奇部落》拍摄于印度尼西亚，是一幅2个场景2次曝光的多重曝光作品。

▲ 设置参数

器材：佳能 EOS 5DS R　　白平衡：日光　　感光度：ISO400　　照片风格：人物　　测光模式：点测光　　图像画质：RAW　　曝光次数：2次
曝光模式：M 挡

◀ 步骤1 第一次曝光

| 光圈：f/8 |
| 快门：1/400s |
| 焦距：40mm |
| 曝光补偿：-0.3 挡 |
| 多重曝光模式：平均 |
| 镜头：24-70mm |

这张照片拍得非常惊险，原本他们拿着枪是要从我面前喊杀过去的，没想到走到半路突然调转枪头直奔我来。我当时就傻眼了，两眼紧闭，但按快门的手却没有停下来。没想到他们跑到我面前，没有杀过来，而是突然停下跳起来，我抓拍到了他们跳起来的瞬间，虽然是有惊无险，却也几乎吓得我魂飞魄散。拍摄危险的场面时安全是非常重要的，这张照片曝光补偿减少了0.3挡。

◀ 步骤2 第二次曝光

光圈：f/2.8
快门：1/4s
焦距：200mm
曝光补偿：-0.5 挡
多重曝光模式：平均
镜头：70-200mm

第二次曝光拍摄的是一幅非常有特点的图画，画面中的女孩面带忧伤，遥望着远方，似乎在等待家人归来。她像第一张照片中的那群人的母亲，又像他们的孩子，把两者融合在一起，形成了前后的呼应关系。曝光补偿减少 0.5 挡。

◀ 第二次曝光后得到的 RAW 格式的原图

作品主要采用了"异景叠加法""纹理叠加法"，两次曝光全部采用了"平均"模式，后期重点调整饱和度。

多重曝光拍摄对天气的要求不高，什么样的天气都能拍出好的作品，尤其是拍摄民俗作品，强烈的阴影和高光，大反差的画面，都可以叠加各式各样的素材。即使是在光比不大的阴天或室内，同样可以拍摄出好的作品，阴天的散射光像一个柔光箱，如果和一些温柔的、带有色彩的图案相叠加，那么画面会更加柔美。把握好时机，可以拍摄出一种油画般的艺术效果。

5.2《祈福》

创意思维与拍摄技巧

《祈福》拍摄于中国山西的五台山，是一幅 3 个场景 4 次曝光的多重曝光作品。五台山的人文、宗教乃至一草一木，都蕴涵着独特的内涵和价值。以东台石雕像为中心，以晚霞为背景，在落日的余晖下遥望远方，祈求国家安定，人民幸福安康，影调和谐，营造出锦上添花的视觉效果。

▲ 设置参数

器材：佳能 EOS 5DS R　白平衡：日光　感光度：ISO400　照片风格：人物　测光模式：点测光　图像画质：RAW　曝光次数：4 次
曝光模式：M 挡

步骤 1　第一次曝光

光圈：	f/16
快门：	1/400s
焦距：	26mm
曝光补偿：	-2 挡
多重曝光模式：	加法
镜头：	24-70mm

步骤 2　第二次曝光

光圈：	f/10
快门：	1/400s
焦距：	24mm
曝光补偿：	-1.5 挡
多重曝光模式：	加法
镜头：	24-70mm

步骤 3　第三次曝光

光圈：	f/8
快门：	1/320s
焦距：	24mm
曝光补偿：	-1.5 挡
多重曝光模式：	加法
镜头：	24-70mm

步骤 4　第四次曝光

光圈：	f/5.6
快门：	1/250s
焦距：	70mm
曝光补偿：	-2.5 挡
多重曝光模式：	加法
镜头：	24-70mm

拍摄动态的影像较难，而拍摄静止的画面相对会容易些，第一次曝光，低角度拍摄举手祈福的石像，画面上方留有大面积的天空，曝光补偿减少 2 挡。

第二次和第三次曝光，选择众石雕像，低角度拍摄，曝光补偿分别减少 1.5 挡。

第四次曝光，拍摄落日的晚霞，给整体添加色彩，叠加后罗汉僧众呈半透明状，产生了梦幻般的艺术效果，曝光补偿减少 2.5 挡。

作品主要采用了"大小叠加法""色彩叠加法"，4 次曝光全部采用了"加法"模式，后期重点调整对比度和饱和度。

5.3 《山中武风》

创意思维与拍摄技巧

《山中武风》拍摄于中国新疆，是一幅 3 个场景 3 次曝光的多重曝光作品。

▲ 设置参数

器材：佳能 EOS 5D Mark IV　白平衡：日光　感光度：ISO400　照片风格：人物　测光模式：点测光　图像画质：RAW　曝光次数：
3 次　曝光模式：M 挡

▶ 步骤1 第一次曝光

光圈：f/8
快门：1/800s
焦距：105mm
曝光补偿：-1 挡
多重曝光模式：平均
镜头：24-105mm

第一次曝光，以天空为背景，采用对称构图，低角度拍摄，把人物安排在天空中。要拍摄人物习武的最佳动态画面，拍摄后选择以 RAW格式保存图像，曝光补偿减少 1 挡。

▲ 步骤2 第二次曝光

光圈：f/4	
快门：1/6s	
焦距：30mm	
曝光补偿：-1.5 挡	
多重曝光模式：平均	
镜头：24-105mm	

把第一次拍摄后保存的照片调出来，进行第二次曝光。选择一幅有树的画面进行拍摄，并将树叠加在两个习武之人中间，对称构图，曝光补偿减少 1.5 挡。

▲ 第二次曝光后得到的 RAW 格式的原图

▲ 步骤3 第三次曝光

光圈：f/4	
快门：1/30s	
焦距：62mm	
曝光补偿：-3 挡	
多重曝光模式：平均	
镜头：24-105mm	

为了增强画面的纹理，为画面添加色彩，第三次曝光拍摄了局部纹理图案，曝光补偿减少 3 挡。

▲ 第三次曝光后得到的 RAW 格式的原图

作品主要采用了"纹理叠加法""异景叠加法""色彩叠加法""，3 次曝光全部采用了"平均"模式，后期重点调整饱和度，并裁剪一下作品。

5.4 《胡杨林的传说》

创意思维与拍摄技巧

《胡杨林的传说》拍摄于中国新疆，是一幅 2 个场景 2 次曝光的多重曝光作品。主要采用了慢门虚焦并且晃动相机拍摄的方法，将背景中的树拍摄出虚幻的运动感，赋予画面活力和独特的视觉效果。

▶ 设置参数

器材：佳能 EOS 5D Mark IV

白平衡：日光　感光度：ISO400　照片风格：人物

测光模式：点测光　图像画质：RAW　曝光次数：2 次　曝光模式：M 挡

▶ 步骤 1 第一次曝光

光圈：f/16	
快门：1/1250s	
焦距：70mm	
曝光补偿：−1 挡	
多重曝光模式：加法	
镜头：24-105mm	

傍晚时分，落日的余晖照射在胡杨林和人物身上，逆光拍摄出剪影，用小光圈把落日拍摄出星芒的效果，曝光补偿减少 1 挡。

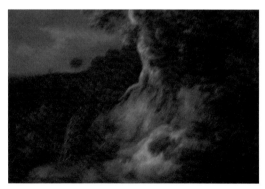

▲ 步骤 2 第二次曝光

光圈：f/5.6	快门：1/15
焦距：70mm	曝光补偿：−2.3 挡
多重曝光模式：加法	镜头：24-105mm

选择形状酷似胡杨林的一幅画，虚焦拍摄，拍摄时再晃动一下相机，令画面形成动感。虚拟的胡杨林出现在画面中，产生了半透明的叠加艺术效果，曝光补偿减少2.3挡。

◀ 第二次曝光后得到的 RAW 格式的原图

作品主要采用了"虚实叠加法""色彩叠加法""慢门叠加法",后期重点调整饱和度和对比度。

慢门叠加法是多重曝光时经常采用的一种方法,通过虚焦拍摄出虚幻的影像和虚无缥缈的运动轨迹,和其他图像重叠后会产生梦幻般的效果,形成独特的抽象画面。

5.5《魅力西藏》

创意思维与拍摄技巧

《魅力西藏》拍摄于中国西藏,是一幅2个场景2次曝光的多重曝光作品。异景叠加法是多重曝光时常用的一种叠加方法,当一幅作品在同一场景中无法完成时,就要选择另一场景中的素材进行叠加。素材要依据其文化内涵和外在形象进行选择。

▲ 设置参数

器材:佳能 EOS 5D Mark IV 白平衡:日光 感光度:ISO400 照片风格:人物 测光模式:点测光 图像画质:RAW 曝光次数:2 次 曝光模式:M 挡

▲ 步骤1 第一次曝光

光圈：f/8	快门：1/800s
焦距：60mm	曝光补偿：−1 挡
多重曝光模式：加法	镜头：24-70mm

▲ 步骤2 第二次曝光

光圈：f/4	快门：1/6s
焦距：40mm	曝光补偿：−2 挡
多重曝光模式：加法	镜头：100-400mm

◀ 第二次曝光后得到的 RAW 格式的原图

本作品采用的拍摄模式、拍摄方法、拍摄技巧、拍摄步骤等和作品《梦幻布依族》大致相同。

5.6《武当山风》

创意思维与拍摄技巧

《武当山风》拍摄于中国湖北的武当山，是一幅 2 个场景 2 次曝光的多重曝光作品。剪影在多重曝光拍摄中的应用非常普遍，以画面中的剪影为主，去叠加不同的素材，不但可以丰富拍摄的内容，还可以使创作灵感更好地实现。本作品将武当山人物和场景融合，呈现了别具一格的武当山风韵。

▲ 设置参数

器材：佳能 EOS 5D Mark IV　白平衡：日光　感光度：ISO400　照片风格：人物　测光模式：点测光　图像画质：RAW　曝光次数：2 次　曝光模式：M 挡

▲ 步骤1 第一次曝光

光圈：f/16
快门：1/800s
焦距：35mm
曝光补偿：-1.3 挡
多重曝光模式：加法
镜头：16-35mm

▲ 步骤2 第二次曝光

光圈：f/4.5
快门：1/80s
焦距：280mm
曝光补偿：-1 挡
多重曝光模式：加法
镜头：24-105mm

▶ 第二次曝光后得到的 RAW 格式的原图

本作品采用的拍摄模式、拍摄方法、拍摄技巧、拍摄步骤等和作品《梦幻布依族》大致相同。

5.7 《飞舞的苗家女》

创意思维与拍摄技巧

《飞舞的苗家女》拍摄于中国贵州，是一幅2个场景2次曝光的多重曝光作品。苗族是一个能歌善舞的民族，千百年来，歌舞伴随着苗族的历史延续至今，苗族人人会唱能跳，古朴豪放的歌声，优美奔放的舞姿，充分展现了苗族人的纯朴。苗族的银饰品图案精美瑰丽，头饰更是有着无穷的魅力，银冠银圈已成为苗族的特色，体现了苗族人对图腾的崇拜。

在苗寨踩鼓节上，通过将苗族的舞蹈和头饰相结合，更凸显出苗族人的艺术天赋和热爱生活的美好态度。

▲ 设置参数

器材：佳能 EOS 5D Mark IV　白平衡：日光　感光度：ISO100　照片风格：人物　测光模式：点测光　图像画质：RAW　曝光次数：2 次　曝光模式：M 挡

▲ 步骤1 第一次曝光

光圈: f/22
快门: 1/13s
焦距: 20mm
曝光补偿: -1 挡
多重曝光模式: 加法
镜头: 16-35mm

第一次拍摄以舞池为背景,高角度俯拍,用大广角、小光圈、慢门拍摄,使舞蹈的动感和活力更为强烈,曝光补偿减少1挡。

▲ 步骤2 第二次曝光

光圈: f/10
快门: 1/750s
焦距: 205mm
曝光补偿: -1.5 挡
多重曝光模式: 加法
镜头: 100-400mm

第二次拍摄时变换相机镜头和焦段,拍摄了苗族非常有代表性的银色头冠,曝光补偿减少1.5挡。

◀ 第二次曝光后得到的 RAW 格式的原图

作品主要采用了"纹理叠加法""慢门叠加法",两次曝光均采用了"加法"模式,后期重点调整饱和度和对比度,裁剪后完成作品。

5.8 《梦幻布依族》

创意思维与拍摄技巧

《梦幻布依族》拍摄于中国贵州,是一幅2个场景2次曝光的多重曝光作品。千百年来,布依族人在长期的生产生活中创造了丰富多彩的文化艺术,这些文化艺术是中华民族文化宝库中的珍贵遗产。美丽的布依族人热情好客,真诚大方,聚族而居,并且他们生活的地方依山傍水,景色十分优美。通过将布依族别具特色的居房和自然风光融合在一起,展现了布依族人生活的幸福和美满。

▲ 设置参数

器材：佳能 EOS 5D Mark III 白平衡：日光 感光度：ISO1000 照片风格：人物 测光模式：点测光 图像画质：RAW 曝光次数：2 次 曝光模式：M 挡

▲ 步骤1 第一次曝光

光圈：f/8
快门：1/1600s
焦距：105mm
曝光补偿：-1 挡
多重曝光模式：加法
镜头：24-105mm

以房屋为背景，第一次曝光拍摄了一个非常温馨的生活场景，邻里之间谈笑风生、和谐友好。曝光补偿减少 1 挡。

▲ 步骤2 第二次曝光

光圈：f/4
快门：1/10s
焦距：105mm
曝光补偿：-1.5 挡
多重曝光模式：加法
镜头：24-105mm

第二次曝光拍摄了一幅非常有代表性的风光建筑图画，建筑的局部和布依族的建筑有着相似之处。曝光补偿减少 1.5 挡。

◀ 第二次曝光后得到的 RAW 格式的原图

作品主要采用了"纹理叠加法""明暗叠加法"，两次曝光均采用了"加法"模式，后期重点调整饱和度和对比度。合理地选择有反差的明暗色调，将深色和浅色融合在一起，可以令拍摄的画面意境浓郁，烘托出水墨画般的韵味。

5.9《武当风韵》

创意思维与拍摄技巧

《武当风韵》拍摄于中国湖北的武当山，是一幅 4 个场景 5 次曝光的多重曝光作品。武当山的古建筑群是我国古代劳动人民在建筑史上的一个伟大创举，它规模宏大，气势雄伟。宏伟壮丽的皇宫、神奇玄妙的道场、幽静典雅的园林，形成了丰富多彩的特色建筑风格，非常适合多重曝光拍摄。

▲ 设置参数

器材：佳能 EOS 5D Mark IV　**白平衡**：日光　**感光度**：ISO500　**照片风格**：人物　**测光模式**：点测光　**图像画质**：RAW　**曝光次数**：5 次　**曝光模式**：M 挡

▲ 步骤1 第一次曝光

| 光圈：f/8 |
| 快门：1/1250s |
| 焦距：190mm |
| 曝光补偿：-1挡 |
| 多重曝光模式：加法 |
| 镜头：100-400mm |

第一次曝光以天空为背景，低角度仰拍，用长焦段将远处古玄门之中的人物拉近，并压暗玄门两旁的红色建筑。曝光补偿减少1挡，选择"加法"模式。

▲ 步骤2 第二次曝光

| 光圈：f/4 |
| 快门：1/8s |
| 焦距：105mm |
| 曝光补偿：-3.5挡 |
| 多重曝光模式：加法 |
| 镜头：24-105mm |

第二次曝光拍摄了树的纹理，将其叠加在门洞两旁的红色建筑上，其中一部分纹理也会叠加在人物后面的天空中。曝光补偿减少3.5挡，选择"加法"模式。

▲ 步骤3 第三次曝光

光圈：f/4	快门：1/25s
焦距：105mm	曝光补偿：-3.7挡
多重曝光模式：平均	镜头：24-105mm

▲ 步骤4 第四次曝光

| 光圈：f/4 |
| 快门：1/10s |
| 焦距：100mm |
| 曝光补偿：-4挡 |
| 多重曝光模式：平均 |
| 镜头：24-105mm |

第三次和第四次曝光，连续拍摄树的纹理，并将它们分别叠加在门洞两旁。曝光补偿分别减少3.7挡和4挡，选择"平均"模式。

▲ 步骤5 第五次曝光

| 光圈：f/16 |
| 快门：1/2500s |
| 焦距：105mm |
| 曝光补偿：-4挡 |
| 多重曝光模式：明亮 |
| 镜头：100-400mm |

从前四次曝光得到的画面来看，人物上方的玄门比较黑，需要增加一些色彩。第五次曝光拍摄了早上的日出并将其叠加在拱门的上方。由于只需要日出中的太阳，因此选择了"明亮"模式，并将曝光补偿减少4挡。

▲ 第五次曝光后得到的 RAW 格式的原图

拍摄这幅作品曝光了 5 次，但从最后的作品原图来看，虽然用"减再减"法则将曝光补偿从 1 挡减到了 4 挡，每一次曝光都在大幅度减少曝光量，但作品还是很亮。由此看来，控制好曝光量，选择合适的曝光补偿很重要。如果曝光量控制不准确，会造成因画面混乱导致多重曝光的拍摄失败。

画面主体与周围的环境融为一体，在云雾中若隐若现，产生了一种唯美的意境，达到了玄妙超然、混然一体的艺术效果。拍摄过程中换了 2 次镜头，选择了 3 种多重曝光模式，目的只有一个，就是为画面添加其所需要的元素。一般拍摄类似作品时，当有了好的思维和创意，就要根据画面的需求去增添元素，缺什么补什么，直到拍摄出理想的画面。多重曝光的魅力是，拍摄者可以用生活中常见的场景和素材拍摄出非同寻常的画面，营造出新奇的艺术效果。

作品主要采用了"明暗叠加法""色彩叠加法""纹理叠加法" 3 种叠加法拍摄，变换相机镜头和焦段，后期重点调整饱和度和对比度。

5.10 《牧场之光》

创意思维与拍摄技巧

《牧场之光》拍摄于中国新疆，是一幅 2 个场景 2 次曝光的多重曝光作品。作品通过放牧的场景和浓郁色彩的叠加，构成了时尚的梦幻画面，给人以新鲜的韵律感。

▲ 设置参数

器材：佳能 EOS 5D Mark IV　白平衡：阴天　感光度：ISO500　照片风格：人物

测光模式：点测光　图像画质：RAW　曝光次数：2 次　曝光模式：M 挡

步骤 1 第一次曝光

光圈：f/6.3	快门：1/250s
焦距：400mm	曝光补偿：-1.5 挡
多重曝光模式：平均	镜头：100-400mm

步骤 2 第二次曝光

光圈：f/4	快门：1/60s
焦距：105mm	曝光补偿：-2 挡
多重曝光模式：平均	镜头：24-105mm

本作品采用的拍摄模式、拍摄方法、拍摄技巧、拍摄步骤等和作品《陶瓷韵色》大致相同。

5.11 《陶瓷韵色》

创意思维与拍摄技巧

《陶瓷韵色》拍摄于中国江西，是一幅2个场景2次曝光的多重曝光作品。"世界瓷都"景德镇有着悠久的历史文化，百瓷争艳，美不胜收，瓷器上多姿多彩的装饰花纹，透着浓郁的民族色彩和中国风情。通过将瓷器工人的劳动场景和粉彩富贵的牡丹花叠加在一起，展现了瓷都的无穷魅力和文化底蕴。

▲ 设置参数

器材：佳能 EOS 5D Mark IV　白平衡：阴天　感光度：ISO2500　照片风格：人物　测光模式：点测光　图像画质：RAW　曝光次数：2 次　曝光模式：M 挡

◀ 步骤1 第一次曝光

光圈：f/2.8	
快门：1/1250s	
焦距：16mm	
曝光补偿：−1.5 挡	
多重曝光模式：加法	
镜头：16-35mm	

以瓷瓶为前景，大光圈框架构图，拍摄了工人聚精会神地给瓷瓶绘画的场景，曝光补偿减少 1.5 挡。

▲ 步骤 2 第二次曝光

光圈：f/13	快门：1/500s
焦距：105mm	曝光补偿：−2.5 挡
多重曝光模式：加法	镜头：24-105mm

第二次曝光，选择了装饰花纹中非常有代表性的牡丹花，拍摄了花的特写，并将其均匀地覆盖在瓷瓶上，给整个画面增加色彩，曝光补偿减少 2.5 挡。

▲ 第二次曝光后得到的 RAW 格式的原图

作品主要采用了"明暗叠加法""色彩叠加法"，两次曝光均采用了"加法"模式，后期调整饱和度和对比度即可完成作品。

明暗强烈的光影在多重曝光作品中的作用非常重要，作品通过牡丹花和瓷瓶的融合，打造了一个意境浓郁的画面，赋予了作品完美的影像和丰富的内涵。

5.12 《国粹》

创意思维与拍摄技巧

《国粹》拍摄于北京，是一幅 2 个场景 2 次曝光的多重曝光作品。中国京剧这一东方艺术奇葩在世界戏剧舞台上大放光彩，对欧美的戏剧产生了深远的影响。本作品通过国粹艺术和西方艺术的结合，演绎了不同风格的异域风情。

▲ 设置参数

器材：佳能 EOS 5D Mark IV　白平衡：日光　感光度：ISO500　照片

风格：人物　测光模式：点测光　图像画质：RAW　曝光次数：2 次

曝光模式：M 挡

▲ 步骤1 第一次曝光

光圈：f/8	快门：1/320s
焦距：64mm	曝光补偿：-1.5 挡
多重曝光模式：加法	镜头：24-105mm

▲ 步骤2 第二次曝光

光圈：f/10	快门：1/250s
焦距：62mm	曝光补偿：-1 挡
多重曝光模式：加法	镜头：24-105mm

◄ 第二次曝光后得到的 RAW 格式的原图

本作品采用的拍摄模式、拍摄方法、拍摄技巧、拍摄步骤等和作品《陶瓷韵色》大致相同。

5.13《打鼓的苗家女》

创意思维与拍摄技巧

《打鼓的苗家女》拍摄于中国贵州，是一幅 3 个场景 3 次曝光的多重曝光作品。打鼓对于苗族人家来说，几乎是全民上阵，哪里有鼓，哪里就会鼓手云集。清脆的鼓声，欢快的节奏，不仅可以振奋精神、凝聚力量，还可以表达人们的愿望，释放幸福的信号。

▲ 设置参数

器材：佳能 EOS 5D Mark IV　白平衡：日光　感光度：ISO400　照片风格：人物　测光模式：点测光　图像画质：RAW　曝光次数：3 次　曝光模式：M 挡

▲ 步骤 1 第一次曝光

| 光圈：f/11 |
| 快门：1/2000s |
| 焦距：41mm |
| 曝光补偿：-1.3 挡 |
| 多重曝光模式：加法 |
| 镜头：24-105mm |

第一次曝光，以打鼓的苗家女为中心，以天空为背景，把人物放在天空中，低角度拍摄一张剪影。曝光补偿减少 1.3 挡，选择"加法"模式。

▲ 步骤 2 第二次曝光

| 光圈：f/4 |
| 快门：1/15s |
| 焦距：105mm |
| 曝光补偿：-1.5 挡 |
| 多重曝光模式：加法 |
| 镜头：24-105mm |

第二次曝光，拍摄了一幅山水画的局部，画面中的小桥流水、一草一木都充满了古朴的韵味。曝光补偿减少 1.5 挡，选择"加法"模式。

▲ 第二次曝光后得到的 RAW 格式的原图

▲ 步骤3 第三次曝光

| 光圈：f/4 |
| 快门：1/40s |
| 焦距：105mm |
| 曝光补偿：-4 挡 |
| 多重曝光模式：平均 |
| 镜头：24-105mm |

第三次曝光，拍摄了一幅雨滴的纹理，并将其叠加在画面中。曝光补偿减少 4 挡，选择"平均"模式。

▶ 第三次曝光后得到的 RAW 格式的原图

作品主要采用了"剪影叠加法""色彩叠加法""纹理叠加法"，后期主要调整饱和度和对比度。

作品的第三次曝光补偿减少了 4 挡，画面的纹理基本达到了预想的效果。如果曝光补偿减得不够，雨滴的纹理就会过多地覆盖在画面中，导致拍摄失败。只有控制好曝光量，才能将主体与其他素材合理地融合在一起，增加作品的通透度。对于曝光补偿的控制，还要考虑现场的光影和天空的亮度。

这类作品在生活中很常见，但这幅作品的不同之处是，前面的人物是实景，后面的景色来自一幅画，把人物和画巧妙地融合在一起，展现出的作品非常有意境。作品选择了"平均"和"加法"2 种模式，虽然都以叠加图像暗色调为主，但使用"平均"模式曝光时会自动控制曝光的亮度，适当减少曝光量，叠加的画面较为柔和，这样就达到了理想的效果。

5.14《我的家乡》

创意思维与拍摄技巧

《我的家乡》拍摄于中国贵州，是一幅 2 个场景 2 次曝光的多重曝光作品。作品和《陶瓷韵色》拍摄于同一个场景。

▲ 设置参数

器材：佳能 EOS 5D Mark IV　白平衡：日光　感光度：ISO1000　照片风格：人物　测光模式：点测光　图像画质：RAW　曝光次数：2 次　曝光模式：M 挡

▲ 步骤1 第一次曝光

光圈：f/5.6	快门：1/800s
焦距：24mm	曝光补偿：-1 挡
多重曝光模式：加法	镜头：24-105mm

▲ 步骤2 第二次曝光

光圈：f/4	快门：1/25s
焦距：105mm	曝光补偿：-1.7 挡
多重曝光模式：加法	镜头：24-105mm

◀ 第二次曝光后得到的 RAW 格式的原图

本作品采用的拍摄模式、拍摄方法、拍摄技巧、拍摄步骤等和作品《陶瓷韵色》大致相同。

5.15《银伞苗寨的女人》

创意思维与拍摄技巧

《银伞苗寨的女人》拍摄于中国贵州，是一幅 4 个场景 4 次曝光的多重曝光作品。不同的民族有不同的风情，也造就了不同的风俗习惯。苗族人注重礼仪，热情好客，团结一心，一家有事全村帮忙，处处体现了苗族人的传统美德。作品拍摄的是银伞苗寨送行的场面，面对长长的送行队伍，我的创意是把送行的人物更多地集中在一个画面中，以中景为主，选择了 11 个人物，采用上下构图，将人物高低排列，通过人物正面和背影之间的重合，再添加一些纹理和色彩，赋予画面多重空间的梦幻效果。

▶ 设置参数

器材：佳能 EOS 5DS R　白平衡：阴天　感光度：ISO320　照片风格：人物

测光模式：点测光　图像画质：RAW　曝光次数：4次　曝光模式：M挡

光圈：f/11	第一次曝光，以大山石头为背景，高角度
快门：1/800s	拍摄人物背影，按多重曝光构图法，把人
焦距：120mm	物安排在画面的下方，上方留白，为第二
曝光补偿：-1挡	次曝光留出余地。实焦拍摄，曝光补偿减
多重曝光模式：平均	少1挡，选择"平均"模式。
镜头：100-400mm	

光圈：f/5	第二次曝光，采用斜构图，选了一块有断
快门：1/100s	裂线条的石头，拍摄了其石缝纹理。实焦
焦距：180mm	拍摄，曝光补偿减少1.3挡，选择"平均"
曝光补偿：-1.3挡	模式。
多重曝光模式：平均	
镜头：100-400mm	

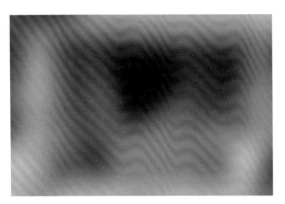

光圈：f/5.6	第三次曝光，拍摄了远处有色彩的图案，
快门：1/80s	虚焦拍摄，将图案拍成朦胧的色块。曝光
焦距：98mm	补偿减少1.5挡，选择"加法"模式。
曝光补偿：-1.5挡	
多重曝光模式：加法	
镜头：100-400mm	

▲ 第三次曝光后得到的 RAW 格式的原图

作品主要采用了"纹理叠加法""冷暖叠加法""虚实叠加法"，后期重点调整对比度和饱和度。

在送行场面中，背景和人物以冷色调为主，所以第三次曝光采用虚焦拍摄，将色彩图案拍成了色块，目的是给画面增加暖色调。冷暖色调相互融合，增加了画面的深度与层次感，赋予了作品艺术美感。

光圈：f/5.6	第四次曝光，拍摄了送行人物的正面，低
快门：1/320s	角度实焦拍摄，把人物叠加在画面的上方。
焦距：110mm	曝光补偿减少2挡，选择"加法"模式。
曝光补偿：-2挡	
多重曝光模式：加法	
镜头：100-400mm	

5.16《凉山人家》

创意思维与拍摄技巧

《凉山人家》拍摄于中国四川，是3个场景3次曝光的多重曝光作品。通过将典型的房屋叠加水中的倒影，展示了一幅梦幻般的生活画面，间接地表现了凉山人生活得非常幸福和满足。

▲ 设置参数

器材：佳能 EOS 5D Mark IV　白平衡：日光　感光度：ISO2000　照片风格：风光　测光模式：中央重点平均测光　图像画质：RAW
曝光次数：3次　曝光模式：M挡

▶ **步骤1** 第一次曝光

光圈：f/8
快门：1/1250s
焦距：24mm
曝光补偿：-1.5挡
多重曝光模式：加法
镜头：24-70mm

第一次曝光，选择了非常有特色的房屋。低角度拍摄，抓拍到老人和马互动的神情，曝光补偿减少1.5挡。

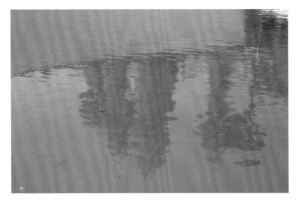

◀ 步骤2 第二次曝光

光圈:	f/10
快门:	1/640s
焦距:	70mm
曝光补偿:	−1 挡
多重曝光模式:	加法
镜头:	24-70mm

第二次曝光,选择水中的倒影,叠加在画面中,曝光补偿减少 1 挡。

◀ 第二次曝光后得到的 RAW 格式的原图

◀ 步骤3 第三次曝光

光圈:	f/10
快门:	1/1250s
焦距:	95mm
曝光补偿:	−1 挡
多重曝光模式:	加法
镜头:	70-200mm

从第二次曝光得到的原图可以看出,作品已初步完成,但有些单调,因此第三次曝光继续拍摄水中的影像,曝光补偿减少 1 挡。

作品主要采用了"纹理叠加法""异景叠加法",3 次曝光均采用了"加法"模式,后期调整对比度和饱和度即可完成作品。

5.17 《布依族之歌》

创意思维与拍摄技巧

《布依族之歌》拍摄于中国贵州,是一幅 2 个场景 2 次曝光的多重曝光作品。布依族民歌非常有特色,高亢大方,引人入胜,布依族未婚男女经常聚集在一起对唱山歌,倾吐爱意。作品将一对吹奏传统乐器的男女和古代的吹奏乐手融合在一起,仿佛穿越时光,呈现了一幅古今相融的艺术影像。

▲ 步骤1 第一次曝光

▲ 步骤2 第二次曝光

▶ 设置参数

器材：佳能 EOS 5D Mark Ⅲ　白平衡：日光　感光度：ISO800　照片风格：人

物　测光模式：点测光　图像画质：RAW　曝光次数：2次　曝光模式：M挡

光圈：f/10	快门：1/1000s
焦距：24mm	曝光补偿：-0.3 挡
多重曝光模式：加法	镜头：24-105mm

光圈：f/6.3	快门：1/500s
焦距：24mm	曝光补偿：-2 挡
多重曝光模式：加法	镜头：24-105mm

◀ 第二次曝光后得到的 RAW 格式的原图

本作品采用的拍摄模式、拍摄方法、拍摄技巧、拍摄步骤等和作品《陶瓷韵色》大致相同。

5.18《木偶的遐想》

创意思维与拍摄技巧

《木偶的遐想》拍摄于越南，是一幅 2 个场景 2 次曝光的多重曝光作品。越南的国粹艺术——水上木偶戏，是一种民间传统舞台戏。它不仅是一门传统文化，更体现着越南人的劳动创造力。作品通过木偶和人物的结合，表现并放大了这项艺术奇葩，同时也象征了童年和欢乐。

▲ 设置参数

器材：佳能 EOS 5D Mark IV　白平衡：日光　感光度：ISO125　照片风格：人物　测光模式：点测光　图像画质：RAW　曝光次数：2 次　曝光模式：M 挡

◀ 步骤1 第一次曝光

光圈：f/14	快门：1/20s
焦距：70mm	曝光补偿：-1 挡
多重曝光模式：加法	镜头：24-105mm

▲ 步骤2 第二次曝光

光圈：f/4	快门：1/160s
焦距：24mm	曝光补偿：-3 挡
多重曝光模式：加法	镜头：24-105mm

▲ 第二次曝光后得到的 RAW 格式的原图

本作品采用的拍摄模式、拍摄方法、拍摄技巧、拍摄步骤等和作品《陶瓷韵色》大致相同。

5.19《橱窗幻影》

创意思维与拍摄技巧

《橱窗幻影》拍摄于巴基斯坦，是 2 个场景 2 次曝光的多重曝光作品。在越来越多的创作中，我的创作灵感也在不断被激发。我要打破固有的思维模式，拍摄一组橱窗影像。本作品将纪实的画面和多重曝光的技法相结合，以老街为背景，呈现了普通百姓的真实生活，从全新的角度创作独特的创意作品。

▶ 设置参数

器材：佳能 EOS 5DS R　白平衡：阴天　感光度：ISO3200　照片风格：人物

测光模式：点测光　图像画质：RAW　曝光次数：2次　曝光模式：M 挡

步骤1 第一次曝光

光圈：f/5.6
快门：1/250s
焦距：70mm
曝光补偿：−1.5 挡
多重曝光模式：加法
镜头：24-70mm

第一次曝光，抓拍到一个小女孩的大头像。选择比较暗的背景，按多重曝光构图法，将人物放在画面的右侧，左面留有大面积空白，为后面的曝光留出余地。曝光补偿减少 1 挡。

步骤2 第二次曝光

光圈：f/2.8
快门：1/125s
焦距：70mm
曝光补偿：−1 挡
多重曝光模式：加法
镜头：24-70mm

第二次曝光，拍摄了橱窗中反射出来的影像，拍摄时把橱窗外面的人物也拍了进去，要注意，画面中的三个人物和小女孩之间不能重叠。曝光补偿减少 1.5 挡。

作品采用了"明暗叠加法""异景叠加法"，2 次曝光均采用了"加法"模式，后期调整对比度和饱和度即可完成作品。

这幅作品以橱窗中反射出来的影像为主体，以橱窗中展现的不同人物为陪体，是一种创新的拍摄方法。拍摄这种橱窗影像时，所选择的主体必须突出，橱窗中的影像只是主体的辅助对象，画中有人，人中有画，情景交融，从而营造出锦上添花的视觉效果。

5.20《橱窗中的老街》

创意思维与拍摄技巧

《橱窗中的老街》拍摄于巴基斯坦，是 2 个场景 2 次曝光的多重曝光作品。

▲ 设置参数

器材：佳能 EOS 5DS R　白平衡：阴天　感光度：ISO640　照片风格：人物　测光模式：点测光　图像画质：RAW　曝光次数：2 次
曝光模式：M 挡

192

◀ 步骤1 第一次曝光

光圈：f/4.5
快门：1/125s
焦距：70mm
曝光补偿：-1 挡
多重曝光模式：加法
镜头：24-70mm

这是街头集市一角的情景，低角度拍摄，将房屋墙壁拍摄进来，交代一下环境。曝光补偿减少 1 挡。

◀ 步骤2 第二次曝光

光圈：f/4.5　　　　快门：1/250s
焦距：70mm　　　　曝光补偿：-0.5 挡
多重曝光模式：加法　镜头：24-70mm

第二次曝光，拍摄了橱窗中的街头景象。

为了让画面中的主体更加突出，用遮挡的方法遮住了镜头中主体人物所在的位置，避免景物中的影像过多地叠加在人物身上。曝光补偿减少 0.5 挡。

◀ 第二次曝光后得到的 RAW 格式的原图

　　作品主要采用了"大小叠加法""遮挡叠加法"，2 次曝光均采用了"加法"模式，后期调整对比度和饱和度。
　　街头集市一般较为杂乱，拍摄时要选择背景干净的画面，将主体人物放在中间或适当的位置并留出余地。由于玻璃反光的原因，反射出来的光影虚实不定，要尽力寻找橱窗中比较清晰的影像。如果第一次拍摄的场景和人物比较大，第二次拍摄的场景和人物就要尽量小一些，这样才能突出主体。生活中普普通通的场景，通过多重曝光的方法，都可以拍摄出非同寻常的画面，并赋予画面新奇的艺术效果。

5.21 《赶集路上》

创意思维与拍摄技巧

《赶集路上》拍摄于埃塞俄比亚，是一幅 2 个场景 2 次曝光的多重曝光作品。作品通过将 3 个赶集的妇女匆匆的脚步和条状色块叠加在一起，赋予了画面活力和色彩。

器材：佳能 EOS 5D Mark IV　白平衡：日光　感光度：ISO800　照片风格：人物　测光模

式：点测光　图像画质：RAW　曝光次数：2 次　曝光模式：M 挡

► 设置参数

▲ 步骤 1　第一次曝光

光圈：f/4.5	快门：1/1250s
焦距：200mm	曝光补偿：-0.3 挡
多重曝光模式：加法	镜头：70-200mm

▲ 步骤 2　第二次曝光

光圈：f/2.8	快门：1/100s
焦距：200mm	曝光补偿：-1.7 挡
多重曝光模式：加法	镜头：70-200mm

◄ 第二次曝光后得到的 RAW 格式的原图

本作品采用的拍摄模式、拍摄方法、拍摄技巧、拍摄步骤等和作品《陶瓷韵色》大致相同。

5.22《色达之魂》

创意思维与拍摄技巧

《色达之魂》拍摄于中国四川，是一幅 2 个场景 3 次曝光的多重曝光作品。在连绵数公里的群山之中，色达的建筑独具特色，密密麻麻的红色房屋布满四面的山坡，延绵起伏，颇为壮观，空气中都充满生机和祥和之气。我的创意是以重叠的山峦和红色的小木屋为背景，拍摄出具有民族特色的独特画面。

▲ 设置参数

器材：佳能 EOS 5DS R　白平衡：阴天　感光度：ISO400　照片风格：人物　测光模式：点测光　图像画质：RAW　曝光次数：3 次　曝光模式：M 挡

▲ 步骤 1 第一次曝光

| 光圈：f/10 |
| 快门：1/400s |
| 焦距：200mm |
| 曝光补偿：-3.3 挡 |
| 多重曝光模式：加法 |
| 镜头：100-400mm |

第一次曝光，以大山为背景，用长焦段拍摄人物的背影，曝光补偿减少 3.3 挡。

▲ 步骤 2 第二次曝光

| 光圈：f/6.3 |
| 快门：1/400s |
| 焦距：360mm |
| 曝光补偿：-1.7 挡 |
| 多重曝光模式：加法 |
| 镜头：100-400mm |

第二次曝光，选择同一画面，拉动变焦拍摄，曝光补偿减少 1.7 挡。

▲ 步骤 3 第三次曝光

| 光圈：f/13 |
| 快门：1/400s |
| 焦距：180mm |
| 曝光补偿：-2.7 挡 |
| 多重曝光模式：加法 |
| 镜头：100-400mm |

第三次曝光，拍摄山下对面的红色房子，选择一面排列均匀的房屋，曝光补偿减少 2.7 挡。

▲ 第三次曝光后得到的 RAW 格式的原图

  作品主要采用了"重复叠加法""异景叠加法""纹理叠加法"，3 次曝光均采用了"加法"模式，后期重点调整对比度和饱和度。

  作品拍摄于傍晚时分，天空已经暗下来，第一次曝光时大幅度减少曝光量，目的是把大山和人物再压暗一些，这样第二次曝光时人物之间就不会有过多的重叠痕迹，为拍摄房子留出足够的空间。如果是在白天或者日光强的时候拍摄，就可以用虚焦拍摄，3 次曝光一次完成。

5.23 《习练》

创意思维与拍摄技巧

《习练》拍摄于中国湖北的武当山，是一幅2个场景2次曝光的多重曝光作品。多重曝光拍摄时选择简洁的素材是很重要的，对多重曝光的成功起着决定性的作用。画面叠加的次数越多，素材的选择越应该简洁，要避免选择的因素材杂乱而导致拍出的作品杂乱。

▶ 设置参数

器材：佳能 EOS 5DS R　白平衡：日光　感光度：ISO2000　照片风格：人物

测光模式：点测光　图像画质：RAW　曝光次数：2次　曝光模式：M挡

▲ 步骤1 第一次曝光

光圈：f/4	快门：1/100s
焦距：24mm	曝光补偿：-1挡
多重曝光模式：加法	镜头：24-105mm

▲ 步骤2 第二次曝光

光圈：f/5	快门：1/400s
焦距：24mm	曝光补偿：-1挡
多重曝光模式：加法	镜头：24-105mm

◀ 第二次曝光后得到的 RAW 格式的原图

本作品采用的多重曝光的拍摄模式、拍摄方法、拍摄技巧、拍摄步骤等和作品《陶瓷韵色》大致相同。

5.24《秘境》

创意思维与拍摄技巧

　　《秘境》拍摄于中国辽宁，是一幅 2 个场景 4 次曝光的多重曝光作品。通过重复叠加的方法对同一画面拍摄了 4 次，使画面产生了重复交叠的幻象与错位的视觉效果。

◀ 设置参数

器材：佳能 EOS 5DS R　白平衡：阴天　感光度：ISO100　照片风格：人物

测光模式：点测光　图像画质：RAW　曝光次数：4 次　曝光模式：M 挡

步骤 1 第一次曝光	步骤 2 第二次曝光	步骤 3 第三次曝光	步骤 4 第四次曝光
光圈：f/22 快门：1/15s 焦距：25mm 曝光补偿：-1 挡 多重曝光模式：平均 镜头：16-35mm	光圈：f/22 快门：1/13s 焦距：16mm 曝光补偿：-0.5 挡 多重曝光模式：平均 镜头：16-35mm	光圈：f/22 快门：1/10s 焦距：16mm 曝光补偿：-0.3 挡 多重曝光模式：平均 镜头：16-35mm	光圈：f/22 快门：1/15s 焦距：30mm 曝光补偿：-1 挡 多重曝光模式：平均 镜头：16-35mm

　　本作品采用的多重曝光的拍摄模式、拍摄方法、拍摄技巧、拍摄步骤等和作品《狂欢尼日利亚》大致相同。

5.25 《飞舞的长裙苗》

创意思维与拍摄技巧

《飞舞的长裙苗》拍摄于中国贵州，是一幅2个场景2次曝光的多重曝光作品。本作品和《飞舞的苗家女》拍摄于同一个场景，在苗寨踩鼓节上，通过苗族的舞蹈和鼓的融合，赋予了作品极强的感染力。民俗题材充满着地方文化的氛围，尤其是热情奔放的舞蹈场面，为了突出民俗的特征，新颖的构图和角度成为画面的关健，只有高角度俯拍跳舞的场面，人群才能叠加进来，创作出新颖别致的创意性作品。

▲ 设置参数

器材：佳能 EOS 5D Mark Ⅳ　白平衡：日光　感光度：ISO100　照片风格：人物　测光模式：点测光　图像画质：RAW　曝光次数：2次
曝光模式：M挡

步骤1 第一次曝光	步骤2 第二次曝光
光圈：f/10	光圈：f/32
快门：1/500s	快门：1/15s
焦距：150mm	焦距：280mm
曝光补偿：-1挡	曝光补偿：-1挡
多重曝光模式：加法	多重曝光模式：加法
镜头：100-400mm	镜头：100-400mm

多重曝光采用的拍摄模式、拍摄方法、拍摄技巧等和作品《飞舞的苗家女》大致相同。

第

6

章

/

风光
系列

人们常说绘画是"做加法"，摄影是"做减法"，但摄影中的多重曝光却属于"做加法"，属于创意摄影。强调在相机介入之前先创意构思，重视前期拍摄，重视对作品的展现和对情绪的表达，而不是后期的处理。

多重曝光是表现摄影作品的手法之一，有着无限的创作空间，通过独特的技术方法，多重曝光可以将虚幻与现实、多彩与简单、运动与静止等影像融合在一起，产生意想不到的意境和魔术般的艺术效果。

利用多重曝光拍摄风光系列，除了要掌握拍摄风光的一些技巧外，还要注意构图和色彩。多重曝光的构图和正常拍摄时有所不同，一般情况下画面上要有"留白"，以给后面的曝光留出余地。色彩在画面中占有主导地位，它不仅具有很强的视觉冲击力，还可以渲染意境，营造氛围，打造缤纷时尚的梦幻影像。

风光摄影比较注重影调，特别是对日出、日落的光影要求尤为严格。但多重曝光可以将想象的影调、自然界各种色样的变化，都拍摄出来。没有拍不到的画面，只有想不到的画面；没有拍不到的影调，只有想不到的影调。只要想到了，就可以随心所欲地拍出要表达的主题和意境，拍出油画般的、版画般的、水墨画般的等不同风格的作品，呈现出色彩斑斓的艺术影像，给人以新鲜的韵律感。

拍摄风光的方法多种多样，在头脑中形成最初的创意影像后，要按"减法"选择素材，选择正确的拍摄模式，选择主体与陪体之间合理的搭配元素，选择合适的叠加位置，用"减再减"和"增再增"法则控制曝光量，等等。常用的叠加方法有虚实叠加法、冷暖叠加法、疏密叠加法、纹理叠加法、慢门叠加法等。自然中的美景无处不在，只要发挥想象力，即使是平平淡淡的景物，也可以拍摄出赏心悦目的效果。

6.1《色达之光》

创意思维与拍摄技巧

《色达之光》拍摄于中国四川，是 3 个场景 4 次曝光的多重曝光作品。色达的建筑与众不同，格外引人注目，漫山遍野的红房尤为壮观。

▲设置参数

器材：佳能 EOS 5DS R　白平衡：阴天　感光度：ISO640　照片风格：风光　测光模式：中央重点平均测光　图像画质：RAW　曝光次数：4 次　曝光模式：M 挡

◀ 步骤 1 第一次曝光

光圈：f/8
快门：1/500s
焦距：210mm
曝光补偿：-1.5 挡
多重曝光模式：加法
镜头：70-200mm+
　　　1.4×增倍镜

第一次曝光在落日时分，以山为前景，以天空中的彩云为背景，主要是将乌云中的红色部分拍摄下来。按照多重曝光构图法，山体占画面的三分之一，山体上方留有三分之二的天空，曝光补偿减少 1.5 挡。

▲ 步骤2 第二次曝光

光圈：f/8	
快门：1/500s	
焦距：250mm	
曝光补偿：-1挡	
多重曝光模式：加法	
镜头：70-200mm+1.4×增倍镜	

为了加深和扩大红色光影的部分，拉动变焦，继续拍摄同一个场景，曝光补偿减少1挡。

▲ 第二次曝光后得到的 RAW 格式的原图

▲ 步骤3 第三次曝光

光圈：f/4	
快门：1/80s	
焦距：280mm	
曝光补偿：-2.5挡	
多重曝光模式：加法	
镜头：70-200mm+1.4×增倍镜	

第三次曝光，选择了背景干净的佛学院经堂作为主体，叠加到画面中，曝光补偿减少2.5挡。

▲ 第三次曝光后得到的 RAW 格式的原图

▲ 步骤4 第四次曝光

光圈：f/8	
快门：1/1000s	
焦距：280mm	
曝光补偿：-1挡	
多重曝光模式：加法	
镜头：70-200mm+1.4×增倍镜	

从第三次曝光后得到的原图来看，作品已经初步完成，为了加强画面的层次和纵深感，再次拍摄天空的彩云，曝光补偿减少1挡。

▲ 第四次曝光后得到的 RAW 格式的原图

作品主要采用了"冷暖叠加法""明暗叠加法""重复叠加法"，4次曝光均采用了"加法"模式，后期重点调整对比度和饱和度，尽可能还原画面的真实感。

作品的4次曝光是在同一时间完成的，拍摄前我看到彩云便有了创意。云中有大片蓝色，可以蓝色调为主进行拍摄，大面积的蓝色给人一种静谧的感觉。蓝色调中又出现一点红，可谓点睛之笔，给整个画面增添了无限的遐想。拍摄多重曝光风光作品时，色彩占有主导地位，不同的光调会产生不同的效果。红色是最有力量的颜色，在与暗色背景搭配时更显强烈，并且冷暖搭配可以提高画面的层次感；蓝色往往成为绝佳的画面背景；黄色能给影像增添暖意，与蓝色搭配，显得非常温馨；绿色是植物的主颜色。拍摄时要根据现场和画面的需要选择不同的色彩，拍摄与众不同、色彩缤纷的梦幻影像。

6.2《时光的穿越》

创意思维与拍摄技巧

《时光的穿越》拍摄于突尼斯，是2个场景2次曝光的多重曝光作品。一望无尽的撒哈拉沙漠，红色沙漠和冉冉升起的太阳相互辉映，远处荒漠中艰难行进的驼队，给人带来了无尽的遐想。吉兰堡斗兽场是著名的古代建筑标志，也是辉煌的象征，它是目前世界上保存较好的第二大斗兽场。我的创意是将沙漠中的驼队和古罗马帝国在非洲留下的辉煌建筑叠加在一起，形成人与建筑相互依存的壮观景色。

▲ 设置参数

器材：佳能 EOS 5DS R　白平衡：阴天　感光度：ISO3200　照片风格：风光　测光模式：中央重点平均测光　图像画质：RAW　曝光次数：2次　曝光模式：M挡

◀ 步骤 1 第一次曝光

光圈：f/2.8
快门：1/20s
焦距：25mm
曝光补偿：-0.7 挡
多重曝光模式：加法
镜头：24-70mm

第一次曝光，以天空为背景，日出时低角度拍摄驼队行进的剪影。按多重曝光构图法将驼队放在画面下方，上方留有大面积的空白。因为是早晨，天空比较暗，所以不要过多地减少曝光量，曝光补偿仅减少 0.7 挡。

◀ 步骤 2 第二次曝光

光圈：f/22
快门：1/1600s
焦距：70mm
曝光补偿：-1.7 挡
多重曝光模式：加法
镜头：24-70mm

第二次曝光，选择了吉兰堡斗兽场中一段有明暗光影的残垣断壁进行叠加，画面有了一定的纵深感，曝光补偿减少 1.7 挡。

◀ 第二次曝光后得到的 RAW 格式的原图

　　作品主要采用了"剪影叠加法""异景叠加法"，2 次曝光均采用了"加法"模式，最终作品和原图差别不大，后期简单地加点饱和度就可以了。

　　选择大反差的剪影画面，非常有助于多重曝光的拍摄，可以选择不同的元素叠加到画面中，得到多层次的效果，创作出具有强烈美感的作品。

6.3 《古堡新说》

创意思维与拍摄技巧

《古堡新说》拍摄于突尼斯，是一幅 2 个场景 4 次曝光的多重曝光作品。

▲ 设置参数

器材：佳能 EOS 5DS R　白平衡：阴天　感光度：ISO800　照片风格：风光　测光模式：中央重点平均测光　图像画质：RAW　曝光次数：4 次　曝光模式：M 挡

◀ **步骤 1** 第一次曝光

光圈：f/3.2
快门：1/125s
焦距：28mm
曝光补偿：−1 挡
多重曝光模式：加法
镜头：24-70mm

第一次曝光，以天空为背景，低角度拍摄驼队行进的剪影，把驼队放在画面下面，上面留有大面积的空白。实焦拍摄，曝光补偿减少 1 挡。

◀ 步骤2 第二次曝光

光圈：f/3.2
快门：1/125s
焦距：28mm
曝光补偿：-1 挡
多重曝光模式：加法
镜头：24-70mm

第二次曝光，同一个画面错开一点实焦拍摄，曝光补偿减少 1 挡。

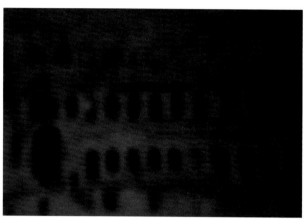

◀ 步骤3 第三次曝光

光圈：f/22
快门：1/500s
焦距：50mm
曝光补偿：-3 挡
多重曝光模式：加法
镜头：24-70mm

第三次曝光，选择了吉兰堡斗兽场中一段有代表性的古墙壁，虚焦拍摄，以将墙壁虚化到只有一点影像为准，曝光补偿减少 3 挡。

◀ 步骤4 第四次曝光

光圈：f/22
快门：1/500s
焦距：50mm
曝光补偿：-2.5 挡
多重曝光模式：加法
镜头：24-70mm

第四次曝光，选择了与第三次曝光相同的墙壁，虚焦拍摄，虚化的影像比上一次要清晰一些，曝光补偿减少 2.5 挡。

　　作品主要采用了"剪影叠加法""虚实叠加法""重复叠加法"，4 次曝光全部采用了"加法"模式，后期简单地调整饱和度和对比度即可完成作品。

　　这幅作品有意添加了古堡中的影子，将古墙壁虚化。拍摄时要注意人物错开的位置，不要重叠，也不要离得太远，通过 2 虚 2 实 4 次曝光，拍出的驼队影子像印在古堡墙壁上一样。虚实相融，不但表现出了建筑的历史悠久，也为画面营造了对比强烈的影像魅力。

6.4 《秘境》

创意思维与拍摄技巧

《秘境》拍摄于中国西藏，是一幅2个场景3次曝光的多重曝光作品。雪山象征着圣洁、纯净，在美丽的西藏，雪山林立、山脉纵横，造就了无数奇观异景，无数人为之神往。我的创意是营造一种气氛，一种神圣朦胧的意境，把雄伟的雪山、美丽的晚霞、神秘的玛尼石堆、庄严的经幡神柱融合在一起，用间接的手法表现藏族人对美好生活的向往。

▶ 设置参数

器材：佳能 EOS 5DS R　白平衡：日光　感光度：ISO400　照片风格：风光

光模式：中央重点平均测光　图像画质：RAW　曝光次数：3次　曝光模式：M 挡　测

步骤 1 第一次曝光

光圈：f/8	快门：1/320s
焦距：20mm	曝光补偿：-2.5 挡
多重曝光模式：加法	镜头：16-35mm

第一次曝光，以山为背景，低角度拍摄神柱。由于白天光线比较强，因此曝光补偿减少 2.5 挡，把背景压暗。

步骤 2 第二次曝光

光圈：f/16	快门：1/400s
焦距：280mm	曝光补偿：-1.5 挡
多重曝光模式：加法	镜头：70-200mm+1.4×增倍镜

第二次曝光，借助绚丽多彩的晚霞，在落日时分拍摄玛尼石堆，曝光补偿减少 1.5 挡。

步骤 3 第三次曝光

光圈：f/16	快门：1/320s
焦距：280mm	曝光补偿：-2 挡
多重曝光模式：加法	镜头：70-200mm+1.4×增倍镜

第三次曝光，拍摄了远处的雪山，曝光补偿减少 2 挡。3 个场景叠加在一起，画面中有近景、中景、远景，不但有了一定的纵深感，而且多了几分磅礴、神秘的意境。

作品重在突出意境之美，画面中充满悠悠禅意，既体现了艺术的透视与空灵，又表现了寓意深远的艺术效果。作品主要采用了"明暗叠加法""色彩叠加法"，3 次曝光均采用了"加法"模式，后期重点调整饱和度和对比度。

6.5 《日照南极》

创意思维与拍摄技巧

《日照南极》拍摄于南极，是一幅 2 个场景 2 次曝光的多重曝光作品。南极，神圣的冰雪世界，憨态可掬的企鹅更是给极地冰川增加活力。我的创意是通过将落日的余晖、自由自在的海豹、豪华的游轮融合在一起，从艺术的角度去营造一种新的意境，赋予作品全新的韵律感和独特的画面。

▲ 设置参数

器材：佳能 EOS 5DS R　白平衡：日光　感光度：ISO400　照片风格：风光　测光模式：中央重点平均测光　图像画质：RAW　曝光次数：2 次　曝光模式：M 挡

步骤1 第一次曝光

光圈：f/8	快门：1/250s
焦距：70mm	曝光补偿：+1 挡
多重曝光模式：黑暗	镜头：70-200mm+1.4×增倍镜

第一次曝光，以天空为背景，以海豹为前景，低角度拍摄轮船，曝光补偿增加 1 挡。

步骤2 第二次曝光

光圈：f/16	快门：1/125s
焦距：280mm	曝光补偿：+1.5 挡
多重曝光模式：黑暗	镜头：70-200mm+1.4×增倍镜

第二次曝光，以海面为背景，在落日时分拍摄了多彩的晚霞照在海面上的光影。由于傍晚光线比较弱，因此曝光补偿增加 1.5 挡。

作品采用了"明暗叠加法""色彩叠加法"，2 次曝光均采用了"黑暗"模式，后期调整饱和度和对比度即可完成作品。

6.6《月亮湾韵色》

创意思维与拍摄技巧

《月亮湾韵色》拍摄于中国江西，是一幅2个场景2次曝光的多重曝光作品。创意是多重曝光的灵魂，拍摄前要对整个画面有一个初步的构想，拍什么，怎么拍，调动起敏锐的观察力和丰富的想象力，在头脑中形成一个最初的创意影像。本作品主要是把宛如荷花的图案和小船叠加在一起，似小船在荷花中畅游，荷花衬托着小船，让平淡的画面具有浪漫的色彩，呈现出一种美的意境。

▲ 设置参数

器材：佳能 EOS 5D Mark IV　　**白平衡**：日光　　**感光度**：ISO500　　**照片风格**：风光　　**测光模式**：中央重点平均测光　　**图像画质**：RAW
曝光次数：2次　　**曝光模式**：M挡

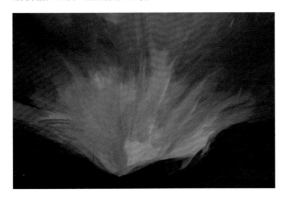

◀ 步骤1 第一次曝光

| 光圈：f/4 |
| 快门：1/320s |
| 焦距：105mm |
| 曝光补偿：−1.7 挡 |
| 多重曝光模式：加法 |
| 镜头：24−105mm |

第一次曝光，拍摄了一个酷似荷花的图案，曝光补偿减少 1.7 挡。

▲ 步骤2 第二次曝光

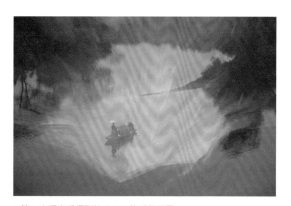

▲ 第二次曝光后得到的 RAW 格式的原图

光圈：f/7.1	快门：1/150s
焦距：105mm	曝光补偿：−1 挡
多重曝光模式：加法	镜头：24-105mm

第二次曝光，以水面为背景，高角度拍摄，按九宫格构图，把小船放在画面的偏左下方，曝光补偿减少 1 挡。

　　作品主要采用了"色彩叠加法""异景叠加法"，2 次曝光均采用了"加法"模式，后期调整对比度和饱和度即可完成作品。

　　"色彩叠加法"非常适用于多重曝光的风光拍摄，可以渲染意境，营造氛围，构造缤纷时尚的梦幻画面，在突出作品的主题方面起着举足轻重的作用。

6.7 《月亮湾》

创意思维与拍摄技巧

　　《月亮湾》拍摄于中国江西，是一幅 2 个场景 2 次曝光的多重曝光作品。作品的创意主要是用慢门虚焦拍摄，将没有波纹的平静湖面拍出有流动感的色彩画面，为作品赋予活力，给人以独特的视觉享受。

▲ 设置参数

器材：佳能 EOS 5D Mark IV　白平衡：日光　感光度：ISO320　照片风格：风光　测光模式：中央重点平均测光　图像画质：RAW　曝光次数：2 次　曝光模式：M 挡

◀ 步骤 1 第一次曝光

光圈：f/4
快门：1/30s
焦距：58mm
曝光补偿：-1.5 挡
多重曝光模式：加法
镜头：24-105mm

第一次曝光，以水面为背景，高角度拍摄湖面中游荡的小船，曝光补偿减少 1.5 挡。

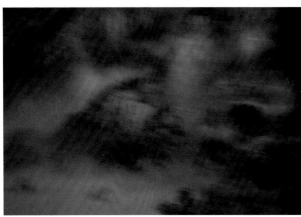

◀ 步骤 2 第二次曝光

光圈：f/4
快门：1/10s
焦距：35mm
曝光补偿：-2 挡
多重曝光模式：加法
镜头：24-105mm

第二次曝光，选择了一幅色彩图案，采用慢门拍摄，按下快门时从左向右晃动相机，将色彩图案拍摄出虚幻的运动感，形成醉眼看花的视觉效果，曝光补偿减少 2 挡。

◀ 第二次曝光后得到的 RAW 格式的原图

　　作品主要采用了"慢门叠加法""色彩叠加法"，2 次曝光均采用了"加法"模式，后期重点调整对比度和饱和度。
　　慢门拍摄主要是为了拍出虚无缥缈的运动轨迹，让画面产生梦幻般的感觉，打造独特的视觉效果，创造更加抽象的画面，给人以新鲜感。可见，每一种多重曝光的叠加方法都有着无限的创作空间。

6.8《敖包余晖》

创意思维与拍摄技巧

《敖包余晖》拍摄于中国内蒙古，是一幅 2 个场景 3 次曝光的多重曝光作品。

敖包是蒙古族用来祭"天"和"神"，祈祷家人幸福平安的，多少年来世袭传承。草原人"垒石为山，视之为神"，进行着各种各样的祭祀活动。我的创意是将敖包和落日的余晖叠加在一起，拍摄出敖包的神圣，呈现风格迥异的草原风光。作品冷暖色调相互融合，美感十足。

▶ 设置参数

器材：佳能 EOS 5DS R　白平衡：日光　感光度：ISO500　照片风格：风光　曝光次数：3 次　曝光模式：M 挡　测光模式：中央重点平均测光　图像画质：RAW

步骤 1 第一次曝光

光圈：f/4
快门：1/80s
焦距：21mm
曝光补偿：-2 挡
多重曝光模式：加法
镜头：16-35mm

步骤 2 第二次曝光

光圈：f/8
快门：1/400s
焦距：135mm
曝光补偿：-1 挡
多重曝光模式：加法
镜头：70-200mm+1.4×增倍镜

步骤 3 第三次曝光

光圈：f/8
快门：1/400s
焦距：220mm
曝光补偿：-1.5 挡
多重曝光模式：加法
镜头：70-200mm+1.4×增倍镜

第一次曝光，用长焦段拉近敖包，低角度仰拍，曝光补偿减少 2 挡。

第二次和第三次曝光，借助绚丽多彩的晚霞，拍摄两次落日的余晖，并将它们分别叠加在敖包的上方和下方，曝光补偿减少 1 挡和 1.5 挡。

作品主要采用了"冷暖叠加法""色彩叠加法""异景叠加法"，3 次曝光均采用了"加法"模式，后期重点调整对比度和饱和度。

6.9 《热气球的故乡》

创意思维与拍摄技巧

　　《热气球的故乡》拍摄于肯尼亚，是一幅1个场景4次曝光的多重曝光作品。在肯尼亚，坐热气球已成为一种时尚，人可以从高空观赏到马赛马拉和塞伦盖蒂草原上许多动物的踪迹，在动物大迁徙期间，场面尤为壮观。通过对马赛人观看热气球的画面进行重复拍摄，使画面非常唯美，形式感非常强。

▶ 设置参数

器材：佳能 EOS 5DS R　白平衡：日光　感光度：ISO1000　照片风格：风光

测光模式：中央重点平均测光　图像画质：RAW　曝光次数：4次　曝光模式：M挡

步骤1 第一次曝光	步骤2 第二次曝光	步骤3 第三次曝光	步骤4 第四次曝光
光圈：f/8 快门：1/2000s 焦距：43mm 曝光补偿：−1挡 多重曝光模式：加法 镜头：24-105mm	光圈：f/13 快门：1/1000s 焦距：310mm 曝光补偿：−1.5挡 多重曝光模式：加法 镜头：100-400mm	光圈：f/13 快门：1/1000s 焦距：280mm 曝光补偿：−1挡 多重曝光模式：加法 镜头：100-400mm	光圈：f/13 快门：1/1000s 焦距：260mm 曝光补偿：−1挡 多重曝光模式：加法 镜头：100-400mm

第一次曝光，以天空为背景，以人物为前景，用镜头的广角端实焦拍摄，曝光补偿减少1挡。

第二次曝光，换长焦镜头，以热气球为主体，实焦拍摄，曝光补偿减少1.5挡。

第三次和第四次曝光，相机位置不动，随时调整热气球之间的距离，拉动变焦实焦拍摄。注意，拉变焦时，每一次曝光的间隔距离要尽量相等，2次曝光，曝光补偿都是减少1挡。

　　作品采用了"重复叠加法""同景叠加法"，4次曝光均采用了"加法"模式，后期重点调整对比度和饱和度即可完成作品。

　　这幅作品克隆了同一个画面，用重复叠加的方法使画面产生错位的视觉效果。元素虽然相同，却能呈现出多彩的画面，重复拍摄后的影像还可以和其他相关的元素再次叠加，这是多重曝光当中常用的一种叠加方法，有一定的代表性。

6.10 《椰风情》

创意思维与拍摄技巧

《椰风情》拍摄于塞班岛，是一幅3个场景3次曝光的多重曝光作品。这是一幅拍摄于日落时分的风光作品，通过把海面的色彩和晚霞的色彩糅合在一起，赋予了影像浪漫梦幻的感觉。

▲ 设置参数

器材：佳能 EOS 5DS R　白平衡：日光　感光度：ISO400　照片风格：风光　测光模式：中央重点平均测光　图像画质：RAW　曝光次数：3次　曝光模式：M挡

步骤1 第一次曝光

光圈：f/8
快门：1/320s
焦距：21mm
曝光补偿：-1.5挡
多重曝光模式：加法
镜头：16-35mm

第一次曝光，以天空和水面为背景，高角度拍摄，曝光补偿减少1.5挡。

步骤2 第二次曝光

光圈：f/2.8
快门：1/125s
焦距：28mm
曝光补偿：-2挡
多重曝光模式：加法
镜头：16-35mm

第二次曝光，拍摄了落日的晚霞，曝光补偿减少2挡。

步骤3 第三次曝光

光圈：f/11
快门：1/400s
焦距：280mm
曝光补偿：-1.5挡
多重曝光模式：加法
镜头：100-400mm

第三次曝光，更换100-400mm镜头，拉近水面，拍摄水面上的波纹进行叠加，曝光补偿减少1.5挡。

作品主要采用了"色彩叠加法""纹理叠加法"拍摄，3次曝光全部采用"加法"模式，后期调整对比度和饱和度完成作品。多重曝光大部分是以"加法"的形式呈现在画面中，因此影像具有独特的魅力。除了作品的创意构思外，摄影的基本功也很重要，熟练掌握光圈、速度、用光等，是学习多重曝光技巧的基本条件之一。

6.11 《撒哈拉沙漠的传说》

创意思维与拍摄技巧

《撒哈拉沙漠的传说》拍摄于撒哈拉沙漠，是一幅2个场景2次曝光的多重曝光作品。骆驼和沙漠相互依存，通过拉驼人与色彩纹理的融合，为茫茫的沙漠赋予了几分令人遐想的意境。

▲ 设置参数

器材：佳能 EOS 5DS R　白平衡：日光　感光度：ISO1600
　照片风格：风光　测光模式：中央重点平均测光　图像画质：
RAW　曝光次数：2次　曝光模式：M 挡

步骤1 第一次曝光
光圈：f/2.8
快门：1/200s
焦距：28mm
曝光补偿：-1.5 挡
多重曝光模式：加法
镜头：24-70mm

步骤2 第二次曝光
光圈：f/7.1
快门：1/500s
焦距：165mm
曝光补偿：-1 挡
多重曝光模式：加法
镜头：100-400mm

本多重曝光作品采用的拍摄方法、拍摄模式、叠加方法等和作品《月亮湾韵色》大致相同。

6.12 《水上人家》

创意思维与拍摄技巧

《水上人家》拍摄于马来西亚仙本那，是一幅 2 个场景 3 次曝光的多重曝光作品。巴瑶族，一个被世人遗忘的无国籍民族，他们虽然贫穷落后，却和水结下了不解之缘，巴瑶族人水生水养，简陋的小船是他们唯一的交通工具。天真的孩子们嬉戏玩耍，无忧无虑，以水域为主要元素，通过 3 个画面的叠加，展现了孩子们快乐的童年。

▲ 设置参数

器材：佳能 EOS 5D Mark IV　白平衡：日光　感光度：ISO1000　照片风格：风光　测光模式：中央重点平均测光　图像画质：RAW
曝光次数：3 次　曝光模式：M 挡

▶ 步骤1 第一次曝光

光圈：f/8
快门：1/1250s
焦距：24mm
曝光补偿：+1 挡
多重曝光模式：黑暗
镜头：24-105mm

第一次曝光，以天空和水面为背景，采用对称构图，当 2 只小船均划到画面中时按下快门。注意，要把远处的房屋拍摄进来，交代一下环境。曝光补偿增加 1 挡，选择"黑暗"模式。

▲ 步骤2 第二次曝光

▲ 第二次曝光后得到的 RAW 格式的原图

光圈：f/6.3
快门：1/320s
焦距：260mm
曝光补偿：+0.5 挡
多重曝光模式：黑暗
镜头：100-400mm

巴瑶族人以水为家，故就地取材，拍摄了水的波纹。曝光补偿增加 0.5 挡，拍摄后将图像保存起来，选择"黑暗"模式。

▲ 步骤3 第三次曝光

▲ 第三次曝光后得到的 RAW 格式的原图

光圈：f/11
快门：1/1250s
焦距：340mm
曝光补偿：-2 挡
多重曝光模式：加法
镜头：100-400mm

从第二次曝光后得到的作品原图来看，作品已经初步形成，为了给整个画面增加一些质感和流动感，故又拍了流动的水波纹，这次选择的是"加法"模式，曝光补偿减少 2 挡。

　　作品主要采用了 3 种叠加法："纹理叠加法""明暗叠加法""异景叠加法"，后期简单地调整饱和度和对比度即可完成作品。

6.13 《海边拾趣》

创意思维与拍摄技巧

　　《海边拾趣》拍摄于马达加斯加，是一幅 2 个场景 2 次曝光的多重曝光作品。这是一幅拍摄于海边的非常温馨的风光

作品，通过将马达加斯加特有的猴面包树和海边的风景融合在一起，呈现了清新、浪漫、梦幻的影像。

▲ 设置参数

器材：佳能 EOS 5DS R　　白平衡：日光　　感光度：ISO250
　　照片风格：风光　　测光模式：中央重点平均测光　　图像画质：
RAW　　曝光次数：2 次　　曝光模式：M 挡

步骤 1 第一次曝光

| 光圈：f/16 |
| 快门：1/640s |
| 焦距：280mm |
| 曝光补偿：-1.7 挡 |
| 多重曝光模式：加法 |
| 镜头：100-400mm |

步骤 2 第二次曝光

| 光圈：f/7.1 |
| 快门：1/50s |
| 焦距：31mm |
| 曝光补偿：-2 挡 |
| 多重曝光模式：加法 |
| 镜头：16-35mm |

　　本作品采用的拍摄方法、拍摄步骤、拍摄模式、拍摄技巧等和作品《月亮湾韵色》大致相同。

6.14《水之屋》

创意思维与拍摄技巧

《水之屋》拍摄于马来西亚仙本那，是一幅 2 个场景 2 次曝光的多重曝光作品。

▶ 设置参数

器材：佳能 EOS 5D Mark IV
白平衡：日光　感光度：ISO500　照片风格：风光
测光模式：中央重点平均测光　图像画质：RAW　曝光次数：2 次　曝光模式：M 挡

步骤 1　第一次曝光

光圈：f/8	快门：1/320s
焦距：280mm	曝光补偿：−1 挡
多重曝光模式：加法	镜头：100-400mm

步骤 2　第二次曝光

光圈：f/4	快门：1/25s
焦距：105mm	曝光补偿：−2.5 挡
多重曝光模式：加法	镜头：24-105mm

◀ 第二次曝光后得到的 RAW 格式的原图

本作品和《水上人家》拍摄于同一个场景，采用的拍摄方法、拍摄模式、拍摄技巧等和作品《水上人家》大致相同。

6.15 《五彩湖之歌》

创意思维与拍摄技巧

《五彩湖之歌》拍摄于新西兰和中国辽宁，是一幅 2 个场景 2 次曝光的多重曝光作品。作品的拍摄技法很简单，2 个场景、2 次曝光、2 个国家，主要还是创意和构想。新西兰的五彩湖美不胜收，非常适合拍摄婚纱作品和情侣写真。通过 2 个场景的融合，拍出了一种温馨的意境和美好的情调，赋予了画面浓重的色彩和浪漫的情怀。

▲ 设置参数

器材：佳能 EOS 5D Mark IV　白平衡：日光　感光度：ISO640　照片风格：风光　测光模式：中央重点平均测光　图像画质：RAW
曝光次数：2 次　曝光模式：M 挡

▲ 步骤1 第一次曝光

光圈：f/8	快门：1/640s
焦距：24mm	曝光补偿：+1 挡
多重曝光模式：黑暗	镜头：24-105mm

第一次曝光，拍摄于新西兰，以五彩湖水面为背景，高角度俯拍，曝光补偿增加 1 挡，选择"黑暗"模式，拍摄后将照片保存起来。

◄ 步骤2 第二次曝光

光圈：f/11	快门：1/1250s
焦距：150mm	曝光补偿：+1.5 挡
多重曝光模式：黑暗	镜头：100-400mm

第二次曝光，拍摄于辽宁大连金石滩，两次拍摄间隔三个月。把保存的照片调出来进行第二次曝光，以海面为背景，高角度拍摄一对散步的情侣。曝光补偿增加 1.5 挡，选择"黑暗"模式。

作品主要采用了"色彩叠加法""明暗叠加法""异景叠加法"，后期简单地调整饱和度和对比度就可以完成作品。

多重曝光非常重要的功能，就是可以随时调出任何一次之前拍摄的照片进行下一次曝光，曝光后可以先把照片保存起来，以后遇见新的素材需要再次曝光时，再把这张照片调出来，直到拍出令人满意的效果。多重曝光这一强大的功能为拍摄者提供了无限的创作空间。

6.16 《运盐的驼队》

创意思维与拍摄技巧

《运盐的驼队》拍摄于埃塞俄比亚，是一幅 3 个场景 3 次曝光的多重曝光作品。作品通过将长途跋涉的运盐驼队、沙漠的纹理、日落的光影融合在一起，表现了拉驼人运输的艰辛和追求美好生活的愿望。

▲ 设置参数

器材：佳能 EOS 5DS R　白平衡：日光　感光度：ISO800　照片风格：风光　测光模式：中央重点平均测光　图像画质：RAW　曝光
次数：3 次　曝光模式：M 挡

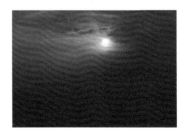

▲ 步骤 1 第一次曝光

光圈：f/8	快门：1/200s
焦距：280mm	曝光补偿：-1.3 挡
多重曝光模式：加法	镜头：100-400mm

▲ 步骤 2 第二次曝光

光圈：f/13	快门：1/800s
焦距：300mm	曝光补偿：-1 挡
多重曝光模式：加法	镜头：100-400mm

▲ 步骤 3 第三次曝光

光圈：f/16	快门：1/1000s
焦距：280mm	曝光补偿：-1 挡
多重曝光模式：加法	镜头：100-400mm

　　本作品采用的拍摄方法、拍摄模式、拍摄技巧等和作品《月亮湾韵色》大致相同。

6.17 《暮归》

创意思维与拍摄技巧

《暮归》拍摄于中国江西婺源，是一幅3个场景3次曝光的多重曝光作品。这是一幅典型的江南水乡景色，小桥流水，放牧归来。我的创意是通过添加山峦和色彩，让初春的画面弥漫着秋天的色彩。

▲ 步骤1 第一次曝光

光圈：f/10	快门：1/320s
焦距：85mm	曝光补偿：+0.3挡
多重曝光模式：黑暗	镜头：24-105mm

◀ 设置参数

器材：佳能 EOS 5D Mark IV　白平衡：日光　感光度：ISO1600　照片风格：风光　测光模式：中央重点平均测光　图像画质：RAW　曝光次数：3次　曝光模式：M挡

▲ 步骤2 第二次曝光

光圈：f/4	
快门：1/15s	
焦距：250mm	
曝光补偿：+0.5挡	
多重曝光模式：黑暗	
镜头：100-400mm	

第二次曝光，拍摄了山峦的影像，曝光补偿增加了0.5挡，选择了"黑暗"模式。

▲ 第二次曝光后得到的 RAW 格式的原图

▲ 步骤3 第三次曝光

光圈：f/4	
快门：1/30s	
焦距：156mm	
曝光补偿：-3.3挡	
多重曝光模式：平均	
镜头：100-400mm	

两次曝光后的作品已初步完成。为了增加画面的艺术效果，拍摄了一幅黄叶的图案，并且大幅度减少曝光量，曝光补偿减少了3.3挡，目的是让色彩只叠加在前景的树上，不叠加背景的山峦，选择了"平均"模式。

▲ 第三次曝光后得到的 RAW 格式的原图

作品主要采用了"剪影叠加法""明暗叠加法""色彩叠加法"，变换相机位置，变换相机镜头，变换镜头焦段，通过3次曝光完成作品，后期简单地调一下对比度和饱和度即可。

作品采用了多重曝光的"黑暗"和"平均"2种模式，第一次曝光的主体背景比较亮，因此选择了"黑暗"模式，后续图案容易叠加上去。从第二次曝光得到的原图来看，经过2次叠加后的画面，主体的背景已经不那么亮了。但前景及整体画面缺少色彩，因此第三次曝光拍摄了秋天的黄色，人为地创造秋天的景象，使整个画面充满着深秋的美感。

拍摄这种系列的风光作品时，要充分运用多重曝光的强大优势和灵活的技术方法，只有想不到的，没有拍不到的，只要充分调动想象力，就会拍到预想的画面。缺什么素材，补什么素材，随时添加不同的元素，最后得到想要的艺术影像。

6.18 《少女的遐想》

创意思维与拍摄技巧

《少女的遐想》拍摄于中国新疆，是一幅 2 个场景 2 次曝光的多重曝光作品。作品主要通过冷暖影调构成的色彩以及纹理的叠加，提高了画面的层次，使画面充满唯美的视觉效果。

▶ 设置参数

器材：佳能 EOS 5D Mark IV　白平衡：日光　感光度：ISO4000　照片风格：人物　测光模式：点测光　图像画质：RAW　曝光次数：2 次　曝光模式：M 挡

▲ 步骤 1 第一次曝光

光圈：f/2.8　　　快门：1/50s
焦距：34mm　　　曝光补偿：-2.5 挡
多重曝光模式：加法　镜头：16-35mm

▲ 步骤 2 第二次曝光

光圈：f/13　　　快门：1/2000s
焦距：70mm　　　曝光补偿：-2.7 挡
多重曝光模式：加法　镜头：24-105mm

本作品采用的拍摄方法、拍摄模式、拍摄步骤等和作品《月亮湾韵色》大致相同。

6.19 《京城一角》

创意思维与拍摄技巧

《京城一角》拍摄于北京外环，是一幅 5 个场景 5 次曝光的多重曝光作品。作品拍摄的是日常生活中常见的马路上的场景，来往车辆可见。通过给这种平凡的场景添加一些纹理和色彩，赋予画面美的色彩，打造出与众不同的影像。

▲ 设置参数

器材：佳能 EOS 5DS R　白平衡：日光　感光度：ISO320　照片风格：风光　测光模式：中央重点平均测光　图像画质：RAW　曝光次数：5 次　曝光模式：M 挡

◀ 步骤1 第一次曝光

光圈：f/16
快门：1/400s
焦距：170mm
曝光补偿：-3 挡
多重曝光模式：加法
镜头：70-200mm+1.4×增倍镜

第一次曝光，以水面为背景，选择了一个有特点的建筑在水中的倒影，实焦拍摄，曝光补偿减少 3 挡。

▲ 步骤2 第二次曝光

光圈：f/16
快门：1/1600s
焦距：205mm
曝光补偿：-4 挡
多重曝光模式：加法
镜头：70-200mm+1.4×增倍镜

为了提高画面的层次，第二次曝光拍摄了另一个建筑在水中的倒影。实焦拍摄，曝光补偿减少了 4 挡。

▲ 步骤3 第三次曝光

光圈：f/13
快门：1/1000s
焦距：280mm
曝光补偿：-2.5 挡
多重曝光模式：加法
镜头：70-200mm+1.4×增倍镜

第三次曝光，采用对称构图，站在立交桥上，拍摄马路上往来的车辆。实焦拍摄，曝光补偿减少 2.5 挡。

▲ 步骤4 第四次曝光

光圈：f/13
快门：1/1600s
焦距：280mm
曝光补偿：-4 挡
多重曝光模式：加法
镜头：70-200mm+1.4×增倍镜

第四次曝光，选择了一段有色彩的树的纹理，将其虚焦拍摄成色块，给画面添加彩色晕染的效果，曝光补偿减少 4 挡。

▲ 步骤5 第五次曝光

光圈：f/8
快门：1/500s
焦距：280mm
曝光补偿：-2.5 挡
多重曝光模式：加法
镜头：70-200mm+1.4×增倍镜

第五次曝光，拍摄远处的绿树，虚焦拍摄，将绿树拍成绿色的色块，曝光补偿减少 2.5 挡。

▲ 第五次曝光后得到的 RAW 格式的原图

作品主要采用了"纹理叠加法""虚实叠加法""异景叠加法"，5 次曝光均采用了"加法"模式，后期重点调一下对比度和饱和度即可完成作品。多重曝光拍摄的题材和范围非常广泛，随处可见的人和景物都可以拍摄出有创意的作品。这幅作品是我在回酒店的路上边走边拍的，5 个场景 5 次曝光，回到酒店作品就完成了。由于马路上的色调比较单一，因此拍摄了两次色块，为整幅作品增添了色彩，提高了画面的层次感。

6.20 《草原之家》

创意思维与拍摄技巧

《草原之家》拍摄于中国内蒙古，是一幅 2 个场景 2 次曝光的多重曝光作品。用创造性的思维去整合一幅新的作品，整合的过程也是创造新形象的过程。当一幅作品在同一场景中无法完成时，就要选择另一场景中的素材，并考虑各种元素之间的搭配的合理性。本作品以草原风光为主，表现落日的光影和清新的牧场。

▲ 设置参数

器材：佳能 EOS 5D Mark IV　白平衡：日光　感光度：ISO1250　照片风格：风光　测光模式：中央重点平均测光
图像画质：RAW　曝光次数：2 次　曝光模式：M 挡

步骤 1 第一次曝光

光圈：f/4
快门：1/80s
焦距：56mm
曝光补偿：-2 挡
多重曝光模式：加法
镜头：24-105mm

步骤 2 第二次曝光

光圈：f/5.6
快门：1/125s
焦距：105mm
曝光补偿：-1.3 挡
多重曝光模式：加法
镜头：24-105mm

本作品采用的拍摄方法、拍摄技巧、拍摄模式等和《月亮湾韵色》大致相同。

6.21《梦幻吴哥城》

创意思维与拍摄技巧

《梦幻吴哥城》拍摄于柬埔寨，是一幅2个场景4次曝光的多重曝光作品。吴哥古迹群是世界上最大的庙宇建筑，建筑水平和雕刻水平都极高。作品通过对同一画面进行连续的虚焦和实焦拍摄，让颜色深邃的建筑变得色彩丰富，意境浓郁，呈现出水墨画的韵味。

▲ 设置参数

器材：佳能 EOS 5D Mark IV　白平衡：日光　感光度：ISO800　照片风格：风光　测光模式：中央重点平均测光　图像画质：RAW
曝光次数：4次　曝光模式：M挡

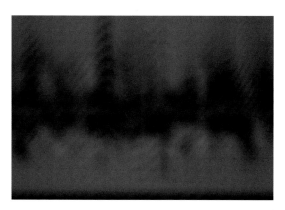

▶ 步骤1 第一次曝光

光圈：f/7.1
快门：1/1000s
焦距：182mm
曝光补偿：-3挡
多重曝光模式：加法
镜头：100-400mm

第一次曝光，选择一个色彩丰富的画面作为背景，虚焦拍摄，拍虚的画面接近色块，曝光补偿减少3挡。

◀ 步骤 2 第二次曝光

光圈：f/9
快门：1/200s
焦距：80mm
曝光补偿：-1 挡
多重曝光模式：加法
镜头：24-105mm

第二次曝光，以天空为背景，选择了有代表性的吴哥古迹群，低角度虚焦拍摄，以建筑影像呈朦胧状为准，曝光补偿减少 1 挡。

◀ 步骤 3 第三次曝光

光圈：f/9
快门：1/160s
焦距：105mm
曝光补偿：-0.5 挡
多重曝光模式：加法
镜头：24-105mm

第三次曝光，继续拍摄同一画面，拍摄时错开位置，以增加建筑的立体感，曝光补偿减少 0.5 挡。

◀ 步骤 4 第四次曝光

光圈：f/9
快门：1/400s
焦距：105mm
曝光补偿：-1 挡
多重曝光模式：加法
镜头：24-105mm

第四次曝光，继续拍摄同一画面，实焦拍摄，拍摄时也要错开位置，曝光补偿减少 1 挡。

　　作品主要采用了"重复叠加法""虚实叠加法"，4 次曝光全部采用了"加法"模式，后期重点调整对比度和饱和度。拍摄虚实叠加的画面时要注意，画面要错落有致，不能过多地重叠在一起，这样拍出的作品才会意境浓郁，有时甚至能拍出令人惊艳的效果。

6.22 《企鹅的家园》

创意思维与拍摄技巧

　　《企鹅的家园》拍摄于南极，是一幅2个场景3次曝光的多重曝光作品。在银装素裹的美丽南极，企鹅已经和这个世界融为一体了。它们在冰雪世界中自由自在地生活，孵化养育后代的过程也非常让人感动。作品通过极地特有的动物和冰雪的融合，从新的角度营造了一种新的意境，展现了企鹅不畏严寒的精神。

▲ 设置参数

器材：佳能 EOS 5DS R　白平衡：日光　感光度：ISO500　照片风格：风光　测光模式：中央重点平均测光　图像画质：RAW　曝光次数：3次　曝光模式：M挡

步骤1 第一次曝光

光圈：f/8
快门：1/250s
焦距：24mm
曝光补偿：-0.5挡
多重曝光模式：加法
镜头：24-70mm

步骤2 第二次曝光

光圈：f/5.6
快门：1/400s
焦距：50mm
曝光补偿：-1.5挡
多重曝光模式：加法
镜头：24-70mm

步骤3 第三次曝光

光圈：f/5.6
快门：1/400s
焦距：50mm
曝光补偿：-1.5挡
多重曝光模式：加法
镜头：24-70mm

　　本作品采用的拍摄方法、拍摄模式、拍摄技巧等和《月亮湾韵色》大致相同。

6.23 《快乐的马赛人》

创意思维与拍摄技巧

《快乐的马赛人》拍摄于肯尼亚，是一幅 2 个场景 3 次曝光的多重曝光作品。马赛族是著名的游牧民族，几百年来，他们孤独地生活在丛林、草原中，骁勇善猎，与野兽为伍。马赛人的装束非常显眼，独特的气味和装束使动物不会伤害他们。马赛人腿很细长，跳得很高。他们有个非常有趣的习惯，就是几乎每个人都随身携带一根长木棒用于防身，这也形成了马赛人独有的风俗。

▲ 设置参数

器材：佳能 EOS 5DS R　　白平衡：阴天　　感光度：ISO800　　照片风格：人物　　测光模式：点测光　　图像画质：RAW　　曝光次数：3 次
曝光模式：M 挡

步骤 1 第一次曝光

光圈：f/8
快门：1/2000s
焦距：200mm
曝光补偿：-2 挡
多重曝光模式：平均
镜头：70-200mm

第一次曝光，以马赛人为中心，以晚霞为背景，拍摄了马路边奔跑中的马赛人，曝光补偿减少 2 挡。

步骤 2 第二次曝光

光圈：f/8
快门：1/2000s
焦距：200mm
曝光补偿：-2 挡
多重曝光模式：平均
镜头：70-200mm

第二次曝光，继续拍摄同一画面，拍摄时错开位置。真实情况是 4 个人，移动机位拍摄，4 人变 8 人。焦段不变，曝光补偿减少 2 挡。

步骤 3 第三次曝光

光圈：f/13
快门：1/320s
焦距：160mm
曝光补偿：-1.7 挡
多重曝光模式：平均
镜头：70-200mm

第三次曝光，拍摄了落日时的晚霞，曝光补偿减少 1.7 挡。

作品主要采用了"重复叠加法""色彩叠加法"，3 次曝光全部采用了"平均"模式，后期调整对比度和饱和度即可完成作品。

6.24 《景中景》

创意思维与拍摄技巧

《景中景》拍摄于马达加斯加,是一幅2个场景2次曝光的多重曝光作品。猴面包树是马达加斯加特有的树种,是植物界的老寿星之一,即使在热带草原干旱的恶劣环境中,其寿命仍可达千年。由于当地民间传说猴面包树是"圣树",因此受到人们的保护。我的创意是将部落的一个女孩、一棵猴面包树、一个特殊的圆形,巧妙地结合在一起,呈现一幅景中景的风光影像,为作品增加意境。

▲ 设置参数

器材:佳能 EOS 5D Mark IV   白平衡:阴天   感光度:ISO500   照片风格:人物   测光模式:点测光   图像画质:RAW   曝光次数:2 次   曝光模式:M 挡

▶ 步骤1 第一次曝光

| 光圈:f/8 |
| 快门:1/500s |
| 焦距:50mm |
| 曝光补偿:-1.5 挡 |
| 多重曝光模式:加法 |
| 镜头:24-105mm |

第一次曝光,以天空为背景,以人物为前景,低角度拍摄一幅风光画面,画面中的猴面包树下也有一个人物,人物一大一小,形成呼应。曝光补偿减少 1.5 挡。

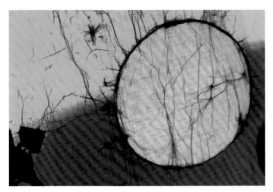

▲ 步骤2 第二次曝光

光圈：f/10	快门：1/125s
焦距：105mm	曝光补偿：-1挡
多重曝光模式：加法	镜头：24-105mm

▲ 第二次曝光后得到的 RAW 格式的原图

第二次曝光，拍摄了一个圆形图案，并将图案巧妙地叠加在猴面包树上，就像冉冉升起的太阳一样，曝光补偿减少1挡。

作品主要采用了"纹理叠加法""色彩叠加法"，2次曝光均采用了"加法"模式，后期简单地调整对比度和饱和度即可完成作品。

6.25《走进泰山》

创意思维与拍摄技巧

《走进泰山》拍摄于中国山东的泰山，是一幅2个场景2次曝光的多重曝光作品。泰山气势雄伟，有"五岳之首"之称，是世界自然与文化遗产，也是中华民族文化的缩影。

作品取自泰山中的精华部分，利用傍晚的光影，以天街为背景，通过影像的叠加，呈现出一幅绿意盎然、生机勃勃的泰山景观。

本作品采用的拍摄方法、拍摄技巧、拍摄步骤等和《景中景》大致相同。

▲ 设置参数

器材：佳能 EOS 5D Mark IV　白平衡：日光　感光度：ISO400　照片风格：风光　测光模式：中央重点平均测光　图像画质：RAW　曝光次数：2次　曝光模式：M挡

步骤1 第一次曝光	步骤2 第二次曝光
光圈：f/16	光圈：f/5.6
快门：1/400s	快门：1/250s
焦距：27mm	焦距：35mm
曝光补偿：-1挡	曝光补偿：-1.5挡
多重曝光模式：加法	多重曝光模式：加法
镜头：16-35mm	镜头：16-35mm

第

7

章

/

建筑
系列

　　用多重曝光技术拍摄建筑系列的作品，不像人文纪实那样千变万化。建筑属于静止的物体，拍摄者有足够的时间静下心来，从整体的构图、色彩的搭配、影调的和谐、空间的层次、主次的关系等方面去创意和构思，然后通过多重曝光，展现不同的建筑所具有的独特外形和鲜明的特征，从艺术形式的角度去拍摄与众不同的创意作品。

　　对于结构复杂的建筑，要突出它的精华部分和地标性，对于每一个叠加的素材的位置，要做到错落有致，乱中有序。同时要注意作品的影调，一般以中间调为主。如果建筑的颜色比较单一，就需要去营造一种影调和气氛，为颜色单一的建筑物赋予丰富的色彩，施展多重曝光的技法去制造奇异的画面。

　　拍摄建筑系列，用广角镜头多一些，因为广角镜头能更好地拍摄完整的画面，充分表现建筑与环境的融合。长焦镜头用于虚化背景，辅助拍摄一些虚化的、有压缩感的画面。有时一幅作品需要更换不同的长焦镜头和广角镜头，从而恰到好处地突出建筑结构的个性特征。

7.1 《小城故事》

创意思维与拍摄技巧

　　《小城故事》拍摄于马达加斯加，是一幅2个场景2次曝光的多重曝光作品。作品以色彩搭配为主，拍的是一个非常温馨的生活场景和小镇的建筑。远处的小镇在傍晚余晖的照射下呈金黄色，非常引人注目，而且有红、黄、绿三色出现在画面中，这种影调十分和谐，增加了意境。

▲ 设置参数

器材：佳能 EOS 5D Mark III　白平衡：日光　感光度：ISO400　照片风格：风光　测光模式：中央重点平均测光　图像画质：RAW
曝光次数：2次　曝光模式：M挡

◄ 步骤1 第一次曝光

光圈：f/6.3
快门：1/30s
焦距：285mm
曝光补偿：-2.5挡
多重曝光模式：加法
镜头：70-200mm+1.4×增倍镜

第一次曝光，拍摄了生活场景，尽量将画面压暗成剪影，曝光补偿减少2.5挡。

◄ 步骤2 第二次曝光

光圈：f/16
快门：1/100s
焦距：250mm
曝光补偿：-3挡
多重曝光模式：加法
镜头：70-200mm+
1.4×增倍镜

第二次曝光，拍摄了远处小镇的金黄色房子，并且选择了高低错落、层次感突出的房屋，曝光补偿减少3挡。

◄ 第二次曝光后得到的 RAW 格式的原图

　　作品主要采用了"色彩叠加法""异景叠加法"，2次曝光均采用了"加法"模式，后期调整对比度和饱和度即可完成作品。

　　色彩在摄影中占有举足轻重的地位，它是表达情感的一种途径，并且可以增加画面的层次感，尤其是三原色中的红、黄、蓝，分别具有不同的明暗层次。在拍摄中随时观察周围的色彩，随时为画面添加元素，能够突出主题，渲染气氛，赋予画面浓郁的影调。

7.2 《千碉之国》

创意思维与拍摄技巧

　　《千碉之国》拍摄于中国四川，是一幅 2 个场景 3 次曝光的多重曝光作品。四川的丹巴有着鲜明的民族特色，具有独特风情的嘉绒藏族历史悠久，尤其是国内独有的梭坡古碉群，千奇百态的古代石棺群，规模宏大，气势非凡，形成一道独特的亮丽景色。我的创意是将雄伟的碉群建筑和藏族民居融合在一起，用间接的手法表现藏族人对美好生活的向往，让灰暗的古碉变得色彩丰富，更加亮丽。

◄ 设置参数

器材：佳能 EOS 5D Mark III　白平衡：阴天　感光度：ISO400　照片风格：风光

光模式：中央重点平均测光　图像画质：RAW　曝光次数：3 次　曝光模式：光圈优先

◄ **步骤 1** 第一次曝光

光圈：	f/8
快门：	1/320s
焦距：	185mm
曝光补偿：	-2 挡
多重曝光模式：	平均
镜头：	70-200mm+1.4×增倍镜

第一次曝光，以天空为背景，低角度拍摄远处的古碉楼和藏族民居，曝光补偿减少 2 挡。

▲ 步骤2 第二次曝光

光圈：f/8
快门：1/320s
焦距：270mm
曝光补偿：-1.5 挡
多重曝光模式：平均
镜头：70-200mm+
　　　1.4×增倍镜

第二次曝光，机位不变，拍摄同一画面，变换焦距，将两个古碉楼和民居拉近放大，画面中的古碉楼由 2 个变 4 个，曝光补偿减少 1.5 挡。

▲ 步骤3 第三次曝光

光圈：f/13
快门：1/250s
焦距：45mm
曝光补偿：-1.5 挡
多重曝光模式：平均
镜头：24-70mm

第三次曝光，变换镜头，拍摄嘉绒藏族特有的色彩图案，并将其叠加到画面中，曝光补偿减少 1.5 挡。

作品主要采用了"色彩叠加法""重复叠加法""异景叠加法"，3 次曝光均采用了"平均"模式，后期简单地调整对比度和饱和度即可完成作品。

创作过程中对同一画面进行的两次拍摄，碉楼之间要错开位置，不要重叠，可以打开取景器进行实时拍摄，通过建筑和色彩元素的结合，不但为色彩单一的古典建筑古碉楼赋予了色彩，还产生了很强的视觉冲击性。变换镜头和焦距，是为了突出建筑的结构特征，令画面达到理想的效果。至于采用什么镜头、什么焦距，要根据所处的位置和与物体的距离而定。

7.3 《梦幻香港》

创意思维与拍摄技巧

《梦幻香港》拍摄于中国香港，是一幅 2 个场景 2 次曝光的多重曝光作品。多重曝光是改变影像空间的艺术，是将现实与想象组合在一起，营造具有美感的影像的技术，拍摄时要考虑元素之间的可融性和结构的合理性。香港太平山高楼林立，前景中的大楼是香港的地标性建筑，远处的建筑群表现了此地的繁华。从画面的整体布局考虑，将几座大山浮印在大厦之间，山和大楼的影像非常相似，这样前后景就都有了很强的层次感，平淡的楼房因为有了山的影像而呈现出了梦幻般的效果，前后呼应，十分和谐。

▲ 设置参数

器材：佳能 EOS 5D Mark III　白平衡：日光　感光度：ISO320　照片风格：风光　测光模式：中央重点平均测光　图像画质：RAW
曝光次数：2 次　曝光模式：光圈优先

◀ 步骤1 第一次曝光

| 光圈：f/5.6 |
| 快门：1/400s |
| 焦距：130mm |
| 曝光补偿：-3 挡 |
| 多重曝光模式：加法 |
| 镜头：70-200mm |

第一次曝光，选择了部分山的影像画面，尽量把画面压暗，曝光补偿减少 3 挡。

▶ 步骤2 第二次曝光

| 光圈：f/22 |
| 快门：1/400s |
| 焦距：200mm |
| 曝光补偿：-2 挡 |
| 多重曝光模式：加法 |
| 镜头：70-200mm |

第二次曝光，高角度俯拍，选择了地标性建筑群，曝光补偿减少 2 挡。

作品主要采用了"异景叠加法""纹理叠加法"，2 次曝光均采用了"加法"模式，后期简单地调整对比度和饱和度即可完成作品。

7.4《水墨宏村》

创意思维与拍摄技巧

　　《水墨宏村》拍摄于中国安徽，是一幅2个场景4次曝光的多重曝光作品。中国建筑具有浓郁的地域特色，宏村素有"中国画里乡村"的美称，这个古老而著名的徽派建筑群，自然景观与人文景观交相辉映。每天有上百人来拍摄，作品不计其数，从风光摄影的角度拍摄的作品大同小异。我的创意是把自然风光和古建筑相结合，既不能与以往的作品太过相似，又要突出宏村的特色。我是在雨天去拍摄的，雨天和雾天更能拍出水墨般的朦胧效果。

▲ 设置参数

器材：佳能 EOS 5D Mark III　白平衡：日光　感光度：ISO400
照片风格：风光　测光模式：中央重点平均测光　图像画质：RAW
　曝光次数：4次　曝光模式：M挡

▲ **步骤1** 第一次曝光

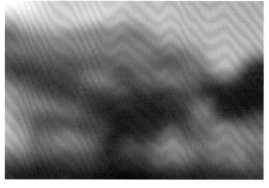

| 光圈：f/6.3 |
| 快门：1/400s |
| 焦距：298mm |
| 曝光补偿：－1挡 |
| 多重曝光模式：平均 |
| 镜头：70-200mm+1.4×增倍镜 |

第一次曝光，选择了月沼湖对面非常有代表性的徽派建筑在水中的影像，虚焦拍摄。拍虚的画面以建筑的形状接近色块为准，曝光补偿减少1挡。

▲ 步骤2 第二次曝光

光圈：f/5.6
快门：1/400s
焦距：255mm
曝光补偿：-1.3挡
多重曝光模式：平均
镜头：70-200mm+
　　　1.4×增倍镜

第二次曝光，拍摄同一建筑，虚焦拍摄，以建筑影像呈朦胧状态为准，曝光补偿减少1.3挡。

▲ 步骤3 第三次曝光

光圈：f/5.6
快门：1/400s
焦距：230mm
曝光补偿：-1挡
多重曝光模式：平均
镜头：70-200mm+
　　　1.4×增倍镜

第三次曝光，继续拍摄同一建筑，实焦拍摄，曝光补偿减少1挡。

▲ 步骤4 第四次曝光

光圈：f/5.6
快门：1/200s
焦距：150mm
曝光补偿：-1.5挡
多重曝光模式：加法
镜头：70-200mm+
　　　1.4×增倍镜

第四次曝光，以天空为背景，拍摄远处雨中的树林，将镜头下面遮住，只留上部分的树木，为作品的上方添加素材，曝光补偿减少1.5挡。

　　作品采用了"重复叠加法""遮挡叠加法""虚实叠加法""纹理叠加法"4种叠加法，前三次曝光均采用了"平均"模式，第四次曝光采用了"加法"模式，后期调整对比度和饱和度即可完成作品。对同一画面进行连续虚焦和实焦拍摄时，机位不动，变焦拍摄，拍摄的画面要相应错开一些位置。这种有代表性的徽派建筑非常适合多重曝光创作，拍摄出的作品意境浓郁，具有水墨画般的韵味。

　　我在宏村拍了百余幅作品，不同的创意和方法拍摄出的效果也不同，有水墨画效果的，有版画效果的，有抽象效果的，有写意效果的，通过几组不同的画面效果，更加突出了宏村的特色和朦胧的意境。

7.5《水映月沼》

创意思维与拍摄技巧

《水映月沼》拍摄于中国安徽，是一幅 2 个场景 4 次曝光的多重曝光作品。该作品和《水墨宏村》拍摄于同一个场景，通过水中的倒影，虚实变化的结合，赋予古村动静相宜、引人入胜的梦幻意境。

▶ 设置参数

器材：佳能 EOS 5D Mark III　白平衡：日光　感光度：ISO640　照片风格：风光　测光模式：中央重点平均

测光　图像画质：RAW　曝光次数：4 次　曝光模式：M 挡

▲ 步骤1 第一次曝光

光圈：f/4	
快门：1/320s	
焦距：98mm	
曝光补偿：-1.5 挡	
多重曝光模式：加法	
镜头：70-200mm+	
1.4×增倍镜	

第一次曝光，选择了建筑在月沼湖中的倒影，实焦拍摄，曝光补偿减少 1.5 挡。

▲ 步骤2 第二次曝光

光圈：f/4	
快门：1/320s	
焦距：120mm	
曝光补偿：-1 挡	
多重曝光模式：加法	
镜头：70-200mm+	
1.4×增倍镜	

第二次曝光，选择了月沼湖边有生活场景的建筑，虚焦拍摄，以建筑影像呈朦胧状态为准，曝光补偿减少 1 挡。

▲ 步骤3 第三次曝光

光圈：f/4	
快门：1/200s	
焦距：98mm	
曝光补偿：-1.5 挡	
多重曝光模式：加法	
镜头：70-200mm+	
1.4×增倍镜	

第三次曝光，继续拍摄同一建筑，实焦拍摄，曝光补偿减少 1.5 挡。

◀ 步骤4 第四次曝光

光圈：f/4	快门：1/320s
焦距：70mm	曝光补偿：-1.5 挡
多重曝光模式：加法	镜头：770-200mm+1.4×增倍镜

第四次曝光，与第三次曝光的画面错开一点位置，实焦拍摄，曝光补偿减少 1.5 挡。

作品主要采用了"明暗叠加法""重复叠加法""虚实叠加法"，4 次曝光均采用了"加法"模式，后期调整对比度和饱和度即可完成作品。

创作过程中要注意素材叠加的位置，由于素材一次次叠加在同一画面中，导致元素逐渐增加，每一次叠加都是对技术的考验，要准确地将元素叠加到正确的位置以重新组合画面。盲目地叠加是造成多重曝光作品失败的原因之一。

7.6 《版画之乡》

创意思维与拍摄技巧

《版画之乡》拍摄于中国安徽，是一幅 2 个场景 2 次曝光的多重曝光作品。江南水乡的建筑独具特色，往往与园林建筑合二为一，依山而建，环境幽雅。通过房屋、庭院、小桥流水与色彩纹理的融合，展现了版画般的效果。突出了江南水乡神秘的韵味。

▲ 设置参数

器材：佳能 EOS 5D Mark III　白平衡：日光　感光度：ISO400　照片风格：风光　测光模式：中央重点平均测光　图像画质：RAW
曝光次数：2 次　曝光模式：M 挡

▶ **步骤 1** 第一次曝光

光圈：f/6.3
快门：1/100s
焦距：170mm
曝光补偿：-2 挡
多重曝光模式：加法
镜头：70-200mm+1.4×增倍镜

第一次曝光，选择了一个典型的乡村画面，低角度拍摄。当母女走过小桥时按下快门，丰富了画面的内容，令画面充满了活力，曝光补偿减少 2 挡。

◀ 步骤2 第二次曝光

| 光圈：f/6.3 |
| 快门：1/050s |
| 焦距：98mm |
| 曝光补偿：-1.5挡 |
| 多重曝光模式：加法 |
| 镜头：70-200mm+1.4×增倍镜 |

第二次曝光，选择了古墙上色彩丰富、质感非常强的纹理叠加在画面中，曝光补偿减少1.5挡。

作品主要采用了"纹理叠加法""异景叠加法"，2次曝光均采用了"加法"模式，后期调整对比度和饱和度即可完成作品。

7.7 《悉尼之歌》

创意思维与拍摄技巧

《悉尼之歌》拍摄于澳大利亚，是一幅2个场景4次曝光的多重曝光作品。悉尼歌剧院是悉尼市的地标建筑，被列为世界文化遗产。独特的设计令悉尼歌剧院像一艘起航的帆船，飘荡在蔚蓝的海面上，故该建筑又有"船帆屋顶剧院"之称。我的创意是通过歌剧院巨大的三组壳片和色彩的叠加，以红黄色作为主色调，打造一个色彩缤纷、与众不同的艺术殿堂。

◀ 设置参数

器材：佳能 EOS 5D Mark III 白平衡：日光 感光度：ISO 1250 照片风格：风光

模式：中央重点平均测光 图像画质：RAW 曝光次数：4次 曝光模式：M挡 测光

▲ 步骤1 第一次曝光

光圈：f/13
快门：1/1600s
焦距：300mm
曝光补偿：-1挡
多重曝光模式：平均
镜头：100-400mm

第一次曝光，以天空为背景，拍摄歌剧院的整体，将画面拍满，曝光补偿减少1挡。

▲ 步骤2 第二次曝光

光圈：f/13
快门：1/1600s
焦距：400mm
曝光补偿：-1挡
多重曝光模式：平均
镜头：100-400mm

第二次曝光，变换焦距，选择歌剧院屋顶的三组壳片拍摄特写，拍摄的画面要和第一次曝光得到的画面位置错开，曝光补偿减少1挡。

▲ 步骤3 第三次曝光

光圈：f/13
快门：1/2500s
焦距：400mm
曝光补偿：-2挡
多重曝光模式：平均
镜头：100-400mm

第三次曝光，选择与第二次曝光相同的画面进行拍摄，得到的画面和前两次曝光得到的画面错开位置，不要重叠，曝光补偿减少2挡。

▲ 步骤4 第四次曝光

光圈：f/4
快门：1/125s
焦距：105mm
曝光补偿：-4.5挡
多重曝光模式：平均
镜头：24-105mm

第四次曝光，拍摄了一幅色彩艳丽的图案并将其叠加在画面中，画面融合均匀，给颜色单一的建筑增加了纹理和色彩。为了不让叠加的素材过多地覆盖在画面之中，从而造成画面混乱，因此曝光补偿大幅度减少4.5挡。

　　作品采用了"重复叠加法""色彩叠加法"，4次曝光均采用了"平均"模式，后期调整对比度和饱和度即可完成作品。

　　拍摄过程中感光度的提高是非常重要的，拍摄本作品时，感光度设置为1250，第三次曝光时快门速度为1/2500s，在曝光补偿减少到4.5挡的情况下，第四次曝光的快门速度只有1/125s。由于第一次曝光时所设置的感光度数值是这幅作品的唯一数值，因此要根据作品的需要适当提高感光度，才能保证后续拍摄时快门速度不受影响，直到完成作品。由此可见，适当提高感光度是很有必要的。

7.8《悉尼歌剧院》

创意思维与拍摄技巧

《悉尼歌剧院》拍摄于澳大利亚，是一幅 2 个场景 4 次曝光的多重曝光作品。作品和《悉尼之歌》拍摄于同一个地方，只是拍摄角度有所变化，通过对海边余晖中的悉尼歌剧院进行重复拍摄，令歌剧院在晚霞的照映下，远远望去就像一艘艘巨型的帆船带着音乐的梦想驶向美丽的远方……

◀ 设置参数

器材：佳能 EOS 5D Mark IV　白平衡：阴天　感光度：ISO640　照片风格：人物

测光模式：中央重点平均测光　图像画质：RAW　曝光次数：4 次　曝光模式：M 挡

▲ 步骤 1 第一次曝光

光圈：f/4.5	快门：1/60s
焦距：105mm	曝光补偿：-2 挡
多重曝光模式：平均	镜头：24-105mm

▲ 步骤 2 第二次曝光

光圈：f/4.5	快门：1/15s
焦距：70mm	曝光补偿：-3 挡
多重曝光模式：平均	镜头：24-105mm

▲ 步骤3 第三次曝光

▲ 第三次曝光后得到的 RAW 格式的原图

光圈:f/4.5	快门:1/15s
焦距:24mm	曝光补偿:-3 挡
多重曝光模式:平均	镜头:24-105mm

▲ 步骤4 第四次曝光

▲ 第四次曝光后得到的 RAW 格式的原图

光圈:f/4.5	快门:1/15s
焦距:105mm	曝光补偿:-3 挡
多重曝光模式:平均	镜头:24-105mm

本作品的拍摄模式、曝光次数、拍摄方法、拍摄技巧等和《悉尼之歌》大致相同。这幅作品第一次曝光时,在画面中预留一部分区域非常重要,要给后面的创作留下更多的空间,避免因画面过满而使作品显得杂乱。

7.9《色彩斑斓的小镇》

创意思维与拍摄技巧

《色彩斑斓的小镇》拍摄于澳大利亚,是一幅 2 个场景 3 次曝光的多重曝光作品。这是一个非常典型的小镇,在晨曦中显得格外清静、幽雅。作品通过虚实叠加的方法,将建筑和色彩糅合在一起,呈现出一种色彩斑斓的影调和油画般的效果。

▲ 设置参数

器材：佳能 EOS 5D Mark IV　白平衡：阴天　感光度：ISO1250　照片风格：风光　测光模式：中央重点平均测光　图像画质：RAW
曝光次数：3 次　曝光模式：M 挡

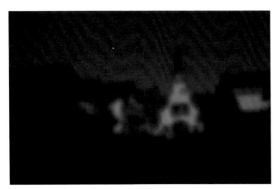

▲ 步骤1 第一次曝光

| 光圈：f/14 |
| 快门：1/2500s |
| 焦距：24mm |
| 曝光补偿：-2 挡 |
| 多重曝光模式：平均 |
| 镜头：24-105mm |

第一次曝光，选择了小镇高低错落的街道场景，虚焦拍摄，以建筑影像呈朦胧的状态为准，晕染背景为画面做铺垫，曝光补偿减少 2 挡。

▲ 步骤2 第二次曝光

| 光圈：f/14 |
| 快门：1/2500s |
| 焦距：24mm |
| 曝光补偿：-2 挡 |
| 多重曝光模式：平均 |
| 镜头：24-105mm |

第二次曝光，选择同一场景实焦拍摄，并与第一次拍摄的虚焦画面吻合，曝光补偿减少 2 挡。

▲ 步骤3 第三次曝光 　　　　　　　　　　　　　　　　　　　　　▲ 第三次曝光后得到的 RAW 格式的原图

| 光圈：f/4 |
| 快门：1/400s |
| 焦距：64mm |
| 曝光补偿：−3 挡 |
| 多重曝光模式：平均 |
| 镜头：24-105mm |

第三次曝光，拍摄了一幅彩色的图案进行叠加，给整个画面增加色彩，曝光补偿减少 3 挡。

• 　　作品主要采用了"虚实叠加法""色彩叠加法"，3 次曝光均采用了"平均"模式。从第三次曝光后得到的作品原图看，与成品差距不大，多重曝光拍摄对后期要求不高，一般只需要简单地调整对比度和饱和度就可以了。

7.10 《浪漫之光》

创意思维与拍摄技巧

　　《浪漫之光》拍摄于突尼斯，是一幅 3 个场景 3 次曝光的多重曝光作品。利用逆光拍摄出光环状的建筑剪影，去叠加其他建筑和彩色纹理，宛如浪漫的童话一般，赋予了画面形式美的艺术影像。

▶ 设置参数
器材：佳能 EOS 5DS R　白平衡：阴天　感光度：ISO400　照片风格：风光
光模式：中央重点平均测光　图像画质：RAW　曝光次数：3 次　曝光模式：M 挡　测

◀步骤1 第一次曝光

光圈：f/4
快门：1/400s
焦距：98mm
曝光补偿：−2.5 挡
多重曝光模式：加法
镜头：70-200mm

第一次曝光，以天空为背景，选择光环状的建筑，逆光拍摄，将建筑拍成剪影并将画面占满，曝光补偿减少 2.5 挡。

◀步骤2 第二次曝光

光圈：f/8
快门：1/400s
焦距：35mm
曝光补偿：−1 挡
多重曝光模式：加法
镜头：16-35mm

第二次曝光，变换焦段拍摄一个建筑场景，曝光补偿减少 1 挡。

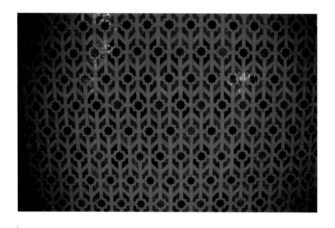

◀步骤3 第三次曝光

光圈：f/2.8
快门：1/15s
焦距：16mm
曝光补偿：−2.5 挡
多重曝光模式：加法
镜头：16-35mm

第三次曝光，拍摄一幅纹理均匀的画面，将其叠加在作品中，给大光比下的天空增加彩色背景，曝光补偿减少 2.5 挡。

　　作品主要采用了"剪影叠加法""明暗叠加法""纹理叠加法"，3 次曝光全部采用了"加法"模式，后期调整对比度和饱和度即可完成作品。

　　作品选择了大反差的剪影画面，这种逆光或侧逆光拍摄出的画面，非常有助于多重曝光的拍摄。利用结构中的高光和暗部区域，可以选择不同的元素进行叠加，这也是常用的一种拍摄方法，拍摄的画面有着强烈的艺术形式感。

7.11 《梦幻之光》

创意思维与拍摄技巧

《梦幻之光》拍摄于德黑兰，是一幅 2 个场景 3 次曝光的多重曝光作品。作品通过虚实叠加的方法，把建筑和色彩糅合在一起，呈现出一种油画般的影调，为气势雄伟、风格新颖的建筑赋予了梦幻般的效果。作品的曝光次数、拍摄方法、多重曝光模式、叠加方法等和作品《色彩斑斓的小镇》大致相同。

▲ 设置参数

器材：佳能 EOS 5D Mark III　白平衡：阴天　感光度：ISO1250　照片风格：风光　测光模式：中央重点平均测光　图像画质：RAW
曝光次数：3 次　曝光模式：M 挡

▲ 步骤 1 第一次曝光

光圈：f/4	快门：1/30s
焦距：35mm	曝光补偿：-2.5 挡
多重曝光模式：平均	镜头：24-105mm

▲ 步骤 2 第二次曝光

光圈：f/4	快门：1/50s
焦距：105mm	曝光补偿：-2 挡
多重曝光模式：平均	镜头：24-105mm

▲ 步骤 3 第三次曝光

光圈：f/4	快门：1/40s
焦距：105mm	曝光补偿：-2.7 挡
多重曝光模式：平均	镜头：24-105mm

7.12 《封存的印记》

创意思维与拍摄技巧

　　《封存的印记》拍摄于中国辽宁，是一幅3个场景3次曝光的多重曝光作品。拍摄古建筑时，要了解它的历史文化背景。东陵公园始建于清朝，它的重要标志就是利用地形修筑的"一百〇八蹬"，象征着三十六天罡和七十二地煞。我的创意是将东陵公园的地标性建筑和碑楼图案、方城门楼等融合在一起，赋予它全新的韵律感和独特的画面。

▲ 设置参数

器材：佳能 EOS 5D Mark IV　**白平衡**：阴天　**感光度**：ISO800　**照片风格**：风光　**测光模式**：中央重点平均测光　**图像画质**：RAW
曝光次数：3次　**曝光模式**：M挡

▶ **步骤 1** 第一次曝光

光圈：f/4.5
快门：1/200s
焦距：24mm
曝光补偿：-2挡
多重曝光模式：平均
镜头：24-105mm

第一次曝光，以"一百〇八蹬"作为背景，采用对称构图，低角度仰拍，曝光补偿减少2挡。

▲ 步骤2 第二次曝光

▲ 第二次曝光后得到的 RAW 格式的原图

光圈：f/13
快门：1/500s
焦距：31mm
曝光补偿：-2.5 挡
多重曝光模式：平均
镜头：24-105mm

第二次曝光，选择有代表性的方城门楼进行拍摄，并把它放在画面的中间，曝光补偿减少 2.5 挡。曝光后将得到的照片保存起来。

▲ 步骤3 第三次曝光

▲ 第三次曝光后得到的 RAW 格式的原图

光圈：f/5.6
快门：1/320s
焦距：45mm
曝光补偿：-4.5 挡
多重曝光模式：平均
镜头：24-105mm

把保存的照片调出来进行第三次曝光。从第二次曝光拍摄的作品原图来看，作品已经初步完成，为了给作品增加历史印记，第三次曝光拍摄了古建筑中的碑楼图案，将其叠加在整个画面中，曝光补偿减少 4.5 挡。

　　作品采用了"纹理叠加法""异景叠加法"，3 次曝光均采用了"平均"模式，后期调整对比度和饱和度即可完成作品。

　　多重曝光非常重要的一个功能就是随时可以调出上一次或以前拍摄的照片进行下一次曝光。随时保存和调出，随时进行创作，拍摄次数无限制，直到拍出令人满意的效果为止，这为作品提供了非常广阔的创作空间。

7.13 《水中城堡》

创意思维与拍摄技巧

▲ 设置参数

器材：佳能 EOS 5D Mark III　白平衡：日光　感光度：ISO400　照片风格：风光　测光模式：中央重点平均测光　图像画质：RAW

曝光次数：2 次　曝光模式：M 挡

▲ 步骤 1 第一次曝光

光圈：f/7.1	快门：1/400s
焦距：98mm	曝光补偿：-1 挡
多重曝光模式：加法	镜头：170-200mm+1.4×增倍镜

▲ 步骤 2 第二次曝光

光圈：f/11	快门：1/500s
焦距：145mm	曝光补偿：-1 挡
多重曝光模式：加法	镜头：70-200mm+1.4×增倍镜

《水中城堡》拍摄于英国，是一幅2个场景2次曝光的多重曝光作品。英国自然风景秀丽，文物古迹比比皆是，许多古迹被列为世界文化和自然遗产。作品通过将水中流动的彩色波纹和单一色彩的城堡叠加在一起，展现了一幅动静相融、与众不同的画面，赋予了城堡梦幻般的影像。作品采用的多重曝光的拍摄方法、拍摄技巧等和作品《版画之乡》大致相同。

▲ 第二次曝光后得到的 RAW 格式的原图

7.14《魅力之城》

创意思维与拍摄技巧

　　《魅力之城》拍摄于英国，是一幅3个场景3次曝光的多重曝光作品。拍摄建筑系列作品时要注意作品的影调，对于颜色比较单一的建筑，需要营造一种影调和气氛，赋予建筑丰富的色彩。本作品通过叠加色块赋予了城堡美丽的色彩，让城堡看上去像置于浪漫的童话世界。

▲ 设置参数

器材：佳能 EOS 5D Mark III　白平衡：日光　感光度：ISO1250　照片风格：风光　测光模式：中央重点平均测光　图像画质：RAW
曝光次数：3次　曝光模式：M 挡

259

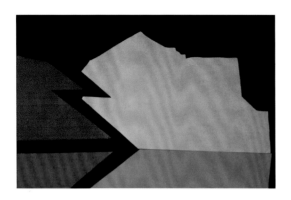

▲ 步骤1 第一次曝光

光圈：f/5.6
快门：1/250s
焦距：280mm
曝光补偿：-1.5 挡
多重曝光模式：加法
镜头：70-200mm+1.4×增倍镜

第一次曝光，选择了一幅不规则的色块图案作为背景，实焦拍摄，曝光补偿减少1.5挡。

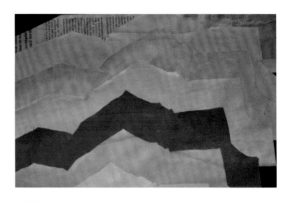

▲ 步骤2 第二次曝光

光圈：f/5.6
快门：1/250s
焦距：245mm
曝光补偿：-1 挡
多重曝光模式：加法
镜头：70-200mm+1.4×增倍镜

第二次曝光，选择了另一幅小一些的色块图案，将其叠加在大的色块中。曝光补偿减少1挡，第二次曝光拍摄后，保存 RAW 格式的原图备用。

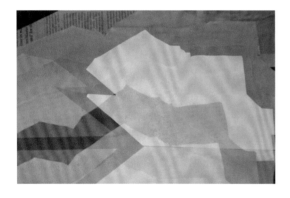

▲ 第二次曝光后得到的 RAW 格式的原图

▲ 步骤3 第三次曝光

光圈：f/14
快门：1/500s
焦距：16mm
曝光补偿：-1.5 挡
多重曝光模式：加法
镜头：16-35mm

把保存的照片调出来进行第三次曝光，拍摄有代表性的城堡的局部，曝光补偿减少1.5挡。

　　作品主要采用了"纹理叠加法""色彩叠加法"，3次曝光全部采用了"加法"模式，后期简单地调整对比度和饱和度，作品就完成了。

7.15 《帆船酒店》

▲ 设置参数

器材：佳能 EOS 5D Mark III　白平衡：阴天　感光度：ISO800　照片风格：风光　测光模式：中央重点平均测光　图像画质：RAW
曝光次数：2次　曝光模式：M挡

▲ 步骤1 第一次曝光

光圈：f/2.8
快门：1/200s
焦距：26mm
曝光补偿：-1挡
多重曝光模式：加法
镜头：24-70mm

▲ 步骤2 第二次曝光

光圈：f/11
快门：1/200s
焦距：300mm
曝光补偿：-1.3挡
多重曝光模式：加法
镜头：70-200mm+1.4×增倍镜

▲ 第二次曝光后得到的 RAW 格式的原图

《帆船酒店》拍摄于迪拜，是一幅 2 个场景 2 次曝光的多重曝光作品。帆船酒店华丽非凡，建筑风格独树一帜，外观如同一艘鼓满了风的帆船，造型轻盈飘逸。作品通过将帆船酒店与水中的丝丝纹理叠加在一起，展现了一幅动静相融的画面，象征着帆船在蓝色的大海中乘风破浪、勇往直前。作品采用的多重曝光模式、拍摄方法、拍摄技巧等和作品《版画之乡》大致相同。

7.16《火车时代》

创意思维与拍摄技巧

《火车时代》拍摄于中国新疆，是一幅 3 个场景 3 次曝光的多重曝光作品。我的创意是通过风格的设计，以红黄色作为主色调，赋予作品热情欢快的氛围。

▲ 设置参数

器材：佳能 EOS 5D Mark IV　白平衡：阴天　感光度：ISO1250　照片风格：人物　测光模式：中央重点平均测光　图像画质：RAW
曝光次数：3 次　曝光模式：M 挡

▲ 步骤1 第一次曝光

光圈：f/4
快门：1/250s
焦距：105mm
曝光补偿：-2.3挡
多重曝光模式：加法
镜头：24-105mm

第一次曝光，以天空为背景，拍摄人物动态的剪影，画面上方留有空白，给第二次曝光留出余地，曝光补偿减少2.3挡。

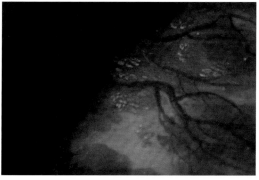

▲ 步骤2 第二次曝光

光圈：f/4
快门：1/25s
焦距：105mm
曝光补偿：-2.7挡
多重曝光模式：加法
镜头：24-105mm

第二次曝光，选择了一幅含有梅花的图案，拍摄时遮挡镜头的左侧，只保留右面的元素进行叠加，曝光补偿减少2.7挡。

▲ 第二次曝光后得到的 RAW 格式的原图 4

▲ 步骤3 第三次曝光

光圈：f/4
快门：1/50s
焦距：105mm
曝光补偿：-3挡
多重曝光模式：加法
镜头：24-105mm

从第二次曝光后得到的原图来看，需要在画面左侧添加素材，因此第三次曝光拍摄了另一幅图案，让整个画面融合均匀，曝光补偿减少3挡。

▲ 第三次曝光后得到的 RAW 格式的原图

　　作品主要采用了"遮挡叠加法""纹理叠加法""色彩叠加法""剪影叠加法"，3次曝光全部采用了"加法"模式。最终作品和原图差不多，后期将原图简单地压暗一点就完成了。

　　这幅作品中的人物和素材相得益彰，缤纷的色彩给平淡的画面增添了活泼的内涵。主体与其他元素之间的合理搭配非常重要，拍摄时要选择在内容、形式、内涵、外在等方面具有关联因素的素材，尤其要选择带有色彩的元素，因为色彩可以赋予作品美感和艺术感染力，会产生令人意想不到的效果。

7.17《油田韵色》

创意思维与拍摄技巧

《油田韵色》拍摄于中国黑龙江的大庆，是一幅 2 个场景 4 次曝光的多重曝光作品。随处可见的抽油机也叫"磕头机"，为勘探石油不分日夜地工作着，其奉献精神让人肃然起敬。我的创意是为颜色深沉单一的"磕头机"赋予浓郁的色彩，营造出生机勃勃的油画般的视觉效果。

◄ 设置参数

器材：佳能 EOS 5D Mark Ⅲ　白平衡：日光　感光度：ISO400　照片风格：风光

测光模式：中央重点平均测光　图像画质：RAW　曝光次数：4 次　曝光模式：M 挡

步骤 1 第一次曝光

光圈：f/4	快门：1/250s
焦距：280mm	曝光补偿：−2.5 挡
多重曝光模式：加法	镜头：70-200mm+1.4×增倍镜

第一次曝光，以天空为背景，拍摄远处的"磕头机"，实焦拍摄，曝光补偿减少了 2.5 挡。

步骤 2 第二次曝光

光圈：f/8	快门：1/125s
焦距：135mm	曝光补偿：−1.5 挡
多重曝光模式：加法	镜头：70-200mm+1.4×增倍镜

第二次曝光，选择另一场景中的"磕头机"，虚焦拍摄，以画面中的形状接近色块为准，曝光补偿减少 1.5 挡。

步骤 3 第三次曝光

光圈：f/8	快门：1/125s
焦距：145mm	曝光补偿：−1 挡
多重曝光模式：加法	镜头：70-200mm+1.4×增倍镜

第三次曝光，继续虚焦拍摄，以"磕头机"影像呈朦胧状态为准，曝光补偿减少 1 挡。

步骤 4 第四次曝光

光圈：f/11	快门：1/60s
焦距：50mm	曝光补偿：−2 挡
多重曝光模式：加法	镜头：70-200mm+1.4×增倍镜

第四次曝光，拍摄了因晚霞映在水中而形成的彩色波纹，给画面添加了色彩，使半透明的"磕头机"产生了梦幻般的艺术效果。曝光补偿减少 2 挡。

作品采用了 3 种叠加法："色彩叠加法""重复叠加法""虚实叠加法"，4 次曝光全部采用了"加法"模式，后期调整对比度和饱和度即可完成作品。

7.18《新乐贡院》

创意思维与拍摄技巧

《新乐贡院》拍摄于中国河北，是同一场景 3 次曝光的多重曝光作品。新乐贡院建于清朝，规模宏大，气势庄严，构造独特，是清代科举考试的场所。行至其中，随处可见的对联体现了学子们金榜题名时"春风得意马蹄疾"的喜悦心情。我的创意是通过参观者的脚步去领略当年秀才考试的风采，画面中的 3 个人其实是同一个人，通过多重曝光将他们错开拍摄、分别叠加，人物叠加后仍有一定的透明度。作品保留了清代的建筑风格，也见证了学子们的珍贵记忆。

▶ 设置参数

器材：佳能 EOS 5D Mark Ⅲ　白平衡：阴天　感光度：ISO400　照片风格：人物　测光模式：点测光　图像画质：RAW　曝光次数：3 次　曝光模式：M 挡

▶ **步骤 1** 第一次曝光

光圈：f/8
快门：1/400s
焦距：98mm
曝光补偿：-2 挡
多重曝光模式：加法
镜头：70-200mm+1.4×增倍镜

第一次曝光，以建筑的整体外观为背景，采用框架式构图，将人物安排在白墙中，曝光补偿减少 2 挡。

▲ 步骤2 第二次曝光

▲ 第二次曝光后得到的 RAW 格式的原图

光圈：f/8
快门：1/400s
焦距：200mm
曝光补偿：-1.7 挡
多重曝光模式：加法
镜头：70-200mm+1.4×增倍镜

第二次曝光，机位不动，拉动变焦错开拍摄，人物之间不要重叠，曝光补偿减少1.7 挡。

▲ 步骤3 第三次曝光

▲ 第三次曝光后得到的 RAW 格式的原图

光圈：f/8
快门：1/400s
焦距：160mm
曝光补偿：-2 挡
多重曝光模式：加法
镜头：70-200mm+1.4×增倍镜

从第二次曝光的效果图可以看出，两个背影人物之间缺少互动，于是又拍了人物的正面，打开取景器进行实时拍摄，把人物放在互动的最佳位置，曝光补偿减少2 挡。

这幅作品是在同一场景进行了 3 次曝光，人与建筑结合时，要巧妙地处理好 3 个人物间的互动关系，错开叠加后，使画面产生交叠的错位效果。叠加时要将人物拍得尽量小一些，目的是和建筑融合，这种透明的叠加效果，层次感突出，颇有冲击性。

作品只采用了"重复叠加法"，通过变换相机焦距来完成作品。3 次曝光全部采用了"加法"模式，后期调整对比度和饱和度即可完成作品。

7.19 《花窗的魅力》

创意思维与拍摄技巧

《花窗的魅力》拍摄于突尼斯，是一幅4个场景4次曝光的多重曝光作品。作品是在室内完成的，虽然室内光线比较暗，但背景简洁，建筑的特点及映在地上的影像十分鲜明。举目皆是美丽的花窗，比较适合多重曝光，只是缺少意境。我的创意是通过为花窗添加彩色的图案，为富丽堂皇的建筑赋予更加美丽的艺术效果。

▲ 设置参数

器材：佳能 EOS 5D Mark III　白平衡：阴天　感光度：ISO800　照片风格：人物　测光模式：中央重点平均测光　图像画质：RAW
曝光次数：4次　曝光模式：M 挡

◀ **步骤1** 第一次曝光

> 光圈：f/3.2
> 快门：1/60s
> 焦距：24mm
> 曝光补偿：−1 挡
> 多重曝光模式：加法
> 镜头：24-70mm

第一次曝光，采用对称构图，选择人物及地上的影子，以低角度从室内向窗外拍摄，拍摄出人物的剪影和花窗的影像，曝光补偿减少1挡。

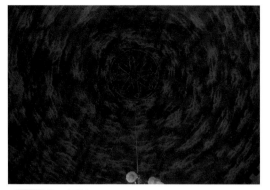

▲ 步骤 2 第二次曝光

| 光圈：f/3.2 |
| 快门：1/60s |
| 焦距：24mm |
| 曝光补偿：-1 挡 |
| 多重曝光模式：加法 |
| 镜头：24-70mm |

第二次曝光，选择了具有特色的图案，将其叠加在画面中，曝光补偿减少 1 挡。

▲ 第二次曝光后得到的 RAW 格式的原图

▲ 步骤 3 第三次曝光

| 光圈：f/3.5 |
| 快门：1/80s |
| 焦距：53mm |
| 曝光补偿：-2.5 挡 |
| 多重曝光模式：加法 |
| 镜头：24-70mm |

从第二次曝光得到的效果图来看，画面有些沉闷，色彩比较单一，因此选择了明亮的色彩继续叠加，曝光补偿减少 2.5 挡。

▲ 第三次曝光后得到的 RAW 格式的原图

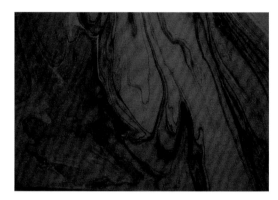

▲ 步骤 4 第四次曝光

| 光圈：f/2.8 |
| 快门：1/200s |
| 焦距：31mm |
| 曝光补偿：-3 挡 |
| 多重曝光模式：加法 |
| 镜头：100-400mm |

从第三次曝光得到的效果图来看，画面中的色彩还是不够明亮，因此再次选择不规则的图案继续叠加。注意，选择的图案不要太具象，否则会影响画面的美感和结构，对曝光量的控制要恰当，曝光补偿减少 3 挡。

▲ 第四次曝光后得到的 RAW 格式的原图

作品主要采用了"剪影叠加法""纹理叠加法""色彩叠加法"3种叠加法拍摄，4次曝光全部采用了"加法"模式，从第四次曝光后得到的作品原图来看，与后期成品差别不大，后期简单地调整对比度和饱和度即可完成作品。

这幅作品主要以纹理和色彩叠加为主，随时查看曝光的效果图至关重要。每叠加一次，都要及时查看整体画面是否合理，主体是否突出，还缺少什么样的素材，要不断地思考和改进，让效果更明显，从而达到预想的效果。

7.20 《广场韵色》

创意思维与拍摄技巧

《广场韵色》拍摄于巴西，是一幅2个场景2次曝光的多重曝光作品。圣萨巴斯蒂广场与百年歌剧院相邻，最有特色的就是波浪似的地面非常有动感。我的创意是将开航纪念碑与波浪纹地面结合，广场的纪念碑仿佛在流动的风沙中遥望着远方，打造出一种动静相融的意境之美。

▲ 设置参数

器材：佳能 EOS 5D Mark III　**白平衡**：日光　**感光度**：ISO320　**照片风格**：风光　**测光模式**：中央重点平均测光　**图像画质**：RAW 格式　**曝光次数**：2次　**曝光模式**：M挡

◀ 步骤1 第一次曝光

光圈：f/9	
快门：1/200s	
焦距：16mm	
曝光补偿：-1挡	
多重曝光模式：加法	
镜头：16-35mm	

第一次曝光，以天空为背景，低角度拍摄广场的开航纪念碑，按照多重曝光构图法，画面上方留出空白，曝光补偿减少1挡。

◀ 步骤2 第二次曝光

光圈：f/8	
快门：1/1000s	
焦距：25mm	
曝光补偿：-1.5挡	
多重曝光模式：加法	
镜头：16-35mm	

第二次曝光，选择波浪似的地面，高角度俯拍，给整体画面添加动感，曝光补偿减少1.5挡。

◀ 第二次曝光后得到的 RAW 格式的原图

　　作品主要采用了"纹理叠加法""同景叠加法"，2次曝光均采用了"加法"模式，后期调整对比度和饱和度即可完成作品。

7.21 《色达之美》

创意思维与拍摄技巧

　　《色达之美》拍摄于中国四川，是一幅 2 个场景 3 次曝光的多重曝光作品。色达是一个非常美丽的地方，是川西最神秘的土地，尤其是它的建筑，更是令人神往。我的创意是通过建筑之间的融合叠加，表现色达的建筑之美。

▲ 设置参数

器材：佳能 EOS 5D Mark III　白平衡：阴天　感光度：ISO400　照片风格：人物　测光模式：中央重点平均测光　图像画质：RAW
曝光次数：3 次　曝光模式：M 挡

▶ 步骤 1 第一次曝光

光圈：f/14
快门：1/400s
焦距：170mm
曝光补偿：-1.5 挡
多重曝光模式：加法
镜头：70-200mm+1.4×增倍镜

第一次曝光是在落日时分，以天空为背景，虚焦拍摄，曝光补偿减少 1.5 挡。

▲ 步骤2 第二次曝光

| 光圈：f/10 |
| 快门：1/400s |
| 焦距：192mm |
| 曝光补偿：-1.7挡 |
| 多重曝光模式：加法 |
| 镜头：70-200mm+1.4×增倍镜 |

第二次曝光是在同一个场景，实焦拍摄，曝光补偿减少1.7挡。

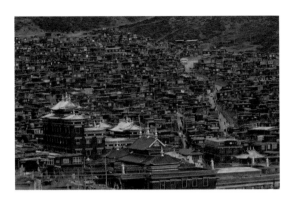

▲ 步骤3 第三次曝光

| 光圈：f/16 |
| 快门：1/250s |
| 焦距：125mm |
| 曝光补偿：-2挡 |
| 多重曝光模式：加法 |
| 镜头：70-200mm+1.4×增倍镜 |

第三次曝光，选择漫山遍野的红房建筑实焦拍摄，增加画面层次和纵深感，曝光补偿减少2挡。

作品采用了"虚实叠加法""大小叠加法""异景叠加法"，3次曝光均采用了"加法"模式，后期调整对比度和饱和度即可完成作品。

7.22《走进葡萄酒庄园》

创意思维与拍摄技巧

《走进葡萄酒庄园》拍摄于越南，是一幅2个场景6次曝光的多重曝光作品。这幅作品是顶着雨拍摄的，雨天的湿气非常大，空气中弥漫着淡淡的雨雾，广场中一个葡萄酒瓶造型的装饰物很引人注目。我的创意是以葡萄酒瓶造型的装饰物为主体，瓶中叠加的素材为陪体，两者相融后呈现一种人在瓶中走的影像，给人以无限的遐想。

▶ 设置参数

器材：佳能 EOS 5D Mark IV　白平衡：日光　感光度：ISO640　照片风格：风光　测光模式：中央重点平均测光　图像画质：RAW　曝光次数：6次　曝光模式：M挡

▲ 步骤1 第一次曝光

光圈：f/8	快门：1/1600s
焦距：35mm	曝光补偿：-1.3 挡
多重曝光模式：加法	镜头：24-105mm

第一次拍摄，以天空为背景，采用竖构图低角度拍摄，将葡萄酒瓶拍满画面，曝光补偿减少 1.3 挡，选择"加法"模式。

▲ 步骤2 第二次曝光

光圈：f/8	快门：1/1250s
焦距：42mm	曝光补偿：-1 挡
多重曝光模式：加法	镜头：24-105mm

第二次拍摄，相机不动，拉动焦距，从 35mm 拉到 42mm，曝光补偿减少 1 挡，选择"加法"模式。

▲ 步骤3 第三次曝光

光圈：f/8	快门：1/1000s
焦距：50mm	曝光补偿：-1 挡
多重曝光模式：加法	镜头：24-105mm

第三次拍摄，相机不动，拉动焦距，从 42mm 拉到 50mm，曝光补偿减少 1 挡，选择"加法"模式。三次曝光后将图片保存起来备用。

◀ 第三次曝光后得到的 RAW 格式的原图

▶ 步骤4 第四次曝光

光圈：f/8	快门：1/60s
焦距：97mm	曝光补偿：-2 挡
多重曝光模式：加法	镜头：24-105mm

从第三次曝光得到的效果图来看，主体的影像已经初步完成，把保存的作品调出来进行第四次曝光，近距离拍摄酒瓶外观上的大块纹理，虽然下着细雨，但纹理仍然很清晰。曝光补偿减少 2 挡，选择"加法"模式。

▲ 步骤5 第五次曝光

光圈：f/8	快门：1/40s
焦距：97mm	曝光补偿：-1 挡
多重曝光模式：加法	镜头：24-105mm

第五次拍摄，继续拍摄酒瓶外观上的纹理，和第四次拍摄的纹理要有所区别。曝光补偿减少 1 挡，选择"加法"模式。

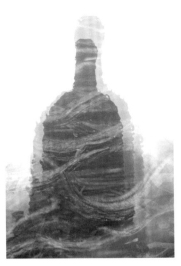

▲ 第五次曝光后得到的 RAW 格式的原图

▲ 步骤6 第六次曝光

光圈：f/6.3	快门：1/200s
焦距：105mm	曝光补偿：-1 挡
多重曝光模式：平均	镜头：24-105mm

第六次拍摄，高角度俯拍远处走过的熙熙攘攘的人群，人群越密集越好。曝光补偿减少 1 挡，选择"平均"模式。

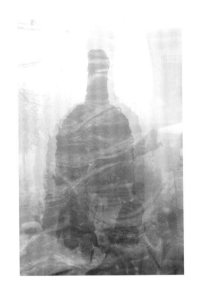

◀ 第六次曝光后得到的 RAW 格式的原图

作品采用了"异景叠加法""纹理叠加法""重复叠加法"3 种不同的叠加法拍摄，变换相机焦距完成。从 6 次曝光后得到的原图来看，色彩比较单一，因此后期将天空调成接近葡萄酒的淡黄色，再重点调整饱和度和对比度完成作品。作品唯一的不足就是，在第一次曝光时曝光补偿减得不够，造成 3 次曝光后叠加的痕迹已经淡化得没有了，所以拍摄时要注意这一点。随着同一画面中元素的不断叠加，加减曝光补偿是非常重要的环节。只有控制好曝光量，才能将主体与其他素材合理地融合在一起，增加作品的通透度，拍摄出优秀的艺术作品。

7.23《北京胡同》

创意思维与拍摄技巧

《北京胡同》拍摄于北京，是一幅2个场景4次曝光的多重曝光作品。北京胡同历史悠久，见证了北京的历史变迁。作品以胡同中比较有特色的圆形台柱为背景，将胡同中的生活场景拍摄进来，仿佛穿越时光回到了从前……

▶ 设置参数

器材：佳能 EOS 5D Mark III　白平衡：阴天　感光度：ISO200　照片风格：风光　测光模式：中央重点平均测光
图像画质：RAW　曝光次数：4 次　曝光模式：M 挡

步骤 1 第一次曝光

光圈：f/5.6
快门：1/250s
焦距：150mm
曝光补偿：-2.5 挡
多重曝光模式：加法
镜头：100-400mm

第一次曝光，拍摄了圆形台柱，实焦拍摄，并将画面拍满，曝光补偿减少2.5 挡。

步骤 2 第二次曝光

光圈：f/5.6
快门：1/400s
焦距：150mm
曝光补偿：-2.5 挡
多重曝光模式：加法
镜头：100-400mm

第二次曝光，选择了同一台柱画面，虚焦拍摄，虚化的程度以台柱影像呈朦胧的状态为准，曝光补偿减少2.5 挡。

步骤 3 第三次曝光

光圈：f/5.6
快门：1/400s
焦距：170mm
曝光补偿：-1 挡
多重曝光模式：加法
镜头：100-400mm

第三次曝光，继续虚焦拍摄台柱，虚化的程度比第二次曝光得到的画面再朦胧一些，渐变为色块，曝光补偿减少 1 挡。

步骤 4 第四次曝光

光圈：f/5.6
快门：1/400s
焦距：100mm
曝光补偿：-1 挡
多重曝光模式：加法
镜头：100-400mm

第四次曝光，实焦拍摄胡同的街道场景，曝光补偿减少 1 挡。

　作品主要采用了"虚实叠加法""异景叠加法"，4 次曝光全部采用了"加法"模式，后期调整饱和度和对比度即可完成作品。

7.24 《泸定桥》

创意思维与拍摄技巧

　　《泸定桥》拍摄于中国四川，是一幅2个场景2次曝光的多重曝光作品。泸定桥是古代劳动人民智慧的结晶，是重要的历史纪念地，当年飞夺泸定桥的战斗可谓中国革命史上的奇迹。作品利用逆光拍摄出的剪影去叠加泸定桥，仿佛穿越时空，回到当年的战场。通过变换角度，不但令画面有了非常强的纵深感，画面中的几何图形也格外耀眼，为作品增了光。

◀ 设置参数

器材：佳能 EOS 5D Mark III　白平衡：阴天　感光度：ISO400　照片风格：风光

测光　图像画质：RAW　曝光次数：2次　曝光模式：M挡　测光模式：中央重点平均

▲ 步骤1 第一次曝光

| 光圈：f/16 |
| 快门：1/500s |
| 焦距：250mm |
| 曝光补偿：-2 挡 |
| 多重曝光模式：加法 |
| 镜头：100-400mm |

第一次曝光，以天空为背景，低角度仰拍，逆光下将桥上的望柱拍成剪影，并将画面占满。曝光补偿减少 2 挡。

▲ 步骤2 第二次曝光

| 光圈：f/16 |
| 快门：1/500s |
| 焦距：100mm |
| 曝光补偿：-2 挡 |
| 多重曝光模式：加法 |
| 镜头：100-400mm |

第二次曝光，变换焦距，高角度俯拍整座大桥，并将其叠加到剪影中，叠加后的画面呈现出三角形、圆形、长方形等几何图形，非常美丽。曝光补偿减少 2 挡。

▲ 第二次曝光后得到的 RAW 格式的原图

作品主要采用了"剪影叠加法""明暗叠加法"，2 次曝光均采用了"加法"模式，后期调整对比度和饱和度即可完成作品。

大反差的剪影有助于多重曝光的拍摄，利用画面中的高光区域和暗部区域，选择不同的元素进行叠加，可以得到具有强烈艺术感的多层次画面。

第

8

章

/

树木
系列

　　多重曝光拍摄的题材非常广泛，独具魅力的摄影技法不但可以激发摄影者的创作激情，还可以让摄影者把创意和想象发挥到极致，不受场景的约束，在任何环境中都可以随心所欲地组合预想的画面，打造奇异的新影像。

　　自然界中一些美丽的形状存在于植物中，虽然植物在摄影中往往以配角的形式出现，但多重曝光可以把它作为主体来拍摄，可以让充满活力的植物成为画面的核心。拍摄植物的影像不是写实，而是写意，要赋予植物魔幻般的意境，拍摄出清新的、淡雅的、抽象的、朦胧的艺术作品。

　　植物有许多共同点，但每一种植物都有它的个性和特点，拍摄者要从形状、纹理、线条、色彩等方面去考虑和布局，要考虑素材搭配是否协调，前后的呼应是否合理。一般情况下，拍摄植物时多用逆光或侧逆光来表现，利用日出、日落前后的光影，寻找比较亮的物体，包括植物叶子上的反光，巧妙地利用这种光影，可以拍出独特的效果。

　　拍摄植物时用长焦镜头比较多，利用长焦镜头不但可以虚化背景，拍出虚幻的效果；通过转动镜头，利用一些光点还可以拍摄出光斑形成的美丽光环；也可以用折反镜头去拍摄，呈现出一个个美丽的"甜圈圈"，增加画面的趣味性，从而拍摄出如梦如幻的艺术影像。

　　拍摄的方法多种多样，常用叠加方法有虚实叠加法、色彩叠加法、冷暖叠加法、动静叠加法、纹理叠加法等。本章列举的是具有代表性的 2~6 次曝光不等的不同风格的多重曝光作品。

8.1 《仙人掌花》

创意思维与拍摄技巧

　　《仙人掌花》拍摄于北美墨西哥，是一幅 2 个场景 2 次曝光的多重曝光作品。仙人掌是墨西哥的国花，有"沙漠英雄花"的美誉，生机勃勃，具有顽强的生命力。仙人掌在日常生活中很常见，我的创意是以灌木树为素材，把生长在地上的仙人掌拍进天空，拍到树上，不但可以强化仙人掌的细节和果实，还可以表现仙人掌的勇敢和坚强。

◀ 设置参数

器材：佳能 EOS 5D Mark Ⅲ

测光模式：点测光　图像画质：RAW　白平衡：日光　感光度：ISO640　照片风格：风光

曝光次数：2 次　曝光模式：M 挡

◀ 步骤1 第一次曝光

光圈：f/16
快门：1/800s
焦距：70mm
曝光补偿：-2.5 挡
多重曝光模式：加法
镜头：70-200mm

第一次曝光，以天空为背景，选择了同仙人掌形状相似的灌木。低角度仰拍，画面上方留出空白，并把天空压暗，曝光补偿减少 2.5 挡。

▲ 步骤2 第二次曝光

光圈：f/10
快门：1/320s
焦距：70mm
曝光补偿：-1 挡
多重曝光模式：加法
镜头：70-200mm

第二次曝光，拍摄了有代表性的一片茂密的仙人掌，拍摄时尽量把画面布满，曝光补偿减少 1 挡。

作品主要采用了"纹理叠加法""异景叠加法"，2次曝光均采用了"加法"模式，从第二次曝光后得到的原图来看，与成品差别不大，后期简单地调整对比度和饱和度即可完成作品。一个好的创意，就能让拍摄者拍出令人意想不到的影像。

拍摄这种常见的植物时，选择什么样的素材进行叠加非常重要，头脑中要有一个最初的创意影像。

▲ 第二次曝光后得到的 RAW 格式的原图

8.2《梦幻九寨沟》

创意思维与拍摄技巧

《梦幻九寨沟》拍摄于中国四川，是一幅3个场景3次曝光的多重曝光作品。九寨沟的美在于它的影调和色彩，像油画一样色彩斑斓。如何拍出与众不同、不落俗套的九寨沟影像呢？发挥想象至关重要。我的创意是将九寨沟的自然元素及现实技术结合，将冷暖色调融入画面中，秋时、白桦树、五彩池融于一图，既抽象又美丽的人间瑶池即可呈现在眼前，令人赏心悦目。残酷的地震破坏了九寨的自然美景，人间瑶池已成为记忆，唯有镜头记录着它们曾经的美丽。

▲ 设置参数

器材：佳能 EOS 5D Mark III　白平衡：日光　感光度：ISO400　照片风格：风光　测光模式：中央重点平均测光　图像画质：RAW　曝光次数：3次　曝光模式：M挡

◀ 步骤 1 第一次曝光

| 光圈：f/6.3 |
| 快门：1/160s |
| 焦距：85mm |
| 曝光补偿：−1 挡 |
| 多重曝光模式：加法 |
| 镜头：70-200mm+1.4×增倍镜 |

第一次曝光，透过湖面，用长焦拍摄一部分白桦树的影像，并将其放在画面的右侧，曝光补偿减少 1 挡。

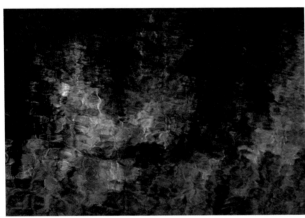

▲ 步骤 2 第二次曝光

光圈：f/4	快门：1/200s
焦距：98mm	曝光补偿：−1.5 挡
多重曝光模式：加法	镜头：70-200mm+1.4×增倍镜

第二次曝光，拍摄了五彩池中冷暖色调明显的部分影像，上面是冷色调，下面偏暖色调，曝光补偿减少 1.5 挡。

▶ 步骤 3 第三次曝光

| 光圈：f/4 |
| 快门：1/100s |
| 焦距：98mm |
| 曝光补偿：−2 挡 |
| 多重曝光模式：加法 |
| 镜头：70-200mm+1.4×增倍镜 |

第三次曝光，再次透过湖面，用长焦拍摄白桦树的影像，并将其放在画面的左侧，和第一次曝光得到的影像相呼应。曝光补偿减少 2 挡。

作品主要采用了"纹理叠加法""冷暖叠加法""异景叠加法"，3 次曝光均采用了"加法"模式，后期重点调整对比度和饱和度。

九寨沟的湖面非常平静，像镜子一样，只有星星点点的波纹，这种波纹倒映着白桦树影像，非常有意境，通过冷暖叠加，提高了画面的层次感，令画面产生了梦幻般的意境。

8.3《猴面包树》

创意思维与拍摄技巧

《猴面包树》拍摄于马达加斯加，是一幅2个场景4次曝光的多重曝光作品。猴面包树是马达加斯加的标志性物种之一，已经被世界自然保护联盟列为濒危物种。也正因为如此，它才吸引了大批摄影师和艺术家前往。

▲ 设置参数

器材：佳能 EOS 5D Mark III　白平衡：日光　感光度：ISO200　照片风格：风光　测光模式：中央重点平均测光　图像画质：RAW
曝光次数：4 次　曝光模式：M 挡

步骤 1 第一次曝光

光圈：f/18	快门：1/3s
焦距：100mm	曝光补偿：-2.5 挡
多重曝光模式：加法	镜头：70-200mm

第一次曝光，选择一片分布均匀的猴面包树树林，虚焦拍摄，虚化的程度以看到树影形成的色块为准，曝光补偿减少 2.5 挡。

步骤 2 第二次曝光

光圈：f/18	快门：1/3s
焦距：180mm	曝光补偿：-3 挡
多重曝光模式：加法	镜头：70-200mm+1.4×增倍镜

第二次曝光，选择同一画面，机位不动，虚焦拍摄，虚化到能看到树的影像即可。和第一次拍摄时错开位置并比第一次的影像略清晰一些，二次曝光后得到虚化的画面。曝光补偿减少 3 挡。

步骤 3 第三次曝光

光圈：f/8	快门：1/160s
焦距：200mm	曝光补偿：-2.5 挡
多重曝光模式：加法	镜头：70-200mm+1.4×增倍镜

第三次曝光，选择同一画面，机位不动，实焦拍摄，和前两次拍摄的虚化画面错开位置，不要重叠，曝光补偿减少 2.5 挡。

步骤 4 第四次曝光

光圈：f/16	快门：1/3s
焦距：110mm	曝光补偿：-3 挡
多重曝光模式：加法	镜头：70-200mm+1.4×增倍镜

第四次曝光，拍摄落日，利用傍晚的余晖为整个画面增加色彩，曝光补偿减少 3 挡。虚实相融，画面呈现出强烈的立体纵深感，烘托出画面的虚幻影像，为作品增加了意境。

作品的内涵重在突出意境之美，画面中充满悠悠禅意，既体现了艺术的透视与空灵，又达到了寓意深远的效果。作品主要采用了"明暗叠加法""色彩叠加法"，4 次曝光均采用了"加法"模式，后期重点调整饱和度和对比度。

8.4 《幽幽白桦林》

创意思维与拍摄技巧

《幽幽白桦林》拍摄于中国黑龙江，是同一个场景 3 次曝光的多重曝光作品。大平台湿地水域广阔，沼泽遍布，林木茂密，以天然植被繁茂而著称，生机盎然的白桦林在一团团迎风绽放的杜鹃花的衬托下，美丽自然，变幻神奇。我的创意是通过白桦林与杜鹃花的融合，展现一种惬意的感觉。

▲ 设置参数

器材：佳能 EOS 5D Mark III　**白平衡**：日光　**感光度**：ISO125　**照片风格**：风光　**测光模式**：点测光　**图像画质**：RAW　**曝光次数**：3 次　**曝光模式**：M 挡

步骤 1 第一次曝光

光圈：f/4.5	快门：1/320s
焦距：180mm	曝光补偿：-2 挡
多重曝光模式：加法	镜头：70-200mm

第一次曝光，选择了一片有代表性的、排列整齐的白桦林，实焦拍摄，并用遮挡的方法把镜头的上半部分挡住，曝光补偿减少 2 挡。

步骤 2 第二次曝光

光圈：f/11	快门：1/8s
焦距：180mm	曝光补偿：-2 挡
多重曝光模式：加法	镜头：70-200mm

第二次曝光，选择同一画面，机位不变，虚焦拍摄，拍摄时相机向上方提拉，把白桦树拍成条状，并用遮挡的方法把镜头的下半部分遮挡住，曝光补偿减少 2 挡。

步骤 3 第三次曝光

光圈：f/11	快门：1/8s
焦距：190mm	曝光补偿：-3 挡
多重曝光模式：加法	镜头：70-200mm

第三次曝光，选择同一画面，虚焦拍摄，和前两次拍摄的画面错开一些位置，曝光补偿减少 3 挡。

作品主要采用了"虚实叠加法""重复叠加法""遮挡叠加法"，3 次曝光均采用了"加法"模式，后期简单地调整对比度和饱和度即可完成作品。

随时查看多重曝光时每一次叠加后的成像效果很重要，要看叠加的位置是否正确，缺少什么样的素材，需要将素材叠加到什么位置，并尽可能地去尝试不同的拍摄手法呈现画面的曝光效果，走出思维的定势，常常会得到意想不到的结果。

8.5 《圆舞曲》

创意思维与拍摄技巧

《圆舞曲》拍摄于中国内蒙古，是一幅1个场景4次曝光的多重曝光作品。内蒙古的库伦沙漠植物很少，一棵小树独自屹立在那里，形状很像一个跳舞的小女孩。我的创意是采用虚实相融的方法，将小树和余晖叠加在一起，赋予植物活泼、可爱的拟人化效果，为画面营造独特的艺术魅力。

▶ 设置参数

器材：佳能 EOS 5D Mark Ⅲ　白平衡：阴天　感光度：ISO400　照片风格：风光

测光模式：点测光　图像画质：RAW　曝光次数：4次　曝光模式：M挡

▲ **步骤 1** 第一次曝光

光圈：f/13
快门：1/50s
焦距：98mm
曝光补偿：−1挡
多重曝光模式：加法
镜头：70-200mm+1.4×增倍镜

第一次曝光，在傍晚时分以小树为主体，以天空为背景，低角度虚焦拍摄，曝光补偿减少1挡。

▲ **步骤 2** 第二次曝光

光圈：f/13
快门：1/50s
焦距：110mm
曝光补偿：−1.5挡
多重曝光模式：加法
镜头：70-200mm+1.4×增倍镜

第二次曝光，选择同一画面，机位不变，虚焦拍摄，得到的画面中的小树和第一次拍摄的错开位置，虚化到能看到树的影像，并且比第一次拍摄的略清晰一些即可，曝光补偿减1.5挡，二次曝光后形成虚化的画面。

▲ **步骤 3** 第三次曝光

光圈：f/5.6
快门：1/320s
焦距：130mm
曝光补偿：−2挡
多重曝光模式：加法
镜头：70-200mm+1.4×增倍镜

第三次曝光，同一画面，机位不变，实焦拍摄，和前两次拍摄的画面不要重叠，曝光补偿减2挡。

▲ **步骤 4** 第四次曝光

光圈：f/10
快门：1/125s
焦距：98mm
曝光补偿：−2挡
多重曝光模式：加法
镜头：70-200mm+1.4×增倍镜

第四次曝光，拍摄落日，利用傍晚的余晖为整个画面增加色彩，曝光补偿减少2挡。

作品主要采用了"虚实叠加法""重复叠加法"，4次曝光全部采用了"加法"模式，后期重点调整对比度和饱和度即可完成作品。

8.6 《箭袋树》

创意思维与拍摄技巧

《箭袋树》拍摄于纳米比亚，是一幅 3 个场景 3 次曝光的多重曝光作品。箭袋树是非洲纳米比亚特有的树种，古老且神奇，被列为易危物种。生长在常年干旱的恶劣环境里，遵循着物竞天择的生存之道，强大的抗烈日能力令人难以置信，可以说，箭袋树就是大自然的一大奇迹。

我的创意是通过箭袋树、光影、纹理的叠加，打造出流星雨从天而降的画面效果。不但可以展现箭袋树的雄伟，还给古老的树种蒙上了灵性之气。

▲ 设置参数

器材：佳能 EOS 5D Mark Ⅳ　**白平衡**：日光　**感光度**：ISO500　**照片风格**：风光　**测光模式**：点测光　**图像画质**：RAW　**曝光次数**：3 次　**曝光模式**：M 挡

▶ **步骤 1** 第一次曝光

光圈：f/13
快门：1/200s
焦距：70mm
曝光补偿：-3.5 挡
多重曝光模式：加法
镜头：24-105mm

第一次曝光，拍摄一幅形状不规则的彩色图案，给整个画面添加色彩，曝光补偿减少 3.5 挡。

▲ 步骤2 第二次曝光

光圈：f/4
快门：1/125s
焦距：24mm
曝光补偿：-2 挡
多重曝光模式：加法
镜头：24-105mm

第二次曝光于落日时分，以天空为背景，低角度拍摄高低有序的箭袋树并将其拍成剪影，叠加到第一次曝光的图像中，曝光补偿减少 2 挡。

▲ 第二次曝光后得到的 RAW 格式的原图

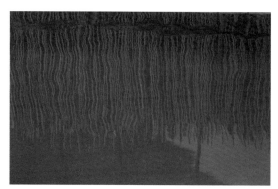

▲ 步骤4 第三次曝光

光圈：f/16
快门：1/100s
焦距：105mm
曝光补偿：-3.5 挡
多重曝光模式：加法
镜头：24-105mm

对于生长在干旱地带的箭袋树来说，对雨水的渴望胜过它的生长愿望，所以第三次曝光拍摄了植物在水中的倒影，给整个画面增加了流动的纹理，曝光补偿减少 3.5 挡。

▲ 第三次曝光后得到的 RAW 格式的原图

　　作品主要采用了"纹理叠加法""色彩叠加法""异景叠加法"，3 次曝光全部采用了"加法"模式，后期重点调整对比度和饱和度即可完成作品。

　　这幅作品需要注意的是对曝光量的控制，按照"减再减"法则，每一次拍摄都要减少曝光补偿。合适的曝光补偿是为了不让素材过多地叠加到画面之中，否则会造成画面模糊。为了保留画面中的剪影，第三次曝光时，曝光补偿大幅度减少。如果曝光补偿控制不到位，无论是欠曝还是过曝，都会降低拍摄的成功率，不合适的曝光量是导致拍摄失败的罪魁祸首。

8.7《箭袋树的家园》

创意思维与拍摄技巧

《箭袋树的家园》拍摄于纳米比亚，是一幅3个场景4次曝光的多重曝光作品。

▲ 设置参数

器材：佳能 EOS 5D Mark IV　白平衡：日光　感光度：ISO800　照片风格：风光　测光模式：点测光　图像画质：RAW　曝光次数：4次　曝光模式：M挡

▶ 步骤1 第一曝光

光圈：f/5.6
快门：1/500s
焦距：105mm
曝光补偿：-3.5挡
多重曝光模式：加法
镜头：24-105mm

第一次曝光，低角度实焦拍摄箭袋树的特写，并将画面拉满当作背景，为后面的曝光做铺垫，拍摄时尽量把树压暗，曝光补偿减少3.5挡。

▲ 步骤2 第二次曝光

光圈：f/5.6
快门：1/500s
焦距：35mm
曝光补偿：-1挡
多重曝光模式：加法
镜头：24-105mm

第二次曝光，以天空为背景，低角度拍摄高低有序的箭袋树。实焦拍摄，曝光补偿减少1挡。

▲ 步骤3 第三曝光

光圈：f/5.6
快门：1/500s
焦距：42mm
曝光补偿：-1挡
多重曝光模式：加法
镜头：24-105mm

第三次曝光，在同一个场景再次拍摄箭袋树，拉动变焦错开位置，实焦拍摄，使画面产生重复交叠的效果。曝光补偿减少1挡。

▲ 步骤4 第四曝光

光圈：f/5
快门：1/400s
焦距：56mm
曝光补偿：-2.5挡
多重曝光模式：加法
镜头：24-105mm

第四次曝光，拍摄了一幅有色块的彩色图案，给整个画面增加彩色。实焦拍摄，曝光补偿减少2.5挡

▲第四次曝光后得到的 RAW 格式的原图

作品采用了"色彩叠加法""重复叠加法""纹理叠加法"，4次曝光全部采用了"加法"模式，后期简单地调整对比度和饱和度即可完成作品。4次曝光全部是实焦拍摄，并且重复进行叠加。这种重复叠加的方法是多重曝光常用的方法之一。通过对同一个物体进行多次叠加，可以使画面产生重复交叠与错位的效果，为画面增加意境。

8.8 《海边韵色》

创意思维与拍摄技巧

　　《海边韵色》拍摄于斯里兰卡，是2个场景2次曝光的多重曝光作品。斯里兰卡以盛产椰子而著名。椰子树的形状非常漂亮，尤其是生长在金色沙滩上的椰子树，长长的枝叶，就像亭亭玉立的女孩被温柔的海风吹动着的美丽长发。通过椰树和彩色画面的叠加，打造了童话般的浪漫影像。

◀设置参数

器材：佳能 EOS 5D Mark III
白平衡：日光　感光度：ISO640
　照片风格：风光　测光模式：
点测光　图像画质：RAW　曝光
次数：2次　曝光模式：M 挡

步骤1 第一次曝光

光圈：f/8
快门：1/1000s
焦距：70mm
曝光补偿：-1.5 挡
多重曝光模式：平均
镜头：70-200mm+1.4×增倍镜

第一次曝光，选择了有特点的椰树作为主体，以天空为背景，低角度拍摄，曝光补偿减少 1.5 挡。

步骤2 第二次曝光

光圈：f/2.8
快门：1/200s
焦距：115mm
曝光补偿：-2.5 挡
多重曝光模式：平均
镜头：70-200mm+1.4×增倍镜

第二次曝光，拍摄了一幅彩色的图案进行叠加，给整个画面增加色彩，曝光补偿减少 2.5 挡。

　　作品采用了"异景叠加法""色彩叠加法"，2次曝光均采用了"平均"模式，后期简单地调整对比度和饱和度，并裁剪一下作品就可以了。异景叠加法也是多重曝光常用的一种方法，当一幅作品在同一场景中无法完成，或者同一场景中没有相关的素材时，就要选择另一场景中的素材进行叠加。异景叠加法的使用常与文化元素和外在形象有一定的关联，叠加时要考虑各种元素搭配在一起的合理性。

8.9 《相映生辉》

创意思维与拍摄技巧

《相映生辉》拍摄于新西兰，是一幅 2 个场景 2 次曝光的多重曝光作品。秋天的新西兰，漫山遍野姹紫嫣红，生机勃勃。

通过将远处的雪山、倒挂的树梢、静静的湖泊叠加在一起，呈现了一幅色彩纷呈的画面。

器材：佳能 EOS 5D Mark Ⅲ　白平衡：日光　感光度：ISO1600　照片风格：风

光　测光模式：点测光　图像画质：RAW　曝光次数：2 次　曝光模式：M 挡

▶ 设置参数

▲ 步骤 1　第一次曝光

光圈：f/4.5	快门：1/160s
焦距：70mm	曝光补偿：−1.5 挡
多重曝光模式：加法	镜头：24-105mm

第一次曝光，以倒挂的树梢为主体，以天空和雪山为背景，低角度仰拍，减少 1.5 挡的曝光量。

▲ 步骤 2　第二次曝光

光圈：f/4	快门：1/80s
焦距：35mm	曝光补偿：−2.5 挡
多重曝光模式：加法	镜头：24-105mm

第二次曝光，选择了一幅色彩艳丽的画面，作为陪体叠加在背景中。为了突出主体，尽量把画面压暗，减少 2.5 挡曝光量。

◀ 第二次曝光后得到的 RAW 格式的原图

作品主要采用了"纹理叠加法""明暗叠加法"，2 次曝光均采用了"加法"模式，后期简单地调整对比度和饱和度，作品就完成了。

作品选择了深色的主体和浅色的陪体，主次分明，素材叠加画面的暗部，突出主体鲜明的轮廓。一些多重曝光作品失败的原因是主次不明，所以并不是随意拍摄的素材都适合多重曝光。

8.10 《树之花》

创意思维与拍摄技巧

《树之花》拍摄于中国吉林，是一幅 2 个场景 2 次曝光的多重曝光作品。这幅作品通过将湖边的小树和湖面的枫叶叠加在一起，展现了秋天的浪漫气息和浓郁色彩。

▲ 设置参数

器材：佳能 EOS 5D Mark III　白平衡：日光　感光度：ISO800　照片风格：风光

模式：点测光　图像画质：RAW　曝光次数：2 次　曝光模式：M 挡

测光

步骤 1 第一次曝光			步骤 2 第二次曝光		
光圈：f/4.5	快门：1/160s		光圈：f/4.5	快门：1/320s	
焦距：16mm	曝光补偿：-3 挡		焦距：35mm	曝光补偿：-2 挡	
多重曝光模式：加法	镜头：16-35mm		多重曝光模式：加法	镜头：16-35mm	

本作品采用的曝光次数、拍摄方法、多重曝光模式等和《仙人掌花》大致相同。

8.11 《竹韵幽幽》

创意思维与拍摄技巧

　　《竹韵幽幽》拍摄于北京，是一幅 1 个场景 6 次曝光的多重曝光作品。主要是用逆光来拍摄，经过 6 次曝光，通过虚实叠加，突出了画面层次感，增强了画面的美感。拍摄植物用长焦镜头比较多，可以虚化背景，由于 70-200mm 镜头焦段略短了些，因此增加了 1.4× 增倍镜，焦距增加到了 280mm，虚化的效果更加明显。

▲ 步骤 1 第一次曝光

光圈：f/4
快门：1/320s
焦距：265mm
曝光补偿：-2 挡
多重曝光模式：加法
镜头：70-200mm+1.4×增倍镜

第一次曝光，采用竖式构图，用长焦镜头逆光拍摄，以竹竿的局部为主体，将竹子拍满画面。压暗背景，实焦拍摄，曝光补偿减少 2 挡。

▲ 设置参数

器材：佳能 EOS 5D Mark III　白平衡：日光　感光度：ISO200　照片风格：风光　测光模式：点测光　图像画质：RAW　曝光次数：6 次　曝光模式：M 挡

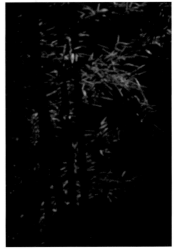

▲ 步骤 2 第二次曝光

光圈：f/13
快门：1/320s
焦距：280mm
曝光补偿：-4 挡
多重曝光模式：加法
镜头：70-200mm+1.4×增倍镜

▲ 步骤3 第三次曝光

光圈：f/13
快门：1/320s
焦距：180mm
曝光补偿：-4 挡
多重曝光模式：加法
镜头：70-200mm+1.4×增倍镜

▲ 步骤4 第四次曝光

光圈：f/13
快门：1/320s
焦距：280mm
曝光补偿：-4.5 挡
多重曝光模式：加法
镜头：70-200mm+1.4×增倍镜

▲ 步骤5 第五次曝光

光圈：f/13
快门：1/320s
焦距：265mm
曝光补偿：-4.5 挡
多重曝光模式：加法
镜头：70-200mm+1.4×增倍镜

 ◀ 步骤6 第六次曝光

光圈：f/13
快门：1/320s
焦距：280mm
曝光补偿：-5 挡
多重曝光模式：加法
镜头：70-200mm+1.4×增倍镜

第二次到第六次曝光，机位不变，错开位置，全部虚焦拍摄，虚焦的画面随着拍摄次数的增加而逐渐模糊，大幅度地减少曝光补偿4~5挡。通过6次叠加和虚化，具象转为抽象，增加了画面的感染力。

▶ 第六次曝光后得到的 RAW 格式的原图

作品主要采用"重复叠加法""同景叠加法""虚实叠加法"，6 次曝光全部采用了"加法"模式，后期重点调整对比度和饱和度等即可完成作品。

拍摄植物系列的多重曝光作品，一般采用重复叠加法和虚实叠加法。随着虚化次数的增多，曝光量应大幅度减少，目的是突出主体，使虚化的效果更为明显。虚焦拍摄的次数和实焦拍摄的次数要根据主体的具体情况而定，每叠加一次，都要及时查看曝光是否准确，是否达到了预期的效果，这样常常会带来意想不到的效果。

8.12 《竹韵》

创意思维与拍摄技巧

《竹韵》拍摄于中国安徽，是一幅 2 个场景 3 次曝光的多重曝光作品。自然界中一些美丽的形状多存在于植物中，特别是竹子，因清丽脱俗的外表、坚韧不拔的气质、节节高升的品质，让人们对它宠爱有加。我以竹林为背景，利用侧逆光拍摄的影像去融合叠加，展现了翠竹清幽雅致的意境。

▶ 设置参数

器材：佳能 EOS 5D Mark III　白平衡：日光　感光度：ISO400　照片风格：风光　测光模式：点测光　图像画质：RAW　曝光次数：3 次　曝光模式：M 挡

步骤 1 第一次曝光

光圈：f/5.6	快门：1/400s
焦距：280mm	曝光补偿：−1 挡
多重曝光模式：平均	镜头：70-200mm+1.4×增倍镜

第一次曝光，在竹林中选择有代表性和有特点的竹竿，侧逆光实焦拍摄竹竿局部，将画面拍满，突出它的质感。曝光补偿减少 1 挡。

步骤 2 第二次曝光

光圈：f/16	快门：1/250s
焦距：222mm	曝光补偿：−1.5 挡
多重曝光模式：平均	镜头：70-200mm+1.4×增倍镜

第二次曝光，机位不变，错开一点位置，虚焦拍摄，增加画面的韵味。曝光补偿减少 1.5 挡。

步骤 3 第三次曝光

光圈：f/7.1	快门：1/500s
焦距：280mm	曝光补偿：−2 挡
多重曝光模式：平均	镜头：70-200mm+1.4×增倍镜

第三次曝光，以天空为背景，采用斜式构图，拍摄有形式感的竹叶。曝光补偿减少 2 挡。

作品主要采用了"重复叠加法""虚实叠加法"，3 次曝光全部采用了"平均"模式，后期调整对比度和饱和度后，作品就完成了。

拍摄植物时要注重植物的个性和特点，要从形状、线条、色彩等方面去考虑和布局，选择的素材搭配要协调，前后的呼应关系要合理，并要合理利用逆光拍摄和侧逆光拍摄的影像，去营造独特的视觉效果。如果选择的素材不正确，画面就会显得杂乱，就拍不出理想的作品。

8.13 《合欢树》

创意思维与拍摄技巧

《合欢树》拍摄于南非，是一幅 3 个场景 6 次曝光的多重曝光作品。合欢树是南非具代表性的树种，也是热带非洲独具一格的植物。我的创意是以合欢树为主体，以针叶和野花为陪体，勾勒一幅生机勃勃、冷暖调相融的自然美景。

设置参数

器材：佳能 EOS 5D Mark III　白平衡：日光　感光度：ISO200　照片风格：风光

光模式：点测光　图像画质：RAW　曝光次数：6 次　曝光模式：M 挡　测

步骤 1 第一次曝光

光圈：f/8	快门：1/2000s
焦距：70mm	曝光补偿：−1.5 挡
多重曝光模式：加法	镜头：70-200mm

步骤 2 第二次曝光

光圈：f/8	快门：1/2000s
焦距：70mm	曝光补偿：−1.5 挡
多重曝光模式：加法	镜头：70-200mm

步骤 3 第三次曝光

光圈：f/8	快门：1/2500s
焦距：80mm	曝光补偿：−2 挡
多重曝光模式：加法	镜头：70-200mm

第一次到第三次曝光，以天空为背景，低角度仰拍合欢树，进行了 3 次曝光，全部实焦拍摄，曝光补偿分别减少 1.5 挡、1.5 挡和 2 挡。

▲ 步骤4 第四次曝光

光圈：f/8
快门：1/2000s
焦距：130mm
曝光补偿：-2.5 挡
多重曝光模式：加法
镜头：70-200mm

第四次曝光，选择有代表性的合欢树针叶，拍摄时尽量把画面布满，去强化合欢树的纹理和细节，以表现合欢树顽强的生命力。曝光补偿减少 2.5 挡。

▲ 步骤5 第五次曝光

光圈：f/8
快门：1/640s
焦距：180mm
曝光补偿：-2 挡
多重曝光模式：加法
镜头：70-200mm

▲ 步骤6 第六次曝光

光圈：f/8
快门：1/640s
焦距：200mm
曝光补偿：-2 挡
多重曝光模式：加法
镜头：70-200mm

第五次到第六次曝光，选择大地上的野花，错开位置拍摄，曝光补偿均减少 2 挡。

▲第六次曝光后得到的 RAW 格式的原图

作品主要采用了"重复叠加法""冷暖叠加法""虚实叠加法"，6 次曝光全部采用了"加法"模式，从第六次曝光得到的原图来看，前五次的曝光补偿减少得不够，导致作品有些过曝。但由于作品为 RAW 格式，因此后期调整对比度和饱和度就可以补救回来。由此可见，拍摄中将图像设置为 RAW 格式是非常必要的。

冷暖色调的叠加赋予了作品强烈的美感和艺术感染力。有扩张感的暖色和有收缩感的冷色叠加在一起，不仅提高了画面的层次感，还令画面产生了梦幻般的意境。

8.14 《树之魂》

创意思维与拍摄技巧

《树之魂》拍摄于中国贵州，是一幅 2 个场景 3 次曝光的多重曝光作品。多重曝光拍摄不受环境的约束，只要创意得当，在任何环境中都可以随心所欲地拍出理想的作品。由于植物是固定的，因此可以叠加一些流动的素材，巧妙地利用各种具有运动感的影像，为具象的物体赋予抽象的效果。我的创意是利用荡起波纹的湖面上树的倒影，与远处的山及天空中的乌云叠加，拍出动静相融的影像。

◀ 设置参数

器材：佳能 EOS 5D Mark III　白平衡：日光　感光度：ISO800　照片风格：风光　测光模式：中央重点平均测光　图像画质：RAW　曝光次数：3 次　曝光模式：M 挡

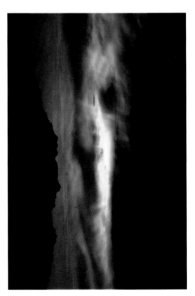

▲ 步骤 1 第一次曝光

光圈：f/22	快门：1/1000s
焦距：98mm	曝光补偿：−1 挡
多重曝光模式：加法	镜头：70-200mm+ 1.4×增倍镜

第一次曝光，傍晚时，天空乌云密布，光线非常暗，采用横式构图拍摄山和云之间出现的小小"缝隙"，并将山和云一起拍摄进来。减少 1 挡曝光补偿。

▲ 步骤2 第二次曝光

▲ 步骤3 第三次曝光

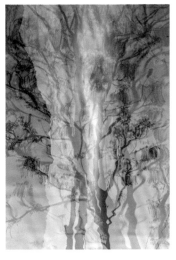

▲ 第三次曝光后得到的 RAW 格式的原图

光圈：f/5.6
快门：1/400s
焦距：98mm
曝光补偿：-1.5 挡
多重曝光模式：加法
镜头：70-200mm+
1.4×增倍镜

将第一次曝光拍摄的画面竖起来，采用竖式构图，拍摄湖面上树的倒影。由于湖面的水流动很快，树的形状变化莫测，因此需要观察，在画面效果较好的时候按下快门。实焦拍摄，减少 1.5 挡曝光补偿。

光圈：f/5.6
快门：1/400s
焦距：98mm
曝光补偿：-2 挡
多重曝光模式：加法
镜头：70-200mm+
1.4×增倍镜

第二次曝光的画面比较单一，因此第三次曝光继续拍摄湖面上树的倒影，实焦拍摄，减少 2 挡曝光补偿。

作品主要采用了"动静叠加法""重复叠加法""冷暖叠加法"，3 次曝光全部采用了"加法"模式，后期调整对比度和饱和度即可完成作品。作品的构图方式是拍摄成功的关键，把第一次曝光得到的横式构图的画面和第二次曝光得到的竖式构图的画面叠加，就是利用山和云之间的"缝隙"叠加树的倒影，因为"缝隙"的形状和色彩适合树的影像。横竖画面之间的融合恰到好处，画面中冷暖调的对比及色调的融合赋予了作品活力，达到了预想的效果。

8.15 《树魂》

创意思维与拍摄技巧

《树魂》拍摄于中国河北，是一幅 2 个场景 3 次曝光的多重曝光作品。作品通过将形式感很强的树的线条影像和彩色的色块叠加在一起，呈现出了色彩浓郁的艺术画面。

◀ 设置参数

器 材：佳能 EOS 5D Mark III
白平衡：日光　感光度：ISO400
照片风格：风光　测光模式：中
央重点平均测光　图像画质：
RAW 格式　曝光次数：3 次
曝光模式：M 挡

本作品采用的拍
摄方法、曝光次数、
拍摄技巧、拍摄模式
等和作品《树之魂》
大致相同。

步骤 1 第一次曝光

光圈：f/5.6
快门：1/400s
焦距：160mm
曝光补偿：-1.7 挡
多重曝光模式：加法
镜头：70-200mm+1.4×增倍镜

步骤 2 第二次曝光

光圈：f/13
快门：1/400s
焦距：250mm
曝光补偿：-1.3 挡
多重曝光模式：加法
镜头：70-200mm+1.4×增倍镜

步骤 3 第三次曝光

光圈：f/13
快门：1/500s
焦距：280mm
曝光补偿：-1.5 挡
多重曝光模式：加法
镜头：70-200mm+1.4×增倍镜

8.16 《树的韵色》

创意思维与拍摄技巧

《树的韵色》拍摄于中国贵州，是一幅 2 个场景 2 次曝光的多重曝光作品。本作品和《树之魂》拍摄于同一场景，主要是通过树在湖面的倒影和色彩的叠加，呈现出一种动静相融、色彩缤纷的艺术影像。

▶ 设置参数

器材：佳能 EOS 5D Mark III　白平衡：日光　感光度：ISO5000　照片风格：风光　测光模式：中央重点平均测光　图像画质：RAW　曝光次数：2 次　曝光模式：M 挡

> 本作品采用的拍摄方法、拍摄技巧、拍摄模式等和作品《树之魂》大致相同。

▲ 步骤 1 第一次曝光

光圈：f/2.8	快门：1/50s
焦距：16mm	曝光补偿：-1.5 挡
多重曝光模式：加法	镜头：16-35mm

▲ 步骤 2 第二次曝光

光圈：f/10	快门：1/400s
焦距：98mm	曝光补偿：-1 挡
多重曝光模式：加法	镜头：70-200mm+
	1.4×增倍镜

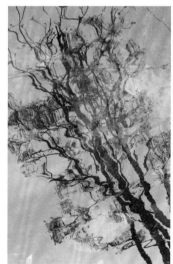

▲ 第二次曝光后得到的 RAW 格式的原图

8.17 《九寨风情》

创意思维与拍摄技巧

《九寨风情》拍摄于中国四川，是一幅 1 个场景 3 次曝光的多重曝光作品。秋天是九寨沟最灿烂的季节，万紫千红，如诗如画，处处呈现着美丽的景致。一棵简简单单的桦叶树，逆光拍摄，显得五彩斑斓、风情万种。

◀ 设置参数

器材：佳能 EOS 5D Mark III　白平衡：日光　感光度：ISO400　照片风格：风光　测光模式：点测光　图像画质：RAW　曝光次数：3 次　曝光模式：M 挡

▲ 步骤 1 第一次曝光

光圈：	f/4
快门：	1/400s
焦距：	160mm
曝光补偿：	−1 挡
多重曝光模式：	加法
镜头：	70-200mm+1.4×增倍镜

第一次曝光，选择一段有代表性的树干，以竖式对角线构图进行拍摄。大光圈逆光实焦拍摄，曝光补偿减少 1 挡。

▲ 步骤2 第二次曝光

▲ 步骤3 第三次曝光

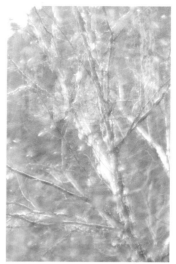

▲ 第三次曝光后得到的 RAW 格式的原图

光圈：f/4	快门：1/400s
焦距：165mm	曝光补偿：-1.5 挡
多重曝光模式：加法	
镜头：70-200mm+1.4×增倍镜	

第二次曝光，拍摄同一个场景，虚焦拍摄，以树的影像略显清晰为准，曝光补偿减少1.5 挡。

光圈：f/4	快门：1/400s
焦距：165mm	曝光补偿：-2 挡
多重曝光模式：加法	
镜头：70-200mm+1.4×增倍镜	

第三次曝光，继续旋转镜头，虚焦拍摄，虚焦的影像逐渐模糊，曝光补偿减少2挡。

作品采用了"虚实叠加法""重复叠加法"，3次曝光全部采用了"加法"模式，后期重点调整对比度和饱和度。

拍摄植物系列的作品时，可以用折反镜头。它呈现的一个个"甜圈圈"形成美丽的光环，耀眼夺目，在拍摄中巧妙地加以利用，可产生独特的朦胧效果。不过要注意，这种光斑的小圈圈不要抢了主体的风头，它只是起到辅助的作用。由于这片树木面积较小，因此拍出的光圈不能过大。

8.18《丝路花雨》

创意思维与拍摄技巧

《丝路花雨》拍摄于中国四川，是一幅2个场景5次曝光的多重曝光作品。金秋时节，层林尽染，到处充满浓郁的色彩。树上的小花虽然没有大花朵那样娇艳，但同样清新美丽。我本想用大光圈把背景虚化，但由于花过于细小，虚化背景的作用不大，于是我就借用了树干的纹理和色彩，把树干的纹理拍得如丝丝细雨一般，通过虚实叠加和氛围的营造，成片的小碎花有了非常出众的层次感，产生了朦胧的意境。

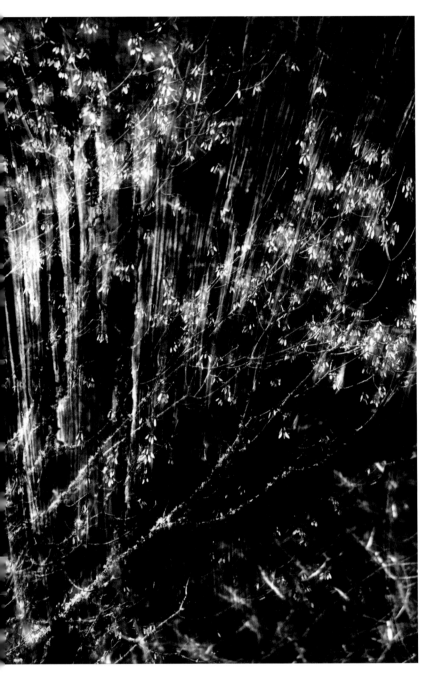

▲ 设置参数

器材：佳能 EOS 5D Mark III　白平衡：日光　感光度：ISO400　照片风格：风光　测
光模式：点测光　图像画质：RAW　曝光次数：5 次　曝光模式：M 挡

▲ 步骤1 第一次曝光

光圈：f/4.5
快门：1/400s
焦距：245mm
曝光补偿：-2 挡
多重曝光模式：加法
镜头：70-200mm+1.4×增倍镜

▲ 步骤2 第二次曝光

光圈：f/4.5
快门：1/400s
焦距：280mm
曝光补偿：-1 挡
多重曝光模式：加法
镜头：70-200mm+1.4×增倍镜

第一次和第二次曝光，选择了非常有代表
性的树干纹理，实焦拍摄，将画面拍满，
为背景打下基础。曝光补偿分别减少 2 挡
和 1 挡。从第二次曝光得到的原图来看，
充满纹理的背景基本形成。

▲ 第二次曝光后得到的 RAW 格式的原图

▲ 步骤3 第三次曝光

光圈：f/4.5	快门：1/400s
焦距：155mm	曝光补偿：-1 挡
多重曝光模式：加法	
镜头：70-200mm+1.4×增倍镜	

第三次曝光，选择树上小花比较密集的部分，大光圈侧逆光实焦拍摄。由于树上的花比较小，因此曝光补偿不必减得太多，只减 1 挡即可。

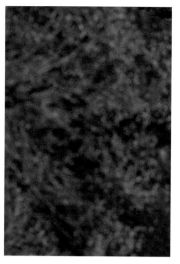

▲ 步骤4 第四次曝光

光圈：f/4.5	快门：1/400s
焦距：150mm	曝光补偿：-1.5 挡
多重曝光模式：加法	
镜头：70-200mm+1.4×增倍镜	

◀ 步骤5 第五次曝光

光圈：f/4.5	快门：1/400s
焦距：150mm	曝光补偿：-2 挡
多重曝光模式：加法	
镜头：70-200mm+1.4×增倍镜	

第四次和第五次曝光，机位不变虚焦拍摄，拍得的影像逐渐模糊。曝光补偿分别减少 1.5 挡和 2 挡。

▶第五次曝光后得到的 RAW 格式的原图

　　作品主要采用了"纹理叠加法""重复叠加法""虚实叠加法"，5 次曝光全部采用了"加法"模式，后期调整对比度和饱和度即可完成作品。

　　作品看似简单，拍摄过程却很复杂。用多重曝光拍摄植物时重在表现意境，要抓住闪光点，发挥创意和想象，通过叠加不同的元素，去表现植物的美丽，打造梦幻般的光影效果，有时竖式构图可以更好地表现主体。

8.19 《浮生若梦》

创意思维与拍摄技巧

《浮生若梦》拍摄于中国吉林，是一幅 2 个场景 2 次曝光的多重曝光作品。长白山脚下，宁静的木屋温暖的家，白桦树在白雪和木屋的衬托下如梦如幻。作品通过将静静的湖面所映出的白桦树倒影和白雪进行叠加，展现了一幅弯弯曲曲的白桦树的影像，宛如世外桃源。

▲ 设置参数

器材：佳能 EOS 5D Mark III　**白平衡**：日光　**感光度**：ISO100　**照片风格**：风光　**测光模式**：点测光　**图像画质**：RAW　**曝光次数**：2 次　**曝光模式**：M 挡

▶ **步骤1** 第一次曝光

光圈：f/11
快门：1/40s
焦距：150mm
曝光补偿：−1 挡
多重曝光模式：平均
镜头：70-200mm

第一次曝光，拍摄湖面映出的一个有特色的倒影。曝光补偿减少
1 挡。

▲ 步骤2 第二次曝光

▲ 第二次曝光后得到的 RAW 格式的原图

光圈：f/11
快门：1/40s
焦距：200mm
曝光补偿：-1.5 挡
多重曝光模式：平均
镜头：70-200mm

第二次曝光，拍摄木屋上的白雪，为画面增加一些纹理。曝光补偿减少 1.5 挡。

作品采用了"纹理叠加法""异景叠加法"，2 次曝光均采用了"平均"模式，后期调整对比度和饱和度，作品就完成了。

多重曝光是将现实与想象组合在一起的空间艺术，白桦树和白雪之间，从内容到形式都有着相关的可融性，搭配起来相辅相成，营造出一种梦幻般的意境。

8.20《烟雨漾漾》

创意思维与拍摄技巧

《烟雨漾漾》拍摄于中国吉林，是一幅2个场景3次曝光的多重曝光作品。松岭是典型的中国东北之乡，安静闲适，美景如画。我的主要创意是用多重曝光的技法人为制造一些光线，为作品增加意境。由于是阴天拍摄的，就用地膜的线条来充当光线，将其呈现在画面中，并与远处的树林融合叠加，营造一幅烟雨漾漾的梦幻景象。

▲ 设置参数

器材：佳能 EOS 5D Mark III　白平衡：日光　感光度：ISO400　照片风格：风光　测光模式：中央重点平均测光　图像画质：RAW　曝光次数：3次　曝光模式：M 挡

▶ **步骤 1** 第一次曝光

| 光圈：f/16 |
| 快门：1/1250s |
| 焦距：135mm |
| 曝光补偿：-2 挡 |
| 多重曝光模式：加法 |
| 镜头：70-200mm+1.4×增倍镜 |

第一次曝光，以田园中的地膜为背景，高角度俯拍，构图时让地膜的线条倾斜一些，像日光照射一样。实焦拍摄，曝光补偿减少2挡。

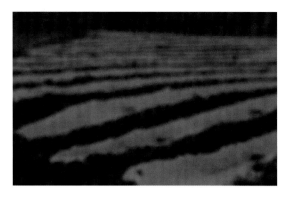

▲ **步骤 2** 第二次曝光

| 光圈：f/16 |
| 快门：1/800s |
| 焦距：135mm |
| 曝光补偿：-2 挡 |
| 多重曝光模式：加法 |
| 镜头：70-200mm+1.4×增倍镜 |

第二次曝光，同一个场景，虚焦拍摄，给第一次拍得的画面加以晕染。曝光补偿减少2挡。

▲ **步骤 3** 第三次曝光

| 光圈：f/10 |
| 快门：1/125s |
| 焦距：98mm |
| 曝光补偿：-0.3 挡 |
| 多重曝光模式：加法 |
| 镜头：70-200mm+1.4×增倍镜 |

第三次曝光，拍摄远处的一片树林，透过树林隐隐约约可以看到红色的房屋，红房给整个画面点上了浓重的一笔，起到了画龙点睛的作用。曝光补偿减少 0.3 挡。

▲ 第三次曝光后得到的 RAW 格式的原图

从第三次曝光后得到的原图可以看出，第三次的曝光量减得太少了，导致画面有些过曝，由于设置了 RAW 格式，后期重点调整对比度和饱和度即可将画面补救回来，然后剪裁完成作品。

作品主要采用了"纹理叠加法""虚实叠加法"，3 次曝光均采用了"加法"模式。

多重曝光时每拍摄一次，曝光量都会增加，后一次拍摄得到的照片比前一次拍摄得到的照片要亮，随着拍摄次数的增多，图像叠加的曝光量会越来越大，所以拍摄过程中减少曝光补偿非常重要。无论是欠曝还是过曝，都会导致作品的拍摄失败。

8.21 《花之翠》

创意思维与拍摄技巧

《花之翠》拍摄于中国内蒙古，是1个场景3次曝光的多重曝光作品。这幅作品是通过对同一场景的白桦林重复叠加完成的。1实2虚3次曝光，虽然是单一的元素，画面却产生了重复交叠的幻象效果，表现了白桦树落叶归根的意境。

▲ 设置参数

器材：佳能 EOS 5D Mark III　白平衡：日光　感光度：ISO640　照片风格：风光　测光模式：点测光　图像画质：RAW　曝光次数：3次　曝光模式：M挡

步骤1 第一次曝光

光圈：f/5.6
快门：1/200s
焦距：260mm
曝光补偿：-1挡
多重曝光模式：加法
镜头：100-400mm

步骤2 第二次曝光

光圈：f/5.6
快门：1/200s
焦距：300mm
曝光补偿：-2挡
多重曝光模式：加法
镜头：100-400mm

步骤3 第三次曝光

光圈：f/5.6
快门：1/260s
焦距：300mm
曝光补偿：-2挡
多重曝光模式：加法
镜头：100-400mm

本作品的拍摄方法、多重曝光模式、多重曝光叠加方法等和《猴面包树》大致相同。

第

9

章

/

花卉
系列

　　花卉是一个经久不衰的拍摄题材，成为一个单独的门类，用多重曝光技法拍摄的花卉作品更是如梦如幻，韵味十足。用不同的素材和方法去叠加，会呈现出不同的影像，可以拍出淡雅清新的、抽象朦胧的、油画韵味的、返璞归真的、温馨浪漫的等效果。

　　拍摄花卉以使用长焦镜头和折反镜头居多，这两种镜头的虚化效果好，而且折反镜头可以拍出许多"甜圈圈"，增加画面的趣味性。拍摄花卉没有地域和时间限制，室内外随时随地都可以拍出精美的作品。

　　拍摄花卉要注重构图和用光，要以简洁的构图去突出主体，整体和局部之间要主次分明，亮中有暗，暗中有亮。选择的背景也很重要，尽可能利用逆光或侧逆光拍摄较暗的背景，这样会使画面干净，层次分明，效果更佳。光线充足时融合的影像比较丰富，对比度高。有光源当然好，没有时要创造光源，如用强光手电筒照射。除此之外，还可以用喷壶制造下雨的画面，用黑白布遮挡纷乱复杂的背景，等等，在平光、散色光的环境下同样可以拍摄出理想的作品。

　　多重曝光仅仅是摄影的一种技术和方法，思维和创意才是最重要的。拍摄花卉要有新意，要避免千人一面，努力培养观察力和创造力，尤其是色彩搭配、构图造型等方面要有独到见解。多次曝光的形式是多种多样的，本章列举的是具有代表性的不同风格的作品，用不同的方法及素材拍摄的曝光次数从 2 次到 7 次不等的多重曝光作品。

9.1 《织梦》

创意思维与拍摄技巧

《织梦》拍摄于中国云南，是一幅 2 个场景 6 次曝光的多重曝光作品。有位名人说过，摄影师最杰出的本领就是想象，将景物幻想成照片，多重曝光拍摄也是如此，在构思立意时要发挥想象，构思作品的画面就像一个画家在一张白纸上绘画一样。我的创作灵感来自蜘蛛网，我无意间看到五颜六色的蜘蛛网，感到非常神奇，原来是傍晚的霞光斜射所呈现出的色彩。《织梦》就是当时想好的作品名。我要把蜘蛛网和荷花巧妙地融合在一起，织出梦幻般的影像来。创意有了，接下来要考虑的就是画面的布局和结构，选择较暗的背景也是这幅作品成功的关键，按多重曝光构图法，在画面上"留白"，再补充一些新的素材，拍出一幅"映日荷花别样红"的新影像。

◄ 设置参数

器材：佳能 EOS 5D Mark Ⅲ　白平衡：日光　感光度：ISO200　照片风格：人物

测光模式：点测光　图像画质：RAW　曝光次数：6 次　曝光模式：M 挡

◄ 步骤 1 第一次曝光

光圈：f/20
快门：1/200s
焦距：250mm
曝光补偿：-2.7 挡
多重曝光模式：加法
镜头：70-200mm+1.4×增倍镜

第一次曝光是在落日时分，选择一朵背景比较干净的荷花，高角度逆光实焦拍摄，布局上把荷花放在九宫格右下方的交点处，左上方留有空白，曝光补偿减少 2.7 挡。

▲ 步骤2 第二次曝光

光圈：f/20	快门：1/640s
焦距：250mm	曝光补偿：-4 挡
多重曝光模式：加法	镜头：70-200mm+1.4×增倍镜

▲ 步骤3 第三次曝光

光圈：f/20	快门：1/800s
焦距：250mm	曝光补偿：-5 挡
多重曝光模式：加法	镜头：70-200mm+1.4×增倍镜

▲ 步骤4 第四次曝光

光圈：f/20	快门：1/500s
焦距：250mm	曝光补偿：-4.5 挡
多重曝光模式：加法	镜头：70-200mm+1.4×增倍镜

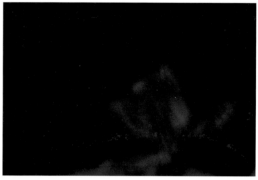

▲ 步骤5 第五次曝光

光圈：f/20	快门：1/500s
焦距：250mm	曝光补偿：-4 挡
多重曝光模式：加法	镜头：70-200mm+1.4×增倍镜

第二次到第五次曝光，机位不变，对同一场景的荷花进行了 4 次虚焦拍摄，就是手动对焦，有意让主体脱焦。为了突出荷花，拍摄时要错开虚化的位置，压暗背景，多减少曝光量，这 4 次曝光，曝光补偿均减少了 4~5 挡。

◀ 步骤6 第六次曝光

光圈：f/6.3	快门：1/500s
焦距：210mm	曝光补偿：-4 挡
多重曝光模式：加法	镜头：70-200mm+1.4×增倍镜

第六次曝光，拍摄蜘蛛网，并把蜘蛛安排在画面左上方的空白处，也就是九宫格的左上角的交点上，曝光补偿减少 4 挡。

　　作品采用了 4 种叠加法："虚实叠加法""重复叠加法""纹理叠加法""异景叠加法"，6 次曝光全部采了"加法"模式，后期简单调整对比度和饱和度，作品就完成了。这是典型的九宫格构图，将荷花和蜘蛛分别安排在交点位置，其余空间留给蜘蛛网。拍摄常见的荷花，虚实相融是常用的一种拍摄方法，阳光照射下的花朵由深暗的背景去衬托，逆光拍摄效果更为突出，视觉效果更加丰富，为主体增加非凡的魅力。

9.2 《花海》

创意思维与拍摄技巧

　　《花海》拍摄于中国辽宁，是一幅2个场景5次曝光的多重曝光作品。拍摄花卉要一实一虚或一实多虚，虚实相融是为了营造一种梦幻的意境，突出主体的韵味，给人以美感。素材不同，叠加后的风格也不同，本作品以花朵为背景，叠加了海面的波纹，呈现出温馨浪漫的朦胧效果，艺术形式感很强。

▶ 设置参数

器材：佳能 EOS 5D Mark III

测光模式：点测光　图像画质：RAW

白平衡：日光　感光度：ISO320　照片风格：人物

曝光次数：5次　曝光模式：M挡

步骤 1 第一次曝光

光圈：f/22	快门：1/500s
焦距：280mm	曝光补偿：-3挡
多重曝光模式：平均	镜头：70-200mm+
	1.4×增倍镜

第一次曝光，从上往下垂直拍摄2朵黄花，实焦拍摄，画面不要太满，上方留白，减少3挡曝光量。

步骤 2 第二次曝光

光圈：f/22	快门：1/500s
焦距：280mm	曝光补偿：-2.5挡
多重曝光模式：平均	镜头：70-200mm+
	1.4×增倍镜

第二次曝光，机位不变，对同一场景的黄花拉变焦虚焦拍摄，减少2.5挡曝光量。

步骤 3 第三次曝光

光圈：f/22	快门：1/500s
焦距：280mm	曝光补偿：-2挡
多重曝光模式：平均	镜头：70-200mm+
	1.4×增倍镜

第三次曝光，机位不变，再次对同一场景的黄花进行虚焦拍摄，拉变焦时注意以能够显示朦胧的色块为准，拍摄时要错开虚化的位置，减少2挡曝光量。

步骤 4 第四次曝光

光圈：f/29	快门：1/400s
焦距：280mm	曝光补偿：-2挡
多重曝光模式：平均	镜头：70-200mm+
	1.4×增倍镜

第四次、第五次曝光，余晖照射在海面上，形成很多色彩斑斓的波纹，选择细小的波纹错开拍摄，给画面增加一些纹理，2次曝光均减少2挡曝光量。

步骤 5 第五次曝光

光圈：f/29	快门：1/400s
焦距：280mm	曝光补偿：-2挡
多重曝光模式：平均	镜头：70-200mm+
	1.4×增倍镜

　　作品主要采用了"虚实叠加法""重复叠加法""纹理叠加法""异景叠加法"，5次曝光全部采用了"平均"模式，后期重点调整对比度和饱和度。

9.3 《梦幻之花》

创意思维与拍摄技巧

《梦幻之花》拍摄于中国河南，是一幅 1 个场景 6 次曝光的多重曝光作品。月季花有"花中皇后"之美誉，是爱情诗歌的主题花，花朵俊美，四季常开，自古深受人们的喜爱。我的创意是通过拍摄花的特写，多次重复曝光，展现永不凋零的妩媚和梦幻般的色彩。

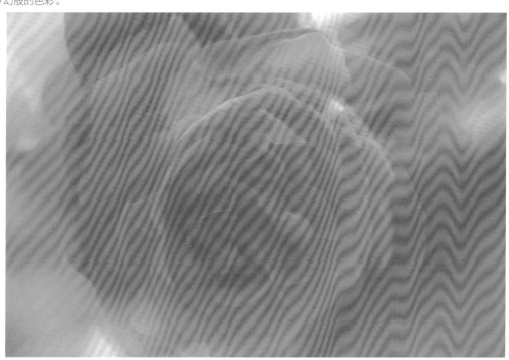

器材：佳能 EOS 5D Mark Ⅲ

测光模式：点测光 图像画质：RAW 曝光次数：6 次 曝光模式：M 挡

白平衡：日光 感光度：ISO400 照片风格：人物

▶ 设置参数

▲ 步骤1 第一次曝光

光圈：f/11	快门：1/400s
焦距：260mm	曝光补偿：−1 挡
多重曝光模式：加法	镜头：70-200mm+1.4×增倍镜

▲ 步骤2 第二次曝光

光圈：f/11	快门：1/400s
焦距：260mm	曝光补偿：−1 挡
多重曝光模式：加法	镜头：70-200mm+1.4×增倍镜

第一次曝光，选择一朵盛开的月季花，背景要干净且颜色深一些。用长焦镜头实焦拍摄花的特写，但不用将画面拍满，要留出一点空间。曝光补偿减少 1 挡。

▲ 步骤3 第三次曝光

光圈：f/11	快门：1/400s
焦距：280mm	曝光补偿：−1挡
多重曝光模式：加法	镜头：70-200mm+1.4×增倍镜

▲ 步骤4 第四次曝光

光圈：f/11	快门：1/400s
焦距：260mm	曝光补偿：−1挡
多重曝光模式：加法	镜头：70-200mm+1.4×增倍镜

▲ 步骤5 第五次曝光

光圈：f/11	快门：1/400s
焦距：280mm	曝光补偿：−1挡
多重曝光模式：加法	镜头：70-200mm+1.4×增倍镜

▲ 步骤6 第六次曝光

光圈：f/11	快门：1/400s
焦距：280mm	曝光补偿：−2挡
多重曝光模式：加法	镜头：70-200mm+1.4×增倍镜

第二次到第五次曝光，机位不变，拉动变焦对同一场景的月季花进行虚焦拍摄。主要是对月季花进行虚化，拍出月季花的层次感和韵味，曝光补偿均减少1挡。

第六次曝光，机位不变，再次对同一场景的月季花进行虚焦拍摄，虚化程度要更高一些，以显示朦胧的色块为准，并将色块拉满画面。拍摄时错开一点位置，以增加立体感，曝光补偿减少2挡。

作品采用了"虚实叠加法""同景叠加法"，6次曝光全部采用了"加法"模式，从第六次曝光后得到的RAW格式的原图来看，与成品差别不大，后期简单地调整对比度和饱和度，作品就完成了。

实实虚虚、相融叠加是拍摄花卉常用的一种方法，最好使用长焦镜头，这样不但可以从杂乱的环境中拍摄到简洁的画面，还能获得强烈的背景虚化效果，使主体周围的光晕更加柔化，而主体却是清晰的。要尽量避免选择来自头顶的光线，要选择逆光或侧逆光，即使是散射光也不影响作品的拍摄，有时更能拍出与众不同的效果。

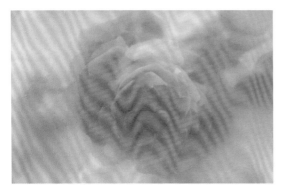

▲ 第六次曝光后得到的 RAW 格式的原图

9.4《向日葵》

创意思维与拍摄技巧

《向日葵》拍摄于中国辽宁，是一幅3个场景3次曝光的多重曝光作品。向日的葵花，总会让人产生无限的联想，它带着太阳的热度，变化方向，无声无息地记述着太阳的辉煌。我是带着对葵花的敬畏去拍摄的，葵花、落日与建筑融合在一起，产生了梦幻般的艺术效果，间接地表现了葵花对太阳的热爱。

▶ 设置参数

器材：佳能 EOS 5D Mark III　白平衡：日光　感光度：ISO400　照片风格：风光

测光模式：中央重点平均测光　图像画质：RAW　曝光次数：3次　曝光模式：M挡

▲ 步骤1 第一次曝光

光圈：f/22
快门：1/320s
焦距：180mm
曝光补偿：-1挡
多重曝光模式：加法
镜头：70-200mm+1.4×增倍镜

第一次曝光，以天空为背景，拍摄落日时的晚霞和远处的建筑，按多重曝光构图法，在画面中预留三分之二的区域，给第二次及后面的曝光留出空间。曝光补偿减少1挡，多重曝光模式采用"加法"。

▲ 步骤2 第二次曝光

光圈：f/4
快门：1/60s
焦距：170mm
曝光补偿：-1.5挡
多重曝光模式：加法
镜头：70-200mm+1.4×增倍镜

第二次曝光，用长焦镜头拉变焦拍摄大面积的向日葵，拍摄时用黑卡在镜头前遮挡住建筑所在的位置，让葵花只叠加在预留的区域，人为地减少遮挡区域的曝光量。曝光补偿减少1.5挡，多重曝光模式采用"加法"。

▲ 步骤3 第三次曝光

光圈：f/4
快门：1/60s
焦距：140mm
曝光补偿：-1.5挡
多重曝光模式：平均
镜头：70-200mm+1.4×增倍镜

第三次曝光，以天空为背景，选择一朵盛开的葵花，背景要明亮干净，实焦拍摄并将其叠加在画面中，近大远小的视觉效果让画面更有冲击力，形成鲜明的对比。减少1.5挡曝光量，多重曝光模式采用"平均"。

作品采用了"遮挡叠加法""大小叠加法""异景叠加法"，后期简单地调整对比度和饱和度，作品就完成了。

采用遮挡叠加法拍摄时要注意遮挡的位置，可以打开屏幕实时取景，或者利用九宫格记住位置。遮挡镜头时要快速摇动遮挡物，避免画面中留下遮挡的痕迹，要让叠加的影像自然地过渡，提高拍摄的成功率。

9.5 《芬芳的牡丹》

创意思维与拍摄技巧

《芬芳的牡丹》拍摄于中国河南，是 1 个场景 2 次曝光的多重曝光作品。利用多重曝光技术拍摄花卉有别于利用其他方法拍摄，因为多重曝光有其独特的创作方法，充分掌握并运用这些创作方法，会为作品锦上添花。本作品的拍摄过程非常简单，平移相机，2 次曝光，用的主要是折反镜头。折反镜头可以拍出一个个美妙的"甜圈圈"，呈现出美丽的光环，在拍摄中巧妙地对"甜甜圈"加以利用，可令作品产生独特的朦胧效果，增加画面的趣味性和艺术感染力。

▲ 设置参数

器材：佳能 EOS 5D Mark III　白平衡：日光　感光度：ISO200　照片风格：风光　测光模式：中央重点平均测光　图像画质：RAW
曝光次数：2 次　曝光模式：M 挡

▲ 步骤1 第一次曝光

光圈：f/6.3	快门：1/320s
焦距：300mm	曝光补偿：-1挡
多重曝光模式：平均	镜头：肯高 500mm 折反镜头

第一次曝光，使用大光圈拍摄，使背景模糊，突出花朵，实焦拍摄。由于日光较强，慢慢旋转镜头，就会出现一个个的小圈圈，使用这种小圈圈时不要让它抢了主体的风头，它只是起到辅助的作用。由于牡丹花较小，因此拍出的小圈圈不能过大。曝光补偿减少1挡。

▲ 步骤2 第二次曝光

光圈：f/6.3	快门：1/320s
焦距：300mm	曝光补偿：-1挡
多重曝光模式：平均	镜头：肯高 500mm 折反镜头

第二次曝光，移动机位错开位置，对同一画面实焦拍摄，曝光补偿减少1挡。2次曝光后得到的画面产生了梦幻般的意境，别有情趣。

作品采用了"重复叠加法""同景叠加法"，2次曝光均采用了"平均"模式，后期调整对比度和饱和度即可完成作品。

折反镜头俗称"拍花神器"，在拍摄花卉时有着无与伦比的优势，因为它的虚化效果非常好。在拍摄出小圈圈时，要根据画面主体确定圈圈的大小。小圈圈作为背景或者陪体时，要比主体暗一些以映衬主体。

用折反镜头拍摄时，为保证画质，需要准备三脚架和快门线，还可以打开相机的反光板预升功能。由于折反镜头的焦距一般为 500mm，光圈为 f/8，所以手持快门速度应该在 1/500s 以上。

拍摄花卉时使用大光圈能控制景深，突出主体，但有时为了满足创意的需要，也要缩小光圈。也就是说，要根据作品的需要随时调整光圈。

9.6 《一花一世界》

创意思维与拍摄技巧

《一花一世界》拍摄于中国安徽，是1个场景2次曝光的多重曝光作品。恰逢春天来临，盛开的桃花林，芬芳的油菜花，处处呈现着花海般的景象，吸引了大批观赏者前来。

▲ 设置参数

器材：佳能 EOS 5D Mark III　白平衡：日光　感光度：ISO200　照片风格：风光　测光模式：中央重点平均测光　图像画质：RAW
曝光次数：2 次　曝光模式：M 挡

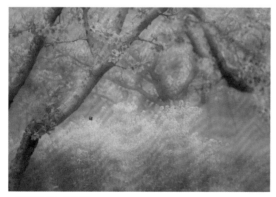

▲ 步骤 1 第一次曝光

光圈：f/8	快门：1/200s
焦距：300mm	曝光补偿：−1 挡
多重曝光模式：平均	镜头：肯高 500mm 折反镜头

第一次曝光，大光圈实焦拍摄，慢慢旋转镜头，画面中呈现一个个小圈圈，小圈圈不能过大，曝光补偿减少 1 挡。

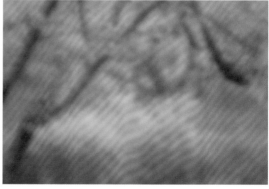

▲ 步骤 2 第二次曝光

光圈：f/8	快门：1/200s
焦距：300mm	曝光补偿：−1 挡
多重曝光模式：平均	镜头：肯高 500mm 折反镜头

第二次曝光，移动机位，错开一点位置，对同一画面虚焦拍摄，曝光补偿减少 1 挡。

作品采用了"重复叠加法""同景叠加法"，2 次曝光均采用了"平均"模式，后期调整对比度和饱和度即可完成作品。

作品主要是将折反镜头拍摄出的"甜圈圈"和桃花林融合在了一起，产生了独特的朦胧效果，为画面增加了无尽的趣味。

9.7 《悠悠桃花情》

创意思维与拍摄技巧

《悠悠桃花情》拍摄于中国安徽，是 1 个场景 2 次曝光的多重曝光作品。十里桃花三生梦，唯美浪漫的桃花美景，令人心旷神怡。我的创意是通过桃花影像，运用拟人化的手法表达相思相守的浪漫情怀。

▼ 设置参数

器材：佳能 EOS 5D Mark III　白平衡：日光　感光度：ISO400
照片风格：风光　测光模式：中央重点平均测光　图像画质：RAW
曝光次数：2 次　曝光模式：M 挡

作品采用了"同景叠加法""虚实叠加法"，2次曝光均采用了"平均"模式，后期调整对比度和饱和度即可完成作品。拍摄作品时选择干净的背景是非常重要的，干净的背景更有利于突出主体，使立意更加突出，构造协调的画面。要避免因画面不简洁而导致作品拍摄失败。

▲ 步骤 1 第一次曝光

光圈：f/6.3
快门：1/1000s
焦距：300mm
曝光补偿：-0.5 挡
多重曝光模式：平均
镜头：肯高 500mm 折反镜头

第一次曝光，以天空为背景，选择一枝有代表性的树干和简洁的桃花，大光圈实焦拍摄，减少 0.5挡曝光量。

▲ 步骤 2 第二次曝光

光圈：f/6.3
快门：1/1000s
焦距：300mm
曝光补偿：-0.5 挡
多重曝光模式：平均
镜头：肯高 500mm 折反镜头

第二次曝光，机位不变，对同一个场景进行虚焦拍摄，虚焦的影像稍模糊一点即可，减少 0.5 挡曝光量。

9.8《夏荷悠悠》

创意思维与拍摄技巧

《夏荷悠悠》拍摄于北京，是一幅2个场景4次曝光的多重曝光作品。荷花美丽高洁，出淤泥而不染，一幅好的荷花作品应该是有形有神有意境。要拍摄出与众不同的作品，创意非常重要，它代表着摄影者的心声。先考虑选择什么样的素材，拍摄什么样的影像，最后达到什么样的效果，是抽象朦胧的，还是油画韵味的，这样才能增加作品的魅力。我的创意是通过水中荷花和色彩的搭配，构成一幅具有油画韵味的亭亭玉立的荷花影像。

◀ 设置参数

器材：佳能 EOS 5D Mark III　白平衡：日光　感光度：ISO200　照片风格：人物　测光模式：点测光　图像画质：RAW　曝光次数：4次　曝光模式：M挡

▲ 步骤1 第一次曝光

光圈：f/6.3
快门：1/200s
焦距：120mm
曝光补偿：-1挡
多重曝光模式：加法
镜头：70-200mm+1.4×增倍镜

第一次曝光，采用斜式构图，用长焦高角度俯拍水中的荷花，实焦拍摄，把雨滴拍进画面中，曝光补偿减少1挡。

▲ 步骤2 第二次曝光

> 光圈：f/6.3
> 快门：1/200s
> 焦距：120mm
> 曝光补偿：-0.5挡
> 多重曝光模式：加法
> 镜头：70-200mm+1.4×增倍镜

第二次曝光，机位不变，同一场景，错开荷花位置实焦拍摄，曝光补偿减少0.5挡。

▲ 步骤3 第三次曝光

> 光圈：f/45
> 快门：1/200s
> 焦距：280mm
> 曝光补偿：-4.5挡
> 多重曝光模式：加法
> 镜头：70-200mm+1.4×增倍镜

第三次曝光，选择一幅色彩鲜艳的荷花拍摄，尽量把画面布满，实焦拍摄。为了避免色彩过多地叠加在荷花上，曝光补偿要多减一些，减少4.5挡。

▲ 步骤4 第四次曝光

> 光圈：f/32
> 快门：1/200s
> 焦距：280mm
> 曝光补偿：-3挡
> 多重曝光模式：加法
> 镜头：70-200mm+1.4×增倍镜

第四次曝光，继续拍摄同一场景的荷花，变换相机焦距，错开位置，实焦拍摄，曝光补偿减少3挡。

　　作品主要采用了"重复叠加法""同景叠加法""色彩叠加法"，4次曝光全部采用了"加法"模式，后期调整对比度和饱和度即可完成作品。

　　该作品的拍摄方法和以往拍摄花卉所用的方法有所不同，4次曝光全部采用了实焦拍摄，对两个场景分别进行了两次变焦叠加，前两次曝光得到的画面缺少颜色，后两次曝光主要是为了给画面添加色彩，令画面呈现油画般的效果，可见用不同的素材和方法去叠加，会产生不同风格的艺术作品。由于前两次曝光量减得不够，因此后面两次曝光的曝光补偿就要减少得更多，否则色彩会过多地覆盖在主体上，导致主次不分。曝光补偿减少得不到位，也是造成多重曝光拍摄失败的原因之一。

9.9 《荷韵》

创意思维与拍摄技巧

　　《荷韵》拍摄于北京，是一幅3个场景7次曝光的多重曝光作品。在荷花作品中，荷叶作为陪体，是为荷花增添光彩的，但将荷叶作为主体也能拍摄出动感十足的艺术影像。拍摄荷叶和拍摄荷花的方法基本相同，这组荷叶作品是在傍晚拍摄的，傍晚的光线比较柔和。我的创意是通过侧逆光1实4虚拍摄荷叶，去叠加水面的光影，拍出动感、淡雅的画面，荷花、色彩、水面波纹的搭配，为作品增加了意境。

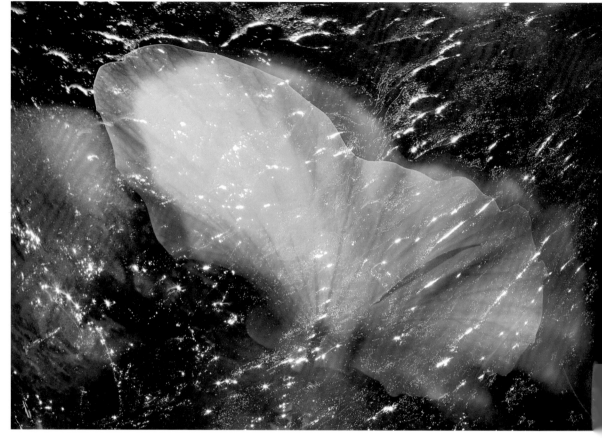

▲ 设置参数

器材：佳能 EOS 5D Mark III　白平衡：日光　感光度：ISO200　照片风格：风光　测光模式：点测光　图像画质：RAW　曝光次数：7 次　曝光模式：M 挡

▲ 步骤1 第一次曝光

光圈：f/11
快门：1/200s
焦距：165mm
曝光补偿：-2 挡
多重曝光模式：加法
镜头：70-200mm+1.4×增倍镜

第一次曝光，采用斜式构图，用长焦高角度侧逆光俯拍水中的荷叶，实焦拍摄，曝光补偿减少 2 挡。

▲ 步骤2 第二次曝光

光圈：f/11
快门：1/200s
焦距：165mm
曝光补偿：-2 挡
多重曝光模式：加法
镜头：70-200mm+1.4×增倍镜

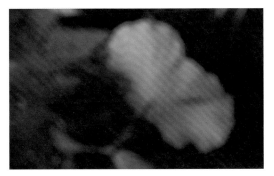

▲ 步骤3 第三次曝光

光圈：f/11
快门：1/200s
焦距：165mm
曝光补偿：-2挡
多重曝光模式：加法
镜头：70-200mm+
1.4×增倍镜

第二次和第三次曝光，机位不变，对同一场景的荷叶错开位置虚焦拍摄，第三次曝光，画面要更模糊一些，目的是得到柔和的效果。两次曝光，曝光补偿均减少2挡。

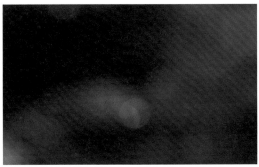

▲ 步骤4 第四次曝光

光圈：f/11　　　快门：1/200s
焦距：280mm　　曝光补偿：-3挡
多重曝光模式：加法　镜头：70-200mm+1.4×增倍镜

▲ 步骤5 第五次曝光

光圈：f/11
快门：1/200s
焦距：280mm
曝光补偿：-3.3挡
多重曝光模式：加法
镜头：70-200mm+1.4×增倍镜

第四次和第五次曝光，选择另一个有色彩的荷叶，虚焦拍摄，虚化的程度以看到光斑形成的色块为准。这两次曝光，曝光补偿分别减少3挡和3.3挡。

▲ 步骤6 第六次曝光

光圈：f/45　　　快门：1/200s
焦距：280mm　　曝光补偿：-4挡
多重曝光模式：加法　镜头：70-200mm+1.4×增倍镜

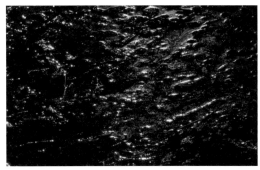

▲ 步骤7 第七次曝光

光圈：f/36
快门：1/200s
焦距：280mm
曝光补偿：-2挡
多重曝光模式：加法
镜头：70-200mm+1.4×增倍镜

前5次曝光后已经形成虚幻的画面，继续拍摄2次余晖在荷花池中形成的光斑，错位拍摄，最后得到柔焦的合成效果。主体与陪体呼应，形成视觉上的动感。曝光补偿减少2挡和4挡。

▲ 第七次曝光后得到的RAW格式的原图

作品主要采用了"虚实叠加法""重复叠加法""纹理叠加法"，7次曝光均采用了"加法"模式，后期简单地调整对比度和饱和度，裁剪一下作品就完成了。

9.10《梦幻荷叶》

创意思维与拍摄技巧

《梦幻荷叶》拍摄于北京,是一幅1个场景3次曝光的多重曝光作品。作品的创作灵感来自一束光线,当时是在傍晚,一束光线透过池塘中的荷花正好照射在远处的荷叶上,画面非常安静唯美。通过虚实叠加的方法,打造波光粼粼的荷叶影像,把一束光所呈现出的魅力表现出来。

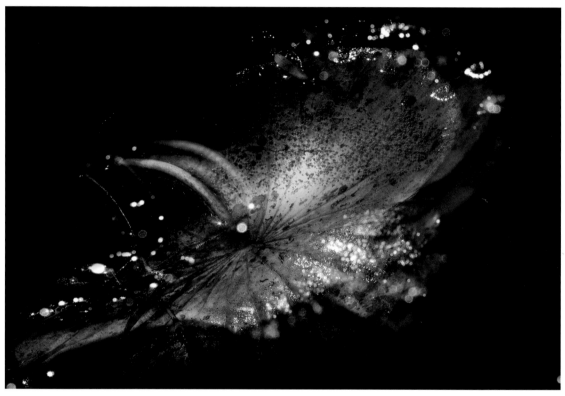

▲ 设置参数

器材:佳能 EOS 5D Mark III　白平衡:日光　感光度:ISO200　照片风格:风光　测光模式:点测光　图像画质:RAW　曝光次数:
3次　曝光模式:M挡

◀ 步骤1 第一次曝光

光圈:f/22
快门:1/200s
焦距:255mm
曝光补偿:-2挡
多重曝光模式:加法
镜头:70-200mm+1.4×增倍镜

第一次曝光,采用斜式构图,用长焦高角度侧逆光俯拍水中的荷叶,实焦拍摄,曝光补偿减少2挡。

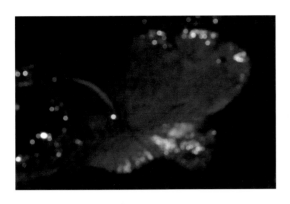

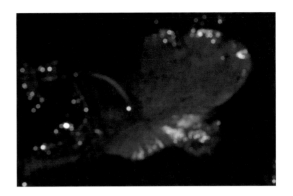

▲ 步骤2 第二次曝光

光圈：f/36
快门：1/200s
焦距：280mm
曝光补偿：-3挡
多重曝光模式：加法
镜头：70-200mm+1.4×增倍镜

第二次曝光，同一场景错开位置虚焦拍摄，曝光补偿减少3挡。

▲ 步骤3 第三次曝光

光圈：f/36
快门：1/200s
焦距：280mm
曝光补偿：-3.5挡
多重曝光模式：加法
镜头：70-200mm+1.4×增倍镜

第三次曝光，选择同一场景再次虚焦拍摄，两次虚焦拍摄要逐渐模糊，形成视觉上的晕染效果，利用荷叶周围暗部的衬托，达到柔和的效果，曝光补偿减少3.5挡。

◀ 第三次曝光后得到的RAW格式的原图

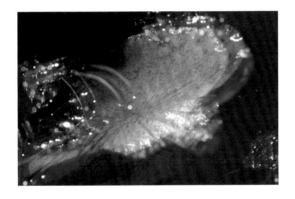

作品采用了"虚实叠加法""重复叠加法"，3次曝光均采用了"加法"模式，后期简单地调整一下饱和度对比度，作品就完成了。

9.11《荷花令箭》

创意思维与拍摄技巧

　　《荷花令箭》拍摄于中国吉林和辽宁，是一幅2个场景2次曝光的多重曝光作品。拍摄花卉时用不同的素材和方法叠加，会呈现出多种多样的影像。多重曝光仅仅是一种技法，思维和创意才是最重要的，只要有新意，就可以拍出理想的作品。我想打破常规，尝试拍一种不同风格的作品，通过将白色的荷花和古代瓷器上的纹理叠加在一起，呈现晶莹透明、冰清玉洁的美丽影像。

◀ 设置参数

器材：佳能 EOS 5D Mark Ⅲ　白平衡：日光　感光度：ISO100　照片风格：人物

测光模式：点测光　图像画质：RAW　曝光次数：2 次　曝光模式：M 挡

 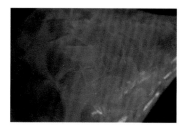 

▲ 步骤 1 第一次曝光　　　　　　　　▲ 步骤 2 第二次曝光　　　　　　　　▲ 第二次曝光后得到的 RAW 格式的原图

光圈：f/20
快门：1/200s
焦距：185mm
曝光补偿：-2.5 挡
多重曝光模式：加法
镜头：70-200mm+1.4×增倍镜

光圈：f/4
快门：1/20s
焦距：280mm
曝光补偿：-1.5 挡
多重曝光模式：加法
镜头：70-200mm+1.4×增倍镜

第一次曝光，采用对角线构图，选择暗背景下的白色荷花，高角度俯拍，曝光补偿减少 2.5 挡。第一次曝光后将照片保存起来。

把之前保存的照片调出来进行第二次曝光，拍摄一个古代瓷器上的纹理，它和第一张照片中的荷花的形式感很相近。曝光补偿减少 1.5 挡。

　　该作品的两次曝光间隔一个月，这就是多重曝光强大的功能之一 —— 可以随时调出之前拍摄的任何一张照片继续进行创作，直到拍出令人满意的效果。这一强大的功能为作品提供了无限的创作空间。

　　作品主要采用了"纹理叠加法""异景叠加法"，2 次曝光均采用了"加法"模式，后期简单地调整对比度和饱和度并剪裁一下，作品就完成了。

9.12 《荷之莲》

创意思维与拍摄技巧

《荷之莲》拍摄于中国辽宁，是一幅 2 个场景 4 次曝光的多重曝光作品。在创作荷花作品时，了解荷花的底蕴和内涵是非常有必要的，它的那种宁静空灵，能够引起人们的共鸣。我的创意是，通过简约的画面构成 —— 一朵清净的荷莲静静地扎根在泥土之间 —— 呈现出一幅摇曳、抽象的朦胧画面。

步骤 1 第一次曝光

光圈：f/4.5
快门：1/250s
焦距：165mm
曝光补偿：–1.5 挡
多重曝光模式：加法
镜头：70-200mm+
1.4×增倍镜

第一次曝光，采用竖式构图，以荷叶为背景，高角度实焦俯视拍摄，拍出荷叶的纹理，并拍满整个画面，曝光补偿减少1.5 挡。

步骤 2 第二次曝光

光圈：f/5.6
快门：1/250s
焦距：210mm
曝光补偿：–1.5 挡
多重曝光模式：加法
镜头：70-200mm+
1.4×增倍镜

第二次曝光，机位不变，在同一场景虚焦拍摄。为了达到柔焦的效果，曝光补偿减少1.5 挡。

步骤 3 第三次曝光

光圈：f/11
快门：1/250s
焦距：280mm
曝光补偿：–1.7 挡
多重曝光模式：加法
镜头：70-200mm+
1.4×增倍镜

第三次曝光，选择一幅色彩鲜艳的荷花莲藕拍摄，实焦拍摄，曝光补偿减少 1.7 挡。

步骤 4 第四次曝光

光圈：f/11
快门：1/250s
焦距：280mm
曝光补偿：–2 挡
多重曝光模式：加法
镜头：70-200mm+
1.4×增倍镜

第四次曝光，在同一场景错开位置虚焦拍摄，曝光补偿减少2 挡。

▲ 设置参数

器材：佳能 EOS 5D Mark III　白平衡：日光　感光度：ISO200　照片风格：人物　测光模式：点测光　图像画质：RAW　曝光次数：4 次　曝光模式：M 挡

作品主要采用了"重复叠加法""虚实叠加法"，4 次曝光全部采用了"加法"模式，后期重点调整对比度和饱和度即可完成作品。

9.13 《含苞待放》

创意思维与拍摄技巧

　　《含苞待放》拍摄于中国辽宁，是一幅 2 个场景 4 次曝光的多重曝光作品。利用多重曝光技术拍摄花卉给拍摄者提供了无限的创作空间，可以随心所欲拍摄自己预想的画面，创作的内容也更加丰富多彩。通过将待放的荷苞和凋谢的荷花进行叠加，可以表达植物生命轮回的自然法则。

步骤 1 第一次曝光

光圈：f/22
快门：1/200s
焦距：280mm
曝光补偿：-3.5 挡
多重曝光模式：加法
镜头：70-200mm+
　　　1.4×增倍镜

第一次曝光，采用竖式构图，以荷叶为背景，低角度实焦拍摄色彩鲜艳的荷花花苞，曝光补偿减少 3.5 挡。

步骤 2 第二次曝光

光圈：f/22
快门：1/200s
焦距：280mm
曝光补偿：-3 挡
多重曝光模式：加法
镜头：70-200mm+
　　　1.4×增倍镜

步骤 3 第三次曝光

光圈：f/16
快门：1/250s
焦距：280mm
曝光补偿：-2 挡
多重曝光模式：加法
镜头：70-200mm+
　　　1.4×增倍镜

第二次和第三次曝光，机位不变，对同一场景的荷苞，错开位置虚焦拍摄，第三次曝光的虚焦画面要更模糊一些，是为了达到柔焦的效果。两次曝光，曝光补偿分别减少 3 挡和 2 挡。

步骤 4 第四次曝光

光圈：f/16
快门：1/250s
焦距：280mm
曝光补偿：-2 挡
多重曝光模式：加法
镜头：70-200mm+
　　　1.4×增倍镜

第四次曝光，选择凋谢的荷花的纹理，实焦拍摄，待放和凋谢形成鲜明的对比，曝光补偿减少 2 挡。

▲ 设置参数
器材：佳能 EOS 5D Mark III　白平衡：日光　感光度：ISO200　照片风格：人物　测光模式：点测光　图像画质：RAW　曝光次数：4 次　曝光模式：M 挡

　　作品主要采用了"重复叠加法""虚实叠加法"，4 次曝光全部采用了"加法"模式，后期重点调整对比度和饱和度即可完成作品。

9.14 《封存的记忆》

创意思维与拍摄技巧

　　《封存的记忆》拍摄于清朝末代皇后婉容的旧居（位于北京），是一幅 2 个场景 7 次曝光的多重曝光作品。随着历史的变迁，清朝的繁华已不复存在，院中只有一朵玫瑰在秋风中凋谢，充满了忧伤，仿佛诉说着当年的显赫家世。我以玫瑰花为主体，以花瓣为陪体，和旧居的建筑纹理叠加在一起，营造了一种前世今生的意境，表现出一种古朴的艺术效果。多重曝光拍摄花的步骤比较烦琐，因此拍摄时要有耐心。

▲ 步骤 1 第一次曝光

光圈：f/2.8
快门：1/100s
焦距：200mm
曝光补偿：−2 挡
多重曝光模式：加法
镜头：70-200mm+1.4×增倍镜

第一次曝光，采用竖式构图，用长焦段高角度俯拍掉在地上的玫瑰花瓣，实焦拍摄，按多重曝光构图法，花瓣的左上方留出空白，曝光补偿减少 2 挡。

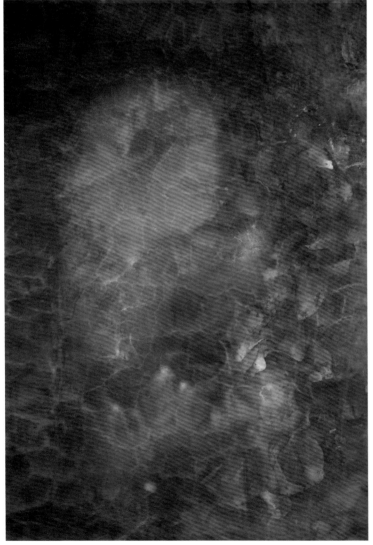

▲ 设置参数

器材：佳能 EOS 5D Mark III　白平衡：日光　感光度：ISO800　照片风格：风光　测光模式：点测光　图像画质：RAW　曝光次数：7 次　曝光模式：M 挡

▲ 步骤 2 第二次曝光

光圈：f/2.8
快门：1/320s
焦距：200mm
曝光补偿：−4 挡
多重曝光模式：加法
镜头：70-200mm+1.4×增倍镜

第二次曝光，俯拍凋谢的玫瑰花，并将其放在画面的左上方，实焦拍摄，曝光补偿减少 4 挡。

▲ 步骤3 第三次曝光

光圈：f/2.8
快门：1/320s
焦距：200mm
曝光补偿：-4.5挡
多重曝光模式：加法
镜头：70-200mm+1.4×增倍镜

▲ 步骤4 第四次曝光

光圈：f/2.8
快门：1/320s
焦距：200mm
曝光补偿：-4挡
多重曝光模式：加法
镜头：70-200mm+
　　　1.4×增倍镜

第三次和第四次曝光，仍选择玫瑰花，错开位置，虚焦拍摄，虚化的程度以形成模糊的玫瑰花形状为准，曝光补偿分别减少4.5挡和4挡。

▲ 步骤5 第五次曝光

光圈：f/2.8
快门：1/100s
焦距：200mm
曝光补偿：-2.5挡
多重曝光模式：加法
镜头：70-200mm+1.4×增倍镜

◀ 步骤6 第六次曝光

光圈：f/2.8
快门：1/100s
焦距：200mm
曝光补偿：-2.5挡
多重曝光模式：加法
镜头：70-200mm+
　　　1.4×增倍镜

第五次和第六次曝光，选择地上的花瓣，错开位置，虚焦拍摄，虚化的程度以形成模糊的花瓣形状为准，曝光补偿均减少2.5挡。

▶ 步骤7 第七次曝光

光圈：f/2.8
快门：1/13s
焦距：200mm
曝光补偿：-3挡
多重曝光模式：加法
镜头：70-200mm+
　　　1.4×增倍镜

第七次曝光，选择婉容旧居的建筑纹理，将其叠加在整个画面中，给画面增加历史印记，曝光补偿减少3挡。

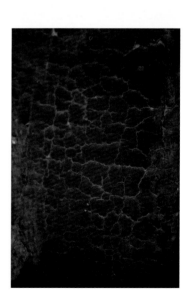

作品主要采用了"纹理叠加法""重复叠加法""虚实叠加法"，7次曝光全部采用了"加法"模式，后期重点调整对比度和饱和度即可完成作品。

9.15 《吊兰》

创意思维与拍摄技巧

《吊兰》拍摄于北京，是一幅 2 个场景 5 次曝光的多重曝光作品。拍摄多重曝光作品时，在曝光补偿的控制方面要做到心中有数。按照"减再减""增再增"法则，一般来讲，无论曝光几次，累计减少曝光的总量应等于最终作品的正确曝光。减少曝光补偿的量和曝光的次数成正比，曝光次数越多，减少的曝光量就越多，如果减少得不够，就会造成叠加混乱。对于主体和陪体，先拍哪一部分不是主要的，关键的是对曝光量加减的多少，这对拍摄的成败起着决定性的作用。

▶ 设置参数

器材：佳能 EOS 5D Mark III　白平衡：日光　感光度：ISO400　照片风格：风光　测光模式：中央重点平均测光　图像画质：RAW　曝光次数：5 次　曝光模式：M 挡

▲ 步骤 1 第一次曝光

光圈：f/11
快门：1/400s
焦距：205mm
曝光补偿：-2.5 挡
多重曝光模式：加法
镜头：70-200mm+1.4×增倍镜

第一次曝光，采用竖式构图，用长焦段低角度仰拍吊兰，实焦拍摄，曝光补偿减少 2.5 挡。

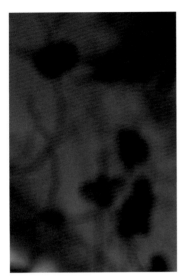

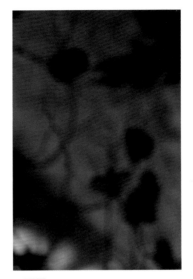

▲ 步骤2 第二次曝光

光圈：f/11
快门：1/400s
焦距：240mm
曝光补偿：-3 挡
多重曝光模式：加法
镜头：70-200mm+1.4×增倍镜

▲ 步骤3 第三次曝光

光圈：f/11
快门：1/400s
焦距：215mm
曝光补偿：-3.3 挡
多重曝光模式：加法
镜头：70-200mm+1.4×增倍镜

▲ 步骤4 第四次曝光

光圈：f/8
快门：1/400s
焦距：192mm
曝光补偿：-2 挡
多重曝光模式：加法
镜头：70-200mm+1.4×增倍镜

第二次到第四次曝光，机位不变，在同一场景错开位置，全部虚焦拍摄，曝光补偿分别减少 3 挡、3.3 挡和 2 挡。

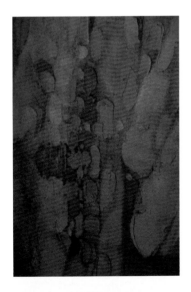

◄ 步骤5 第五次曝光

光圈：f/4.5
快门：1/320s
焦距：240mm
曝光补偿：-3 挡
多重曝光模式：平均
镜头：70-200mm+1.4×增倍镜

第五次曝光，拍摄一幅彩色的图案，给整个画面添加背景纹理和色彩，曝光补偿减少 3 挡。

　　作品采用了"纹理叠加法""重复叠加法""虚实叠加法"，后期调整对比度和饱和度即可完成作品。拍摄过程中选择了两种多重曝光模式，分别为"加法"和"平均"。用"加法"模式叠加了虚化的画面，用"平均"模式为整个画面添加了纹理和色彩。为了保留画面中的主体部分，第五次曝光时，曝光补偿大幅度减少。在纹理和色彩的衬托下，营造了一种梦幻的意境，画面朦胧淡雅，耐人寻味。

9.16 《芳华》

创意思维与拍摄技巧

《芳华》拍摄于中国辽宁，是一幅1个场景4次曝光的多重曝光作品。这是一幅比较典型的1实3虚的花卉作品，虚实相融，拍出的作品具有梦幻的感觉。一般拍摄这种成片的小碎花时，采用竖式构图相对好一些，构图时要注意花的形状和色彩，尽可能将小花拍满画面，如同背景一样。再去寻找颜色不同的或者大一些的花朵作为主体，形成大小疏密对比的画面。利用逆光或侧逆光拍摄的效果会更佳，会呈现晕染、朦胧的效果。

步骤1 第一次曝光

光圈：f/3.2
快门：1/2500s
焦距：168mm
曝光补偿：-1.5挡
多重曝光模式：加法
镜头：70-200mm+
1.4×增倍镜

第一次曝光，选择一片有代表性的小碎花，采用竖式构图，高角度实焦俯视拍摄，并拍满画面，曝光补偿减少1.5挡。

步骤2 第二次曝光

光圈：f/3.2
快门：1/2500s
焦距：200mm
曝光补偿：-1挡
多重曝光模式：加法
镜头：70-200mm+
1.4×增倍镜

步骤3 第三次曝光

光圈：f/3.2
快门：1/2500s
焦距：200mm
曝光补偿：-1挡
多重曝光模式：加法
镜头：70-200mm+
1.4×增倍镜

第二次和第三次曝光在同一场景虚焦拍摄，虚化的程度逐渐加大，以能看到花的形状为准，曝光补偿均减少1挡。

步骤4 第四次曝光

光圈：f/3.2
快门：1/2000s
焦距：220mm
曝光补偿：-2挡
多重曝光模式：加法
镜头：70-200mm+
1.4×增倍镜

为了达到柔焦的效果，第四次曝光在同一场景错开位置继续虚焦拍摄，曝光补偿减少2挡。

作品主要采用了"疏密叠加法""虚实叠加法""大小叠加法"，4次曝光全部采用了"加法"模式，后期重点调整对比度和饱和度即可完成作品。

▲ 设置参数

器材：佳能 EOS 5D Mark III　白平衡：日光　感光度：ISO200　照片风格：风光　测光模式：测光　图像画质：RAW　曝光次数：4次　曝光模式：M挡

9.17 《梅开二度》

创意思维与拍摄技巧

　　《梅开二度》拍摄于中国湖南，是一幅3个场景4次曝光的多重曝光作品。梅花被誉为花中之魁，凌寒独开，冰肌玉骨，有着清幽脱俗之美。我的创意是通过梅花和水面纹理的叠加，表现梅花的魅力和迎风斗雪的风骨。

◀ 设置参数

器材：佳能 EOS 5D Mark Ⅲ　白平衡：日光　感光度：ISO400　照片风格：风光　测光模式：中央重点平均测光

图像画质：RAW　曝光次数：4次　曝光模式：M挡

▲ 步骤1 第一次曝光

光圈：f/10
快门：1/400s
焦距：280mm
曝光补偿：-4 挡
多重曝光模式：加法
镜头：70-200mm+1.4×增倍镜

第一次曝光，以梅花为主体，以天空为背景，对角线构图，实焦拍摄，曝光补偿减少4挡。

▲ 步骤2 第二次曝光

光圈：f/13
快门：1/400s
焦距：98mm
曝光补偿：-2 挡
多重曝光模式：加法
镜头：70-200mm+1.4×增倍镜

第二次曝光，以天空为背景，选择另一个场景中的梅花，低角度实焦拍摄，曝光补偿减少2挡。

▲ 步骤3 第三次曝光

光圈：f/20
快门：1/400s
焦距：110mm
曝光补偿：-2.5 挡
多重曝光模式：加法
镜头：70-200mm+1.4×增倍镜

第三次曝光，选择第二次曝光的场景，虚焦拍摄，曝光补偿减少2.5挡。

◀ 步骤4 第四次曝光

光圈：f/11
快门：1/400s
焦距：210mm
曝光补偿：-1.5 挡
多重曝光模式：加法
镜头：70-200mm+1.4×增倍镜

第四次曝光，选择梅花在湖面的倒影，实焦拍摄，曝光补偿减少1.5挡。注意，梅花在水中的倒影要和前三次曝光的梅花的形状基本吻合。

作品主要采用了"重复叠加法""纹理叠加法"，4次曝光全部采用了"加法"模式，后期调整对比度和饱和度即可完成作品。

第

10

章

/

动物
系列

　　拍摄动物系列多重曝光作品，内容丰富多彩，有着无限的创作空间。如果创意构思得当，就能营造出许多奇异的新影像，甚至实现魔幻般的效果。

　　要了解不同动物的习性和特征，通过观察动物运动的姿态、表情的变化，去捕捉动人的瞬间，把动物本质的、内在的特征表现出来，如马的咆哮，鸟的争食，等等。通过刻画动物的神态，让照片更加精彩，让画面更加鲜活。

　　用多重曝光技术拍摄动物的方法多种多样，例如，利用动物本身的大和小进行叠加，几种动物相互叠加，动物和场景叠加，动物的特写和纹理叠加，动物和天上的彩云、水面的波纹叠加，等等。各种元素都可以和动物进行叠加，需要注意的是，叠加的元素之间要相互关联，有可融性。

　　选择干净的背景和鲜明的色彩可以增加环境中的意境，同时，要根据创意和画面的需求，适当调节快门速度。动物天生好动，要定格精彩的瞬间，抓拍它们的动态，就要提高感光度及快门速度，还可以打开连拍功能去拍摄动物连续的动态影像。要拍出虚化的画面，就要降低感光度和快门速度，或者用慢门拍摄。

　　本章所列出的是用不同方法拍摄的动物系列的作品，具有一定的代表性。

10.1 《大象乐园》

创意思维与拍摄技巧

　　《大象乐园》拍摄于坦桑尼亚,是一幅2个场景2次曝光的多重曝光作品。每种动物都有它的标志性特征,包括这幅作品中的大象。这是一个大象洗澡的场景,母象带着小象在河流中嬉戏,大象的鼻子和身上的色彩条纹表现力很强。我的创意是以大象为中心,以其身上的色彩条纹为背景,呈现一幅与众不同的、充满趣味性的画面。

▲ 设置参数

器材:佳能 EOS 5D Mark III,白平衡:日光,感光度:ISO400,照片风格:人物,测光模式:点测光,图像画质:RAW 格式,曝光次数:2次,曝光模式:M 挡

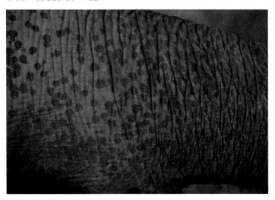

◀ **步骤1** 第一次曝光

光圈:f/5.6
快门:1/800s
焦距:400mm
曝光补偿:-1.5挡
多重曝光模式:加法
镜头:100-400mm

　　第一次曝光,用长焦镜头的400mm焦距将远处的大象拉近,拍摄大象鼻子的特写。由于鼻子上的色彩纹理相对密集,因此将它作为背景铺满画面,曝光补偿减少1.5挡。

▶ 步骤2 第二次曝光

光圈：f/7.1
快门：1/640s
焦距：50mm
曝光补偿：-2挡
多重曝光模式：加法
镜头：24-70mm

第二次曝光，更换24-70mm镜头，选择深色的背景，拍摄渐渐远去的大象群，场景大一些，象群小一些，曝光补偿减少2挡。

▶ 第二次曝光后得到的RAW格式的原图

作品主要采用了"纹理叠加法""异景叠加法"，2次曝光均采用了"加法"模式，后期调整对比度饱和度作品，就可以完成作品了。

多重曝光的"加法"模式，是以叠加图像比较暗的部分与中间调为主的，会保留比较亮的部分，所以大象的纹理叠加到了深色的背景和象群身上，湖面由于比较亮而被保留了下来，达到了预期的效果。熟练掌握多重曝光的拍摄技巧和多重曝光模式，充分发挥想象力，可以让作品展现出独特的艺术效果。选择与主体搭配的陪体时，要从内容和形式等方面去选择，要考虑两者之间的关联性和可融性。

10.2《草原狂野》

创意思维与拍摄技巧

《草原狂野》拍摄于中国内蒙古，是一幅2个场景2次曝光的多重曝光作品。有千千万万幅表现马的作品，那些彪悍的骏马奔驰在草原上，威武雄壮。我的创意是通过"大马"和"小马"的叠加，去打造一幅新的影像，把草原上马的狂野气势和它们奔跑时尘土飞扬的画面表现出来。

▲ 设置参数

物：
测光模式：点测光

器材：佳能 EOS 5D Mark Ⅲ 　白平衡：日光　感光度：ISO640　照片风格：人
图像画质：RAW　曝光次数：2 次　曝光模式：M 挡

▲ 步骤1 第一次曝光

光圈：f/7.1
快门：1/500s
焦距：280mm
曝光补偿：−1.5 挡
多重曝光模式：加法
镜头：70-200mm+
1.4×增倍镜

第一次曝光，选择背景干净的画面，用长焦镜头将远处的马群拉近，高角度拍摄，将马拍得大一些，但构图的画面不要太满，头马的空间要留一些，曝光补偿减少 1.5 挡。马在奔跑时速度较快，要采用追拍的方法连续拍摄多张，最后选择一张背景干净的、动感好的画面。

▲ 步骤2 第二次曝光

光圈：f/16
快门：1/320s
焦距：24mm
曝光补偿：−1.5 挡
多重曝光模式：加法
镜头：24-70mm

第二次曝光，更换镜头，继续拍摄草原上的马群，场景大一些，马群小一些，将"小马"叠加到"大马"上面，可以打开取景器实时拍摄，曝光补偿减少 1.5 挡。

作品采用了"大小叠加法""异景叠加法"，2 次曝光均采用了"加法"模式，后期重点调整颜色曲线和对比度。

背景干净是这幅作品成功的关键，拍摄类似作品时要注意整个画面的构图，要以突出主体为主，"大马""小马"之间的呼应关系要得当。多重曝光是素材的叠加，将素材叠加到准确的位置非常重要。拍摄前要通过观察确定自己的构想，对素材的取舍要做到胸有成竹，这样才能准确地将不同的元素重新融合，创作出有思想深度、有艺术感染力的作品。

10.3 《腾云驾雾》

创意思维与拍摄技巧

《腾云驾雾》拍摄于中国贵州，是一幅 2 个场景 2 次曝光的多重曝光作品。龙是圣兽之首，是中华民族最具代表性的文化象征之一，象征着祥瑞。当看到龙的雕像时我立刻有了创作灵感，我的创意是把龙拍上天空，把龙的传说变成现实，展现龙腾盛世的景象。

▲ 设置参数

器材：佳能 EOS 5D Mark III　白平衡：日光　感光度：ISO1000　照片风格：人物　测光模式：点测光　图像画质：RAW　曝光次数：2 次　曝光模式：M 挡

步骤1 第一次曝光

光圈：f/8	快门：1/100s
焦距：16mm	曝光补偿：-1.5 挡
多重曝光模式：加法	镜头：16-35mm

第一次曝光，以天空为背景，大广角低角度仰拍，选择有代表性的龙头和龙爪，画面要简洁。因为当时游人多，背景比较杂乱，所以我选择在桥下仰拍，曝光补偿减少 1.5 挡。

步骤2 第二次曝光

光圈：f/11	快门：1/500s
焦距：85mm	曝光补偿：-1.5 挡
多重曝光模式：加法	镜头：70-200mm

第二次曝光，更换镜头，拍摄天空的彩云，把龙和傍晚的云彩叠加在一起，仿佛祥云之中有一条巨龙在腾云驾雾，为画面蒙上了一种美丽又神秘的色彩。曝光补偿减少 1.5 挡。

作品主要采用了"色彩叠加法""异景叠加法"，2 次曝光均采用了"加法"模式，后期调整曲线和对比度即可度完成作品。这是我学习摄影两个月时拍摄的第一幅多重曝光作品，这幅作品当时在"华夏杯"龙腾盛世摄影大赛中获得了金奖。我的每一张照片都融入了我的思想，我注重以"新、奇、特"的思维去拍摄多重曝光作品。

10.4 《天马行空》

创意思维与拍摄技巧

《天马行空》拍摄于马达加斯加，是一幅 2 个场景 3 次曝光的多重曝光作品。我拍过很多马，但把马放在天空中还是第一次，尤其是白马很难遇见，把马和天空的云叠加在一起，拍出了马的高昂气势，给人以视觉上的冲击。

▲ 设置参数

器材：佳能 EOS 5D Mark III　白平衡：日光　感光度：ISO640　照片风格：人物　测光模式：点测光　图像画质：RAW　曝光次数：3 次　曝光模式：M 挡

步骤 1 第一次曝光

光圈：f/2.8	快门：1/60s
焦距：115mm	曝光补偿：-2 挡
多重曝光模式：加法	镜头：24-70mm

第一次和第二次曝光，低角度连拍两次白马，同一画面，错开位置拍摄，曝光补偿均减少 2 挡。

步骤 2 第二次曝光

光圈：f/2.8	快门：1/60s
焦距：115mm	曝光补偿：-2 挡
多重曝光模式：加法	镜头：24-70mm

步骤 3 第三次曝光

光圈：f/29	快门：1/1600s
焦距：70mm	曝光补偿：-3 挡
多重曝光模式：加法	镜头：70-200mm

第三次曝光，拍摄天空的白云，然后与白马进行叠加。因为天空比较亮，为了突出白马，要大幅度减少曝光，将天空压暗，曝光补偿减少 3 挡。

作品采用了"重复叠加法""异景叠加法"，3 次曝光全部采用了"加法"模式，后期调整对比度和饱和度即可完成作品。

作品的拍摄过程非常简单，关键是创意。创意是多重曝光的灵魂，拍摄前要对整个画面有初步的预想和构思，要在头脑中形成一个最初的影像。

10.5 《草原之魂》

创意思维与拍摄技巧

《草原之魂》拍摄于中国内蒙古，是一幅 2 个场景 3 次曝光的多重曝光作品。龙马精神是中华民族自古以来所崇尚的，它是奋斗不止的民族精神，是炎黄子孙进取向上的写照。我的创意是改变影像空间，将马在草原上悠扬自得的状态和嘶鸣扬蹄的奔跑画面叠加在一起，形成强烈的反差，突出作品的意境。

▲ 设置参数

器材：佳能 EOS 5D Mark III　白平衡：日光　感光度：ISO200　照片风格：人物　测光模式：点测光　图像画质：RAW　曝光次数：3 次　曝光模式：M 挡

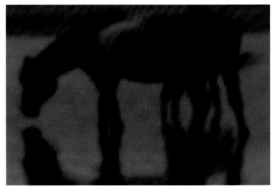

▶ 步骤 1 第一次曝光

光圈：f/10
快门：1/400s
焦距：150mm
曝光补偿：-2.5 挡
多重曝光模式：加法
镜头：70-200mm+1.4×增倍镜

第一次曝光，以水面为背景，选择一匹马及其一部分倒影，低角度侧逆光实焦拍摄，按多重曝光构图法，画面中马的下方留出空白，给后面的曝光留出余地，曝光补偿减少 2.5 挡。

◀ 步骤 2 第二次曝光

光圈：f/10
快门：1/400s
焦距：170mm
曝光补偿：-3.5 挡
多重曝光模式：加法
镜头：70-200mm+1.4×增倍镜

第二次曝光，同一画面，错开位置虚焦拍摄，虚化到马的形状略显模糊即可，曝光补偿减少 3.5 挡。

◀ 步骤 3 第三次曝光

光圈：f/8
快门：1/640s
焦距：280mm
曝光补偿：-1.5 挡
多重曝光模式：加法
镜头：70-200mm+1.4×增倍镜

第三次曝光，拍摄绿草茵茵的马场，将马群叠加到画面的下面，曝光补偿减少 1.5 挡。

作品主要采用了"虚实叠加法""大小叠加法""重复叠加法"，3 次曝光全部采用了"加法"模式，后期调整对比度和饱和度即可完成作品。作品充分利用了侧逆光的光线和水面的波纹，前两次曝光一实一虚，是为了突出马的状态，第三次曝光利用草场的色彩给画面增加新的元素和意境，营造出唯美的影像，让照片真正地"活"了起来。

10.6 《童话世界》

创意思维与拍摄技巧

《童话世界》拍摄于肯尼亚，是一幅 3 个场景 3 次曝光的多重曝光作品。辽阔的非洲，一望无际的马赛马拉大草原，是野生动物的王国，成千上万的动物聚集于此，弱肉强食，展现了大自然的生存法则。我的创意是把在物竞天择的自然环境下生存的动物置于美丽的童话世界，通过长颈鹿的影像与色彩及纹理叠加在一起，呈现出一种油画般的艺术效果。

▲ 设置参数

器材：佳能 EOS 5D Mark III　白平衡：日光　感光度：ISO400　照片风格：人物　测光模式：点测光　图像画质：RAW　曝光次数：3 次　曝光模式：M 挡

步骤 1 第一次曝光

光圈：	f/11	快门：	1/125s
焦距：	160mm	曝光补偿：	−2 挡
多重曝光模式：	加法	镜头：	70-200mm

第一次曝光，以天空为背景，低角度拍摄草原上的合欢树和长颈鹿，曝光补偿减少 2 挡。

步骤 2 第二次曝光

光圈：	f/11	快门：	1/400s
焦距：	120mm	曝光补偿：	−1.5 挡
多重曝光模式：	加法	镜头：	70-200mm

第二次曝光，拍摄远处的一座圆顶建筑，将其放在画面的上方，曝光补偿减少 1.5 挡。

步骤 3 第三次曝光

光圈：	f/16	快门：	1/125s
焦距：	88mm	曝光补偿：	−1.5 挡
多重曝光模式：	加法	镜头：	70-200mm

第三次曝光，拍摄一幅色彩艳丽的纹理，将其与前两次曝光的画面叠加在一起，增加画面的色彩，曝光补偿减少 1.5 挡。

作品采用了，"色彩叠加法""异景叠加法"，3 次曝光全部采用了"加法"模式，后期调整对比度和饱和度即可完成作品。多重曝光是以叠加影像为主的，要突出作品的立意，注意整体和局部之间的主次关系，构造一幅协调的画面。

10.7 《塞伦盖蒂大迁徙》

创意思维与拍摄技巧

《塞伦盖蒂大迁徙》拍摄于坦桑尼亚，是一幅 3 个场景 3 次曝光的多重曝光作品。马赛马拉是世界上最著名的野生动物保护区之一，横跨肯尼亚和坦桑尼亚，每年夏季，数以百万计的野生动物会浩浩荡荡地从塞伦盖蒂追逐水源和青草至马赛马拉大草原，形成规模巨大的野生动物大迁徙的壮丽景观。我的创意是把草原之王雄狮和动物迁徙的场景结合在一起，展现自然界的生存法则。

▲ 设置参数

器材：佳能 EOS 5D Mark IV　白平衡：阴天　感光度：ISO 640　照片风格：人物　测光模式：点测光　图像画质：RAW　曝光次数：3 次　曝光模式：M 挡

▲ 步骤1 第一次曝光

光圈：f/8
快门：1/2000s
焦距：400mm
曝光补偿：-0.5 挡
多重曝光模式：加法
镜头：100-400mm

第一次曝光时，岩石上一头奔跑的雄狮突然停下来直视着我们这群不速之客。拍摄的机会稍纵即逝，欣喜若狂之余不停地按动快门，能够近距离抓拍这头雄狮非常难得。背景干净，非常有利于多重曝光，按多重曝光构图法，画面上方留有大面积的天空，为后面的曝光留出区域。曝光补偿减少 0.5 挡。

▲ 步骤2 第二次曝光

光圈：f/11
快门：1/1600s
焦距：400mm
曝光补偿：-1.5 挡
多重曝光模式：加法
镜头：100-400mm

第二次曝光，拍摄动物迁徙的一个场景，前景中的两头狮子和远处的角马形成食物链。错开位置拍摄，曝光补偿减少 1.5 挡。

▶ 步骤3 第三次曝光

光圈：f/16
快门：1/2000s
焦距：78mm
曝光补偿：-2.5 挡
多重曝光模式：加法
镜头：24-105mm

前两次曝光得到的画面有些直白，没有色彩，第三次曝光再叠加一些纹理和色彩，得到一种画意般的艺术效果。曝光补偿减少 2.5 挡。

　　作品采用了"色彩叠加法""大小叠加法""异景叠加法"3 种不同的叠加法拍摄，3 次曝光全部采用了"加法"模式，后期调整对比度和饱和度即可完成作品。

　　野生动物的多重曝光很难拍摄，草原上处处充满杀戮，危险重重，这是我拍摄的几十张照片中我最满意的一幅作品。雄狮的威武霸气，动物迁徙的壮观场面，给我造成了非常强烈的视觉冲击，我的心灵也受到了震撼。

10.8 《野性的呼唤》

创意思维与拍摄技巧

　　《野性的呼唤》拍摄于坦桑尼亚，是一幅 2 个场景 2 次曝光的多重曝光作品。每年夏季，野生动物大迁徙在非洲塞伦盖蒂保护区和马赛马拉国家公园出现，除了超过两百万的羚牛和角马，还有狮子和大象及其他大型动物，它们组成自然的生物链，生命的追逐，原始的杀戮，这里有着自然的生存法则。我的创意是通过归来的象群和色彩的叠加，去展现大象的威武野性。

▲ 设置参数

器材：佳能 EOS 5D Mark IV　白平衡：日光　感光度：ISO500　照片风格：人物　测光模式：点测光　图像画质：RAW　曝光次数：2 次　曝光模式：M 挡

▲ 步骤 1 第一次曝光

| 光圈：f/8 |
| 快门：1/200s |
| 焦距：320mm |
| 曝光补偿：-2 挡 |
| 多重曝光模式：平均 |
| 镜头：100-400mm |

第一次曝光，以天空为背景，用长焦距低角度拍摄，曝光补偿减少 2 挡。

▲ 步骤 2 第二次曝光

| 光圈：f/4 |
| 快门：1/100s |
| 焦距：85mm |
| 曝光补偿：-2.5 挡 |
| 多重曝光模式：平均 |
| 镜头：24-105mm |

第二次曝光，拍摄一幅彩色的纹理，曝光补偿减少 2.5 挡。

　　作品采用了"色彩叠加法""异景叠加法"，2 次曝光均采用了"平均"模式，后期调整对比度和饱和度即可完成作品。

　　多重曝光的"平均"模式和"加法"模式效果比较相近，都是以叠加图像比较暗的部分与中间调为主，保留比较亮的部分。不同的是，使用"平均"模式，每次曝光时相机会处理自动控制曝光的亮度，在进行合成时会自动进行负曝光补偿。拍摄时要根据作品的需要和现场的影调去选择模式。

10.9《马之韵》

创意思维与拍摄技巧

《马之韵》拍摄于中国内蒙古，是一幅 1 个场景 3 次曝光的多重曝光作品。我的创意是用重复叠加的方法，将静止的马拍出梦幻的感觉，增加画面的意境。

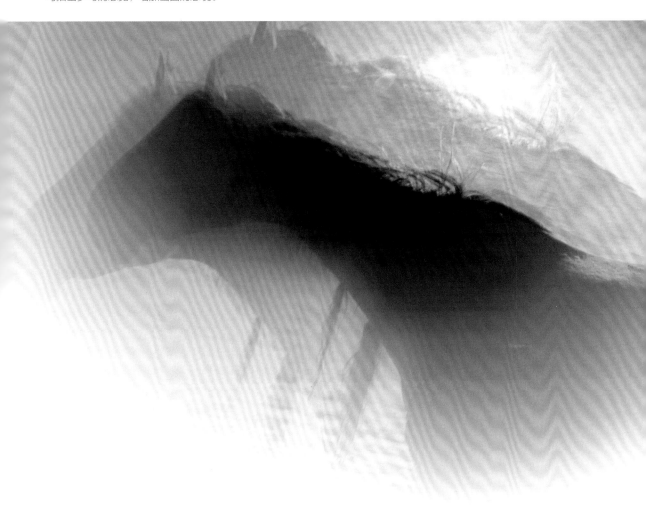

▲ 设置参数

器材：佳能 EOS 5D Mark III　白平衡：日光　感光度：ISO200　照片风格：人物　测光模式：点测光　图像画质：RAW　曝光次数：3 次　曝光模式：M 挡

▲ 步骤 1 第一次曝光

光圈：f/5	快门：1/400s
焦距：280mm	曝光补偿：-1 挡
多重曝光模式：平均	镜头：70-200mm+1.4×增倍镜

▲ 步骤 2 第二次曝光

光圈：f/5	快门：1/400s
焦距：280mm	曝光补偿：-1 挡
多重曝光模式：平均	镜头：70-200mm+1.4×增倍镜

▲ 步骤 3 第三次曝光

光圈：f/5	快门：1/400s
焦距：280mm	曝光补偿：-1 挡
多重曝光模式：平均	镜头：70-200mm+1.4×增倍镜

▲ 第三次曝光后得到的 RAW 格式的原图

第一次到第三次曝光，以水面为背景，对同一场景、同一马匹，使用同一焦段、同一快门速度、同一光圈进行拍摄，拍摄时错位拍摄，拍摄马的一部分，曝光补偿均减少 1 挡。

作品采用了"重复叠加法"，3 次曝光均采用了"平均"模式，后期调整对比度和饱和度即可完成作品。重复叠加法是多重曝光中常用的一种方法，一般拍摄同一个场景时，可以固定机位变换焦段拍摄，或者移动机位改变方向拍摄，重复拍摄后的影像会产生重复交叠的幻象与错位效果，元素虽少，但拍出的画面非常唯美，很有意境。

10.10 《骆驼之乡》

创意思维与拍摄技巧

《骆驼之乡》拍摄于中国内蒙古，是一幅 3 个场景 3 次曝光的多重曝光作品。素有"沙漠之舟"之称的骆驼，终生在沙漠里辛勤跋涉，不仅是沙漠里的重要运输工具，还是牧民们的朋友。我的创意是通过一望无际的沙漠影像，去表现骆驼不具疲劳、勇往直前的精神。

▲ 设置参数

器材：佳能 EOS 5D Mark III　白平衡：日光　感光度：ISO400　照片风格：人物　测光模式：点测光　图像画质：RAW　曝光次数：3 次　曝光模式：M 挡

步骤 1 第一次曝光

光圈：f/5.6	快门：1/2500s
焦距：98mm	曝光补偿：-2 挡
多重曝光模式：加法	镜头：70-200mm+1.4×增倍镜

第一次曝光，以天空为背景，拍摄骆驼的特写，按多重曝光的构图法，骆驼在画面下面，上方留出空白，给后面的曝光留出余地，曝光补偿减少 2 挡。

步骤 2 第二次曝光

光圈：f/8	快门：1/1250s
焦距：24mm	曝光补偿：-2.5 挡
多重曝光模式：加法	镜头：70-200mm+1.4×增倍镜

第二次曝光，拍摄茫茫的沙漠中依稀可见的驼队，将其叠加在画面的空白处，曝光补偿减少 2.5 挡。

步骤 3 第三次曝光

光圈：f/8	快门：1/1250s
焦距：200mm	曝光补偿：-2.5 挡
多重曝光模式：加法	镜头：70-200mm+1.4×增倍镜

第三次曝光，拍摄一段有代表性的沙漠纹理，将其叠加在整个画面中，曝光补偿减少 2.5 挡。

作品主要采用了"大小叠加法""纹理叠加法""异景叠加法"，3 次曝光全部采用了"加法"模式，后期重点调整对比度和饱和度即可完成作品。

10.11 《我的金毛》

创意思维与拍摄技巧

　　《我的金毛》拍摄于中国广东，是一幅 3 个场景 3 次曝光的多重曝光作品。多重曝光可拍摄的对象包罗万象，只要有创意和想法，随时随地都可以拍出理想的作品。这幅作品以金毛狗为主体，以人物和彩色的纹理为陪体，通过捕捉金毛狗动感十足的神态，展现了金毛狗可爱活泼的一面，给人以非常生动的观感。

▲ 设置参数

器材：佳能 EOS 5D Mark IV　白平衡：阴天　感光度：ISO 640　照片风格：人物　测光模式：点测光　图像画质：RAW　曝光次数：3 次　曝光模式：M 挡

▶ 步骤 1 第一次曝光

| 光圈：f/8 |
| 快门：1/1250s |
| 焦距：105mm |
| 曝光补偿：−2 挡 |
| 多重曝光模式：平均 |
| 镜头：24-105mm |

第一次曝光，低角度拍摄金毛狗的头部，尽量将头部拍大一些，并选择金毛状态比较好时按下快门，曝光补偿减少 2 挡。

▶ 步骤 2 第二次曝光

| 光圈：f/8 |
| 快门：1/2500s |
| 焦距：24mm |
| 曝光补偿：−1 挡 |
| 多重曝光模式：平均 |
| 镜头：24-105mm |

第二次曝光，选择人和金毛狗互动交流的画面，以天空为背景，低角度拍摄，拍得小一些，叠加在第一次曝光的金毛狗中，曝光补偿减少 1 挡。

▶ 步骤 3 第三次曝光

| 光圈：f/11 |
| 快门：1/1250s |
| 焦距：78mm |
| 曝光补偿：−3.5 挡 |
| 多重曝光模式：平均 |
| 镜头：24-105mm |

第三次曝光，选择一个不规则的纹理，将其叠加在画面中，曝光补偿一定要多减一些，如果减得不够，纹理就会过多地覆盖中画面中，故曝光补偿减少 3.5 挡。

　　作品主要采用了"大小叠加法""纹理叠加法""色彩叠加法"，3 次曝光全部采用了"平均"模式，后期调整对比度和饱和度即可完成作品。

　　多重曝光是各种素材在画面中的堆叠，合理运用画面中大量的黑白颜色，反差明显，适合叠加各种各样的素材，可以得到更清晰的画面，拍摄出内容和形式不同的创意性作品。灵活运用黑白颜色，是多重曝光拍摄成功的秘诀所在。

10.12 《大象的故乡》

创意思维与拍摄技巧

　　《大象的故乡》拍摄于泰国，是一幅2个场景2次曝光的多重曝光作品。泰国人喜欢大象，把它当成守门的神兽，有时也把它作为劳动工具，在泰国的大街小巷常常会看到大象的身影。本作品的画面清新自然，通过大象和一个生活场景的叠加，呈现出泰国人与大象的亲密关系。

▲设置参数

器材：佳能 EOS 5D Mark IV　白平衡：阴天　感光度：ISO800　照片风格：人物　测光模式：点测光　图像画质：RAW　曝光次数：2次　曝光模式：M挡

▲ 步骤 1 第一次曝光

| 光圈：f/5.6 |
| 快门：1/320s |
| 焦距：24mm |
| 曝光补偿：-1 挡 |
| 多重曝光模式：平均 |
| 镜头：24-105mm |

这是在马路上抓拍的一个场景，当时一头大象正悠然自得地行走，非常惬意，以天以空为背景，低角度将它拍了下来，曝光补偿减少 1 挡。

▲ 步骤 2 第二次曝光

| 光圈：f/5.6 |
| 快门：1/40s |
| 焦距：24mm |
| 曝光补偿：-1.5 挡 |
| 多重曝光模式：平均 |
| 镜头：24-105mm |

第二次曝光，拍摄一个生活的场景，与第一次曝光的画面叠加在一起，曝光补偿减少 1.5 挡。

◀ 第二次曝光后得到的 RAW 格式的原图

作品主要采用了"纹理叠加法""异景叠加法"，2 次曝光均采用了"平均"模式，后期调整对比度和饱和度即可完成作品。

10.13 《鹈鹕争食》

创意思维与拍摄技巧

《鹈鹕争食》拍摄于埃塞俄比亚，是一幅 2 个场景 2 次曝光的多重曝光作品。合理的布局和构图，新颖的立意，都是多重曝光作品不可缺少的，也是动物与多重曝光结合时不可忽略的重要因素。了解不同动物的习性和特征，对于拍摄可以起到事半功倍的作用。鹈鹕是世界上嘴巴最长的动物之一，最大的特点是嘴大贪食，一条小小的鱼儿都会引来众多鹈鹕争抢。

▲ 步骤1 第一次曝光

光圈：f/4	第一次曝光，低角度拍摄鹈鹕前来争抢的
快门：1/500s	画面，拍好这一张非常重要，要抓拍鹈鹕
焦距：50mm	排列有序且都张大嘴巴的瞬间，曝光补偿
曝光补偿：-1.5挡	减少1.5挡。
多重曝光模式：平均	
镜头：24-105mm	

▲ 步骤2 第二次曝光

光圈：f/8	第二次曝光，高角度拍摄有色彩的水面波
快门：1/320s	纹，曝光补偿减少2.5挡。叠加后产生了
焦距：400mm	透明的重叠效果，画面简洁清晰，层次感
曝光补偿：-2.5挡	突出，颇有冲击性。
多重曝光模式：平均	
镜头：100-400mm	

作品主要采用了"彩色叠加法""异景叠加法""纹理叠加法"，2次曝光均采用了"平均"模式，后期重点调整对比度和饱和度即可完成作品。

拍摄动物系列多重曝光作品，第一次曝光非常重要，一般要打开连拍功能，连续抓拍多张后选择效果好的照片作为第一次曝光。如果第一次曝光拍得不好，叠加后面的素材时就会受到非常大的影响。

10.14 《湖之灵》

　　《湖之灵》拍摄于奥地利，是一幅1个场景2次曝光的多重曝光作品。在天鹅的世界里，严格奉行一夫一妻制，天鹅是鸟类世界中极少数保持终身伴侣的，它们双双对对的身影，给人以无限的遐想。我的创意是通过天鹅在水中的倒影，去构造一幅袅袅婷婷、美丽和谐的动静结合的画面，增加作品的意境。

▲ 设置参数

器材：佳能 EOS 5DS R　白平衡：日光　感光度：ISO100　照片风格：人物测光模式：点测光　图像画质：RAW　曝光次数：2次
曝光模式：M 挡

步骤1 第一次曝光

光圈：f/7.1	快门：1/640s
焦距：150mm	曝光补偿：-1.5 挡
多重曝光模式：加法	镜头：70-200mm

第一次曝光，幽静的湖水五彩缤纷，流动感十足，用长焦镜头高角度侧逆光俯拍水中天鹅的倒影，曝光补偿减少1.5挡。

步骤2 第二次曝光

光圈：f/7.1	快门：1/640s
焦距：200mm	曝光补偿：-1.5 挡
多重曝光模式：加法	镜头：70-200mm

第二次曝光，拉动变焦，对同一场景错开位置拍摄，增加画面的纹理，曝光补偿减少1.5挡。

　　作品采用了"重复叠加法""纹理叠加法"，2次曝光均采用了"加法"模式，后期重点调整对比度和饱和度即可完成作品。

10.15 《海豹的遐想》

创意思维与拍摄技巧

《海豹的遐想》拍摄于厄瓜多尔，是一幅3个场景3次曝光的多重曝光作品。圣克鲁斯海滩是厄瓜多尔最美丽、最原始的海滩之一，海滩处浅浅的海水清澈见底，成群的海豹聚集于此，嬉水打闹。两只海豹相互依偎着遥望远方，引起了我的联想，激发了我的创作灵感。我的创意是，将海豹和余晖及渐渐远去的帆船融合在一起，展现海豹对远方的憧憬。

▲ 设置参数

器材：佳能 EOS 5D Mark IV　白平衡：阴天　感光度：ISO 640　照片风格：人

物　测光模式：点测光　图像画质：RAW　曝光次数：3次　曝光模式：M挡

步骤1 第一次曝光

光圈：f/11	快门：1/320s
焦距：70mm	曝光补偿：+0.5挡
多重曝光模式：黑暗	镜头：70-200mm

第一次曝光，以天空为背景，低角度拍摄，按多重曝光的构图法，将海豹安排在画面下方，上方留出空白，给后面的曝光留出余地，曝光补偿加0.5挡，采用"黑暗"模式。

步骤2 第二次曝光

光圈：f/7.1	快门：1/640s
焦距：200mm	曝光补偿：+1挡
多重曝光模式：黑暗	镜头：100-400mm

第二次曝光，拍摄茫茫的大海中渐渐远去的帆船，曝光补偿增加1挡，采用"黑暗"模式。

步骤3 第三次曝光

光圈：f/4.5	快门：1/30s
焦距：100mm	曝光补偿：-3挡
多重曝光模式：平均	镜头：100-400mm

第三次曝光，拍摄一块纹理叠加在画面中，曝光补偿减少3挡，采用"平均"模式。

作品主要采用了"色彩叠加法""纹理叠加法""异景叠加法"，后期重点调整对比度和饱和度即可完成作品。

多重曝光的"黑暗"模式，以叠加背景比较明亮的部分为主，作品采用了"黑暗"和"平均"两种模式，用"黑暗"模式去叠加较亮的背景，用"平均"模式去叠加较暗的部分。各种模式的运用要根据不同的现场和影调去选择。理解了各种模式的叠加原理后，运用起来就会得心应手，创作出更好的作品。

10.16 《坝上将军》

创意思维与拍摄技巧

　　《坝上将军》拍摄于中国河北，是一幅 2 个场景 2 次曝光的多重曝光作品。当年金戈铁马沙场，如今已变为绿草茵茵的坝上草原，唯有威风凛凛的将军塑像记录着昔日的辉煌。我的创意是，通过将将军雕像和草原的结合，表现历史的厚重。

▲ 设置参数

器材：佳能 EOS 5D Mark IV　白平衡：阴天　感光度：ISO 320　照片风格：人物　测光模式：点测光　图像画质：RAW　曝光次数：2 次　曝光模式：M 挡

▶ 步骤 1　第一次曝光

光圈：f/8
快门：1/1600s
焦距：24mm
曝光补偿：-2.5 挡
多重曝光模式：加法
镜头：24-105mm

第一次曝光，以天空为背景，低角度拍摄将军的塑像，曝光补偿减了 2.5 挡。

▲ 步骤2 第二次曝光

光圈：f/7.1	
快门：1/160s	
焦距：70mm	
曝光补偿：−2挡	
多重曝光模式：加法	
镜头：24-105mm	

第二次曝光，选择有代表性的大草原进行叠加，呈现出勇猛的将军驰骋在草原上的壮观画面，曝光补偿减少2挡。

▲ 第二次曝光后得到的 RAW 格式的原图

作品主要采用了"色彩叠加法""纹理叠加法"，两次曝光均采用了"加法"模式，后期重点调整对比度和饱和度即可完成作品。

10.17《对话》

创意思维与拍摄技巧

《对话》拍摄于迪拜，是一幅2个场景2次曝光的多重曝光作品。拍摄动物系列的多重曝光作品，要注意观察动物姿态和表情的变化，捕捉动人的瞬间，把动物内在的特征表现出来。本作品用拟人化的手法把动物和人亲近友好的场面记录了下来，使画面更加鲜活和精彩。

◀ 设置参数

器材：佳能 EOS 5D Mark IV　白平衡：阴天　感光度ISO 400　照片风格：人物　测光模式：点测光　图像画质：RAW　曝光次数：2次　曝光模式：M挡

▲ 步骤1 第一次曝光

▲ 步骤2 第一次曝光

光圈：f/8
快门：1/500s
焦距：85mm
曝光补偿：-0.7挡
多重曝光模式：加法
镜头：24-70mm

第一次曝光，以天空为背景，当太阳冉冉升起时，低角度抓拍人物和骆驼亲密对话的剪影。早晨时天空比较暗，不要过多地减少曝光量，曝光补偿减少0.7挡。

光圈：f/16
快门：1/400s
焦距：280mm
曝光补偿：-1挡
多重曝光模式：加法
镜头：70-200mm+1.4×增倍镜

第二次曝光，拍摄沙漠的纹理并将其叠加在整个画面中，曝光补偿减少1挡。

◄ 第二次曝光后得到的RAW格式的原图

作品主要采用了"剪影叠加法""纹理叠加法"，2次曝光均采用了"加法"模式，原图和最终作品差别不大，后期调整饱和度和对比度就可以了。

多重曝光是以叠加影像为目的的，有意寻找干净的画面和简洁的环境至关重要。画面简洁更有利于突出主体，作品的立意会更加突出，局部和整体之间的主次关系会更加分明。本作品以黄色为主要色调，构造了一个和谐的画面，渲染了主题的温馨气氛。

对于一个摄影师而言，摄影时间的长短并不能决定拍片质量的好坏，要拍出好的作品，最重要的是要有想象力和创意。5 年多的时间，我在不断地探索多重曝光与传统影像的关系，艺术形式与主题内容的关系，主体影像与陪体影像的关系，客观色彩与主观色彩的关系等。要培养自我借鉴和消化的能力，独立思考创作的能力，以及创造新风格的能力，拍摄水平才会逐渐提高，作品才会越来越好！

我是一个非常执着的人，作为女性，我除了要克服心理上的恐惧和生理上的不便之外，更重要的就是要有信念，既然选择了摄影，就要充满自信，付出努力，用心去拍摄生活中最美的瞬间。我到过近百个国家和地区，从亚洲到非洲，从美洲到极地，走遍了世界各地，犹如去西天取经一样历尽磨难，就差"上刀山下火海"了。

在埃塞俄比亚，我穿过无人区，跟随带枪的军人爬上正在喷发的达洛尔活火山，近在咫尺地拍下了翻滚升腾的火山熔岩。就在那一刻，大自然的神奇力量，那种超越时空的美的感受，让我忘记了热浪，忘记了恐惧，甚至忘记了死亡！我终于走到了只有科学家带着专业装备才敢去的地方。

在印度尼西亚，冒着被袭击的风险，我探访了衣不蔽体的食人族，见识了把生病的族人吃得什么都不剩的血腥残忍的习俗。

在肯尼亚的国家野生动物自然保护区，我坐着没有防护措施的敞篷吉普，与非洲狮近距离对视，追拍花豹扑杀羚羊的激烈场面。

在马达加斯加，我坐快艇去深海观鲸，拍下了惊心动魄的鲸鱼翻腾出海的场景。

在南极，那片神圣而令人向往的土地上，我遭遇了暴风雨的袭击，拍下了憨态可掬的企鹅和白色的冰雪世界。

在北极，我乘坐破冰船，历经千里的跋涉终于拍下了北极熊在雪地里觅食的场景和美丽的极地风光。

在冰岛，这个拥有世界上最纯净的空气的地方，当色彩缤纷的红、绿、黄、紫色的北极光在空中出现时，那种来自心底的震撼，让我铭记一生。

每张照片背后都有一个鲜为人知的故事，特别是到了非洲的原始部落后，我发现人世间除了风光，还有那么多震撼人灵魂的画面，用牛粪抹墙、用树枝搭房的部落，以物易物的原始交易方式……当深夜我独自选片时，当一张张照片呈现在我眼前时，我就会回想起当地人在我给他们拍完照片时与我握手拥抱甚至欢呼雀跃的画面，我的血液就会加速流动，甚至会时常流下泪来，此刻我感到亲切与自豪。要问是什么让我一直坚定地走下去，那就是信念，是梦想，有梦想就要勇敢出发！

从决意踏入摄影艺术大门的那一刻时，激情和执着便伴随我一路前行。我用镜头感悟人生，用光影传递真情，春、夏、秋、冬，在如水的时光中，通过相机领略和触摸无穷的意境，在美中散步，

与生命、与自然轻盈对话！

我目前已注册"张艳多曝摄影"公众号，我拍摄的作品有几十万幅，我会从没有入书的作品和以后拍摄的作品中，分系列、分类别地选出一些在公众号中陆续发表，并详细讲解每幅作品的创意思维和拍摄技巧。我是一个有信仰的人，我的理念就是奉献精神，而不是索取，我有一颗感恩的心，愿把我的所有经验奉献给大家，谢谢！

张艳多曝摄影

微信扫描二维码，关注我的公众号

内 容 提 要

本书的第1章和第2章大致介绍了多重曝光的概念、意义和基本控制技巧，以及作者根据自己多年的拍摄经验总结出的非常实用的六项拍摄法则、十大拍摄技巧（秘诀）、十五种叠加方法、九种拍摄失败的原因等。

从第3章到第10章，详细介绍了八大题材的多重曝光思路、实拍步骤和拍摄技巧。精选了近200幅作品和千余张原始照片，并辅以详尽的文字讲解，有理论介绍和拍摄实例，以及有代表性的一部分获奖照片。从构思到拍摄完成，都写得非常详细，拍摄过程一目了然，包括创意思维、拍摄技巧、拍摄模式、拍摄方法等。

案例部分，每一张照片都融入了作者的思想，表达了作者的心境，作者注重以创意、新、奇、特的思维去拍摄作品，既体现了艺术的散点与透视性，又融入了国画、版画、油画、水墨画、装饰画等元素及彩色。作者用创意去引领多重曝光，拍出了 一幅幅情景各异、寓意深远的"加法"影像。

图书在版编目(CIP)数据

多重曝光从入门到精通：视频教程版 / 张艳著. —北京：北京大学出版社，2020.8
ISBN 978-7-301-24680-1

Ⅰ.①多… Ⅱ.①张… Ⅲ.①曝光－摄影技术－教材 Ⅳ.①TP391.72

中国版本图书馆CIP数据核字(2020)第080964号

书 名	多重曝光从入门到精通（视频教程版）	
	DUOCHONG BAOGUANG CONG RUMEN DAO JINGTONG (SHIPIN JIAOCHENG BAN)	
著作责任者	张 艳 著	
责 任 编 辑	张云静	
标 准 书 号	ISBN 978-7-301-24680-1	
出 版 发 行	北京大学出版社	
地 址	北京市海淀区成府路205 号 100871	
网 址	http://www. pup. cn 新浪微博: @ 北京大学出版社	
电 子 信 箱	pup7@ pup. cn	
电 话	邮购部 010-62752015 发行部 010-62750672 编辑部 010-62570390	
印 刷 者	北京宏伟双华印刷有限公司	
经 销 者	新华书店	
	787毫米×1092毫米 16开本 24印张 528千字	
	2020年8月第1版 2020年8月第2次印刷	
印 数	4001—8000册	
定 价	128.00 元	